"十三五"国家重点出版物出版规划项目

高性能高分子材料丛书

高温高压含硫油气开发用密封材料开发与应用

周　琼　丛川波　著

科学出版社

北京

内 容 简 介

本书为"高性能高分子材料丛书"之一。全书以超深层、高含硫、超高压等复杂油气开发用密封材料的评价与开发为主线，总结作者十几年来在极端工况下密封材料领域的研究成果，系统分析温度、压力、硫化氢及二氧化碳等腐蚀介质浓度对常用弹性体微观结构性能影响规律与失效机理；讨论在极端条件下橡胶主链结构、硫化体系、补强及功能性填料对材料耐温、耐介质性能的影响；介绍高温高压酸性油气田开发用永久式封隔器、高膨胀率过油管封隔器及深水防喷器等高抗硫产品对密封材料的要求及应用。

本书可供从事密封材料开发、极端工况密封产品开发等相关专业人员参考。

图书在版编目(CIP)数据

高温高压含硫油气开发用密封材料开发与应用 / 周琼，丛川波著. —北京：科学出版社，2023.9

（高性能高分子材料丛书 / 蹇锡高总主编）

"十三五"国家重点出版物出版规划项目

ISBN 978-7-03-076092-0

Ⅰ. ①高… Ⅱ. ①周… ②丛… Ⅲ. ①油气田开发-研究 Ⅳ. ①TE3

中国国家版本馆 CIP 数据核字(2023)第 142245 号

丛书策划：翁靖一

责任编辑：翁靖一 李 洁 / 责任校对：杜子昂
责任印制：师艳茹 / 封面设计：东方人华

科学出版社 出版

北京东黄城根北街 16 号
邮政编码：100717
http://www.sciencep.com

河北鑫玉鸿程印刷有限公司 印刷

科学出版社发行 各地新华书店经销

*

2023 年 9 月第 一 版 开本：720 × 1000 1/16
2023 年 9 月第一次印刷 印张：16
字数：323 000

定价：168.00 元

（如有印装质量问题，我社负责调换）

总　序

自 20 世纪初，高分子概念被提出以来，高分子材料越来越多地走进人们的生活，成为材料科学中最具代表性和发展前途的一类材料。我国是高分子材料生产和消费大国，每年在该领域获得的授权专利数量已经居世界第一，相关材料应用的研究与开发也如火如荼。高分子材料现已成为现代工业和高新技术产业的重要基石，与材料科学、信息科学、生命科学和环境科学等前瞻领域的交叉及结合，在推动国民经济建设、促进人类科技文明的进步、改善人们的生活质量等方面发挥着重要的作用。

国家"十三五"规划显示，高分子材料作为新兴产业重要组成部分已纳入国家战略性新兴产业发展规划，并将列入国家重点专项规划，可见国家已从政策层面为高分子材料行业的大力发展提供了有力保障。然而，随着尖端科学技术的发展，高速飞行、火箭、宇宙航行、无线电、能源动力、海洋工程技术等的飞跃，人们对高分子材料提出了越来越高的要求，高性能高分子材料应运而生，作为国际高分子科学发展的前沿，应用前景极为广阔。高性能高分子材料，可替代金属作为结构材料，或用作高级复合材料的基体树脂，具有优异的力学性能。这类材料是航空航天、电子电气、交通运输、能源动力、国防军工及国家重大工程等领域的重要材料基础，也是现代科技发展的关键材料，对国家支柱产业的发展，尤其是国家安全的保障起着重要或关键的作用，其蓬勃发展对国民经济水平的提高也具有极大的促进作用。我国经济社会发展尤其是面临的产业升级以及新产业的形成和发展，对高性能高分子功能材料的迫切需求日益突出。例如，人类对环境问题和石化资源枯竭日益严重的担忧，必将有力地促进高效分离功能的高分子材料、生态与环境高分子材料的研发；近 14 亿人口的健康保健水平的提升和人口老龄化，将对生物医用材料和制品有着内在的巨大需求；高性能柔性高分子薄膜使电子产品发生了颠覆性的变化等。不难发现，当今和未来社会发展对高分子材料提出了诸多新的要求，包括高性能、多功能、节能环保等，以上要求对传统材料提出了巨大的挑战。通过对传统的通用高分子材料高性能化，特别是设计制备新型高性能高分子材料，有望获得传统高分子材料不具备的特殊优异性质，进而有望满足未来社会对高分子材料高性能、多功能化的要求。正因为如此，高性能高分子材料的基础科学研究和应用技术发展受到全世界各国政府、学术界、工业界的高度重视，已成为国际高分子科学发展的前沿及热点。

因此，对高性能高分子材料这一国际高分子科学前沿领域的原理、最新研究进展及未来展望进行全面、系统地整理和思考，形成完整的知识体系，对推动我国高性能高分子材料的大力发展，促进其在新能源、航空航天、生命健康等战略新兴领域的应用发展，具有重要的现实意义。高性能高分子材料的大力发展，也代表着当代国际高分子科学发展的主流和前沿，对实现可持续发展具有重要的现实意义和深远的指导意义。

为此，我接受科学出版社的邀请，组织活跃在科研第一线的近三十位优秀科学家积极撰写"高性能高分子材料丛书"，其内容涵盖了高性能高分子领域的主要研究内容，尽可能反映出该领域最新发展水平，特别是紧密围绕着"高性能高分子材料"这一主题，区别于以往那些从橡胶、塑料、纤维的角度所出版过的相关图书，内容新颖、原创性较高。丛书邀请了我国高性能高分子材料领域的知名院士、"973"计划项目首席科学家、教育部"长江学者"特聘教授、国家杰出青年科学基金获得者等专家亲自参与编著，致力于将高性能高分子材料领域的基本科学问题，以及在多领域多方面应用探索形成的原始创新成果进行一次全面总结归纳和提炼，同时期望能促进其在相应领域尽快实现产业化和大规模应用。

本套丛书于 2018 年获批为"十三五"国家重点出版物出版规划项目，具有学术水平高、涵盖面广、时效性强、引领性和实用性突出等特点，希望经得起时间和行业的检验。并且希望本套丛书的出版能够有效促进高性能高分子材料及产业的发展，引领对此领域感兴趣的广大读者深入学习和研究，实现科学理论的总结与传承，以及科技成果的推广与普及传播。

最后，我衷心感谢积极支持并参与本套丛书编审工作的陈祥宝院士、李仲平院士、瞿金平院士、王玉忠院士、张立群院士、李光宪教授、郑强教授、王笃金研究员、杨小牛研究员、余木火教授、解孝林教授、王锦艳教授、张守海教授等专家学者。希望本套丛书的出版对我国高性能高分子材料的基础科学研究和大规模产业化应用及其持续健康发展起到积极的引领和推动作用，并有利于提升我国在该学科前沿领域的学术水平和国际地位，创造新的经济增长点，并为我国产业升级、提升国家核心竞争力提供理论支撑。

中国工程院院士

大连理工大学教授

前　言

随着能源需求的不断高涨，石油天然气勘探开发逐步转向越来越苛刻的环境（温度高于150℃、硫化氢浓度大于20%），如川东北地区80%为高含硫天然气，最高H_2S分压达9MPa，最高CO_2分压为6MPa，实际温度为160℃以上，该种高含硫天然气极强的毒性和腐蚀性给气田的开发带来了极大的困难和挑战。高含硫气田开发工程中需要使用大量橡胶密封材料，但是高温高压H_2S/CO_2工况会对油田常用丁腈、氢化丁腈橡胶密封材料造成强烈侵蚀，尤其是H_2S的强侵蚀性容易造成密封失效。油田常用丁腈、氢化丁腈橡胶等密封材料在这种极端苛刻的条件下易老化导致橡胶材料及其密封失效，引发含硫油气泄漏等恶性安全事故。一旦发生大面积H_2S泄漏，其后果不仅使油井报废，而且会造成巨大的人员伤亡。耐高温高压H_2S/CO_2腐蚀产品及其相关技术为国外几家大公司所垄断，因此，开展高温高压H_2S/CO_2工况下橡胶密封材料的腐蚀机理研究和产品开发迫在眉睫。

开发抗硫密封材料，一方面有必要了解高分子材料在高温高压、高酸性、高含硫苛刻条件下的失效机理，另一方面根据失效机理设计高性能橡胶密封材料并结合密封要求开发可靠的密封产品，相关知识对解决极端工况油气装备密封问题具有重要的应用价值。

本书以典型橡胶材料在高温高压高含硫工况下的失效规律为基础，介绍高含硫油气开发核心部件如永久式封隔器、过油管封隔器及防喷器胶芯等产品的开发过程，详细分析高含硫工况的密封材料开发、密封结构设计、密封件加工成型及评价技术。全书共6章，主要包括：第1章油气密封材料简介、评价方法、选材方案及常用密封材料的失效行为；第2章介绍丁腈橡胶的老化机理；第3章介绍四丙氟橡胶的老化机理；第4~6章分别介绍抗硫永久式封隔器、过油管封隔器及海上防喷器闸板的开发过程。

本书相关研究成果得到了时任河北华北石油荣盛机械制造有限公司（华北荣盛）何生厚副总裁，中石化中原油田普光分公司张文昌、黎文才、李世民、刘汝福及华北荣盛许宏奇、黄恩群等领导的支持与帮助，多年共同从事相关研究的学生刘庆坤、刘旭、邱吉旭、欧阳江林、崔灿为本书提供了大量的试验数据，谢思黔、黄栋、李曦、宋宏杰等同学参与了资料收集、图表整理和初稿校对等工作，在此对他们表示感谢。还要感谢科学出版社翁靖一女士和相关领导及编辑团队，他们的大力支持使得本书得以顺利出版。本书的研究工作得到了国家重大科技专项"高含硫气藏安全高效开发技术-高含硫介质耐腐蚀材料研究"（2008ZX050）、国家重大科技专项"高含硫气藏改善储层动用状况工程技术研究-高膨胀率高抗硫胶筒研制"（2011ZX05017-001-HZ04）、国家"863"计划子课题"防喷器高温橡胶密封材料的研制"（ZX20130328）、教育部重大项目"高温高压酸性气田用橡胶密封材料腐蚀机理研究及开发"（707010）、国家自然科学基金"高温硫化氢环境中四丙氟橡胶老化机理的研究"（ZX20100086）及中石化科技部、中原油田普光分公司等企业的资金支持，在此表示诚挚感谢。

本书涉及的部分内容如发展历史、制备方法等参考并借鉴了其他已出版的相关书籍，在此对相关作者表示感谢。此外，由于作者的水平及时间有限，书中难免有疏漏与不妥之处，敬请广大读者和同行专家批评指正！

周琼　丛川波

2023 年 4 月

目　录

第1章

油气密封材料简介

1.1 绪论 ◂◂◂

由于对能源需求的不断增加，石油天然气勘探开发逐步转向高温高压苛刻环境，如川东北地区 80%为高含硫天然气，最高 H_2S 分压达 9MPa，最高 CO_2 分压为 6MPa[1, 2]，实际温度达到 170℃甚至超过 220℃，高含硫天然气极强的毒性和腐蚀性给油气田的开发带来了极大的困难和挑战。高含硫气田开发工程中需要使用大量橡胶密封材料，但是高温高压 H_2S/CO_2 工况会对橡胶密封材料造成强烈侵蚀，容易造成密封失效，造成含硫油气泄漏等恶性安全事故。一旦发生大面积 H_2S 泄漏事故，不仅使油井报废，而且会造成巨大的人员伤亡和社会冲击。

国外非常重视橡胶密封材料的检测、评价及开发，早在 20 世纪 70 年代加拿大等酸性油气田开采技术成熟的国家就非金属密封材料的使用提出了详细的指导原则和方案，规定了酸性油气田密封材料的测试标准如 NACE TM0296 和 NACE TM0187，同时开发了高含硫油气田用橡胶密封制品。此外，日本大金公司、美国道康宁公司和美国杜邦公司等均有相应的产品问世，但是这些公司并未发表相关专利和文献，使得此技术处于封锁状态，耐高温高压 H_2S/CO_2 侵蚀的非金属产品及其相关技术长期被国外几家大公司垄断[3]。

2009 年我国以普光气田为代表的高含硫气田陆续投入使用，其实际工况极其复杂，甚至超出 NACE 标准的选材范围，对材料的选择和开发提出了严峻的挑战，同时对密封材料及其制品国产化的需求也迫在眉睫。国内研究者通过 NACE 标准试验和工况模拟的方法，研究典型耐 H_2S 侵蚀密封橡胶材料的失效机理，揭示弹性体材料在不同温度、不同总压、不同 H_2S/CO_2 分压条件下的失效规律；研究耐 H_2S 侵蚀橡胶分子结构、聚集态结构及织态结构对其耐硫性能的影响规律，开发出高抗 H_2S 侵蚀橡胶密封材料；界定新型耐 H_2S 侵蚀橡胶密封材料服役范围，并根据服役状态与工况研制密封制品以服务于油气工业。下面简单介绍常用油气田密封橡胶材料。

1.2　常用密封材料简介　◄◄◄

　　橡胶弹性密封的作用是防止流体或固体微粒从相邻结合面间泄漏以及防止外界杂质如灰尘与水分等侵入机器设备内部的零部件，密封结构与材料特性决定密封件的性能。常用橡胶材料的耐油耐温特性如图 1.1 所示。根据油气工业的服役要求，一般油气密封橡胶材料要求具有较好耐油耐温性，因此，油气行业推荐常用弹性密封材料及特性如表 1.1 所示。

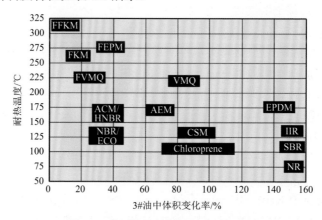

图 1.1　常用橡胶材料的耐油耐温特性

FFKM 表示全氟醚橡胶；FEPM 表示四丙氟橡胶；FKM 表示偏氟橡胶；FVMQ 表示氟硅橡胶；VMQ 表示硅橡胶；ACM 表示丙烯酸酯橡胶；AEM 表示乙烯丙烯酸酯橡胶；HNBR 表示氢化丁腈橡胶；EPDM 表示三元乙丙橡胶；NBR 表示丁腈橡胶；ECO 表示氯醚橡胶；CSM 表示氯磺化聚乙烯橡胶；IIR 表示丁基橡胶；Chloroprene 表示氯丁橡胶；SBR 表示丁苯橡胶；NR 表示天然橡胶

表 1.1　油气行业推荐常用弹性密封材料及特性

类别	ASTM 简写	邵 A 硬度	耐 H_2S	耐油	耐温/℃
丁腈橡胶	NBR	40~95	差	好	−50~120
氢化丁腈橡胶	HNBR	40~90	一般	好	−50~120
氟硅橡胶	FVMQ	45~85	一般	较好	−60~200
偏氟橡胶	FKM	60~90	一般	好	−30~200
四丙氟橡胶	TEPM	60~95	好	一般	0~200
全氟醚橡胶	FFKM	65~95	好	好	−20~230

　　下面分别介绍表 1.1 中材料的结构、合成及主要性能。

1.2.1　丁腈橡胶

　　丁腈橡胶(NBR)是丁二烯与丙烯腈两单体经乳液聚合而制得的高分子弹性

体[4]。NBR 的分子结构如图 1.2 所示。

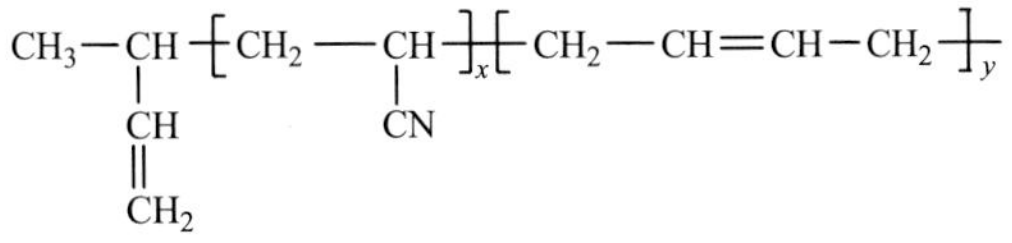

$$CH_3-CH\left[CH_2-CH\right]_x\left[CH_2-CH=CH-CH_2\right]_y$$

图 1.2　NBR 的分子结构

　　1931 年德国人首先报道了丁二烯与丙烯腈的共聚物，并发现其耐老化、耐光、耐热、耐油以及气密性等方面均优于天然橡胶，因而引起人们对这个新问世的高分子材料极大的关注。1937 年 Igarape 公司首先实现了 NBR 的工业化生产，商品牌号为 Perbunan，1941 年美国用德国的专利技术实现了 NBR 工业化生产，随后，Goodyear Tire & Rubber 公司 FirestoneTire & Rubber 也相继开发了 NBR。苏联、加拿大分别在 1947 年、1948 年开始生产 NBR，日本开发的 NBR 使用的是美国 B.F. Goodrich 的技术。我国 NBR 的生产厂家为中国石油兰州化学工业公司和中国石油吉林石化公司。全世界上有 30 多个国家和地区生产大约 300 多种 NBR，目前市场上主要由日本瑞翁(Zeon)、韩国 LG 以及我国台湾南帝、中国石油兰州化学工业公司等企业提供 NBR 产品，尤其是日本产品按腈基含量、门尼黏度细分，非常丰富。

　　工业中常见的 NBR 的丙烯腈含量为 16%～52%。当丙烯腈含量较低时，分子链比较柔软；当丙烯腈含量较高时，橡胶强度提高，硬度增大且耐油性提高。NBR 需要补强才具有能够使用的力学性能和较好的耐磨性能，NBR 与其他极性物质如聚氯乙烯、酚醛树脂等都具有很好的相容性。总体来说，NBR 易于加工，但由于丙烯腈单元会使硫黄溶解度下降，混炼时硫黄应先加为宜。另外，NBR 的自黏性较低，混炼生热量较大，包辊性不够好，加工过程中应予以注意。

　　NBR 主要采用硫黄硫化体系和过氧化物硫化体系或树脂硫化体系等，炭黑作为增强剂。

　　1)硫黄硫化体系

　　一般硫化体系硫黄用量为 1.5～2.0 份，丙烯腈含量高时可适当降低硫黄用量，促进剂主要是秋兰姆类、噻唑类、次磺酰胺类等，促进剂 2, 2′-二硫代二苯并噻唑(MBTS)或 N-环己基-2-苯并噻唑次磺酰胺(CBS)为 1.0～2.0 份，二硫化四甲基秋兰姆(TMTD)可作为第二促进剂，能提高定伸应力。低硫配合如采用低硫(0.1～0.5 份)和 TMTD(2.5～3.0 份)时可提高硫化胶的耐热性，降低压缩永久变形及改善其他性能。

　　采用无硫硫化体系时制品的耐热性优异。常用的硫给予体有 TMTD、二硫化四乙基秋兰姆(TETD)和二硫代二吗啉(DTDM)等，氧化锌和硬脂酸为硫化活性剂。

2) 过氧化物硫化体系

常用的过氧化物硫化剂有过氧化二异丙苯(DCP)、过氧化铅等。DCP 的用量一般为 1.3～2.0 份，需要交联程度高时可提高到 6 份。与硫黄硫化相比，用过氧化物硫化可大幅度提高 NBR 的耐热性。

3) 树脂硫化体系

树脂硫化体系采用烷基酚醛树脂，制得的硫化胶耐热老化性能更好，金属卤化物如氯化亚锡、三氯化铁等可提高交联活性。

炭黑是 NBR 的主要补强剂，在白色和浅色制品中，常用白炭黑和硬质陶土等作补强剂。在 NBR 中加入适量的氧化镁，可改进胶料的耐热老化性。碳酸钙[5]、碳酸镁、硫酸钡、滑石粉能改进加工性，降低配方成本。

NBR 混炼性能差，表现在混炼生热量大、易脱辊、分散困难、易焦烧。在添加高活性炭黑(如 N220、N330、N550)时，胶料的黏度增加并产生凝胶，加工更困难。NBR 通常采用开炼机混炼，一般采取低速比、小容量和分批加料的方法。加料顺序一般是先加硫黄、氧化锌、固体软化剂和增塑剂，待胶料开始软化后再加入防老剂、活性剂等。若采用密炼机混炼，生胶应预先塑炼，门尼黏度降到 75 以下，填充系数以 0.8 为宜，排胶温度要严格控制在 130℃以下。

1.2.2　氢化丁腈橡胶

氢化丁腈橡胶(HNBR)是通过对 NBR 主链上所含不饱和双键加氢而得到的具有优异性能的橡胶，也称为高饱和度丁腈橡胶。化学结构式如图 1.3 所示。

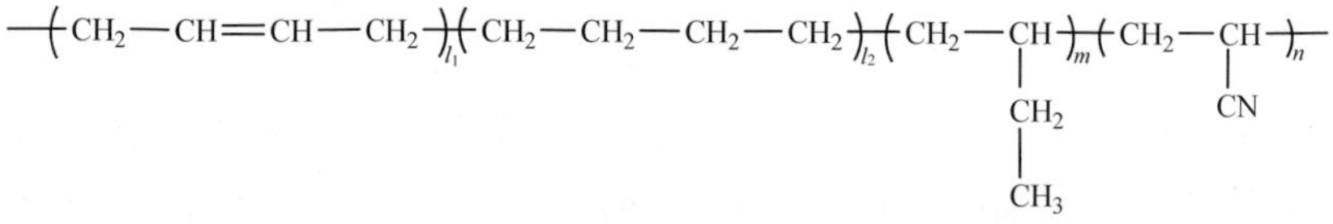

图 1.3　HNBR 的化学结构式

HNBR 既有 NBR 的耐油性和耐溶剂特性，又具有高饱和结构所具有的耐高温、耐老化性能且兼备优异的机械强度，因此被广泛应用于汽车、航天、油田、化工、电子、轮船、纺织、冶金等领域。

世界上第一种量产的 HNBR 由德国 Bayer 公司于 1982 年研发成功，首批牌号为 Therban 1907 和 Therban 1701。之后，日本 Zeon 公司使用 SiO$_2$ 为催化剂载体，在 1978 年研制出高活性、高选择性的钯催化剂。1980 年在此基础上中试成功之后，建厂投产生产出著名的 Zetpol 牌号。此外，加拿大的 Polysar 公司在 20 世纪 70 年代也开始了 HNBR 的研制，并于 1988 年在美国得克萨斯州投产，牌号为 Tomac。1991 年 Polysar 公司的合成橡胶业务被 Bayer 公司收购，Tomac 牌号也归入 Bayer 公司。

我国的 HNBR 工业开始较晚，2001 年吉林化学工业公司研究院利用钯胶体催化剂研发出 HNBR-JH，其性能与 Zeon 公司的 Zetpol 2020 类似。2002 年，中国石油兰州化学工业公司研究院开发的 HNBR 通过中试技术鉴定，现有牌号 LH-9901、LH-9902 等。但是目前国内 HNBR 依然依靠进口，大规模工业生产还未出现，合成水平与国外有着较大的差距。

目前，世界上 HNBR 年生产能力约为 2.2 万 t，主要为德国 Bayer 公司和日本 Zeon 公司生产。其中，Bayer 公司年产约 1.0 万 t，Zeon 公司年产 1.2 万 t。HNBR 的氢化度决定其耐热老化性能，当 HNBR 的氢化度为 100%时，胶料的耐热性能甚至优于丙烯酸酯橡胶。HNBR 结构中腈基的含量决定着胶料的耐介质性能。在以油为工作介质的环境中，HNBR 能够在 150℃的高温环境中长期稳定工作，用过氧化物硫化的 HNBR 工作长达 1000h，伸长率变化小于 80%且无裂纹生成[6]。

HNBR 分子中的不饱和双键被氢化，分子链的饱和度增加，这就减少了双键对橡胶分子氧化、侵蚀过程的促进作用。因此，HNBR 具有优良的耐油、耐热氧老化性能[7]。与 NBR 相比，HNBR 还具有较好的耐磨性和较高的强度。同时选择性氢化也保留了橡胶分子链中少量的不饱和双键，为后续进行过氧化物硫化或硫黄硫化提供了交联点。此外，双键的存在还有助于改善橡胶制品的压缩永久变形以及耐寒性。

HNBR 在油气田中的应用前景非常广泛，已部分取代氟橡胶，可以制造勘探及采油用设备的封隔器、密封件、阀密封、防喷器、胶管、钻杆护套、抽空活塞、螺杆泵锭子等。由于 HNBR 具有优异的耐老化性和耐磨性，也适宜制造油气田用电缆套管[8]。

1)耐油性和耐老化性

以 1000h 使用寿命为依据，作为材料的最高使用温度指标。使用过氧化物硫化体系硫化的 HNBR 最高使用温度可达 150℃。分子链上的双键含量决定 HNBR 的耐热氧老化性，其氧化稳定性是普通 NBR 的 1000 倍左右，在氮气或空气中的热降解温度比 NBR 提高 30～40℃。Hashimoto 等[9]研究表明，以硫黄为交联体系的 HNBR 使用温度比同腈基含量的 NBR 提高 20℃。因此，HNBR 的耐热氧老化性和耐臭氧老化性优于 NBR。由于氢化过程中丙烯腈基不参与反应，因此 HNBR 仍保留高耐油性，可在介质为油的 150℃高温环境下连续工作。

2)物理机械性能

腈基的存在使得 HNBR 分子间形成强烈的分子间相互作用力(氢键)，这赋予 HNBR 优异的力学性能。HNBR 的拉伸强度一般可达 30MPa。近年来，使用甲基丙烯酸锌(ZDMA)等对 HNBR 接枝改性的技术得到了很大关注。通过过氧化物硫化，原位生成纳米离子聚合物，可以得到拉伸强度高达 50～60MPa 的硫化胶(如日本 Zeon 公司商业化产品 ZSC)。此外，HNBR 还具有优异的耐磨性，与 NBR 和 FKM 相比，其耐磨损性能提高 2～3 倍。

3）耐化学介质性

HNBR 具有在高温下耐酸、碱、盐的性能，在强侵蚀性的油剂中具有良好的化学稳定性。例如，在 150℃含有多种侵蚀性添加剂的润滑油中浸泡 168h 后，Zetpol 2020 仍然具有很高的拉伸强度保持率[10]。在模拟酸性油气田开采的环境中（酸性气体、水和柴油的混合液，其中气相：20% H_2S，65% CH_4，15% CO_2；150℃×7d），HNBR 具有比 NBR、FKM、羧基丁腈橡胶（XNBR）更加优异的耐介质性能。此外，HNBR 还有优良的耐防冻液性、良好的耐井下减压爆破性。在 150℃的 $CH_4/CO_2/H_2O$ 混合气体中或 20MPa 压力下或在酸性气/柴油/H_2O 中，HNBR 与 FKM、NBR、EPDM 相比具有更好的耐减压爆破性。

4）加工及黏合性

HNBR 的加工性能比 NBR 略差，但优于 FKM。与其他橡胶一样，添加炭黑或其他填料，以适当降低成本。根据双键含量的不同，HNBR 的硫化方法不同，通常，高饱和度（低双键含量）的牌号只能使用过氧化物硫化，如 Zetpol 2000、Zetpol 2000L；双键含量相对较高的牌号如 Zetpol 1020、Zetpol 2020 使用硫黄硫化或过氧化物硫化。

1.2.3   氟橡胶

氟橡胶是主链或侧链的碳原子上接有氟原子的一种合成高分子弹性体，属于自熄型橡胶，广泛应用于航空航天、国防、军工、石油工业、汽车等众多领域[11]。氟原子赋予氟橡胶一系列特殊性能。首先，氟元素是已知化学元素中电负性最强的元素，氧化程度最高，其聚合物不易被氧化分解。其次，氟原子的半径为 0.64Å，几乎是 C—C 键原子间距的一半，因此氟原子能够紧密地排列在碳原子的周围形成对 C—C 键的屏障，保证 C—C 键的化学惰性，不易受到侵蚀。最后，C—F 键的键能极高，并且氟原子的存在使 C—C 键键能增加，从而提高含氟有机物的化学稳定性[12]。氟橡胶类型主要有三种：氟硅、氟烷基磷腈和氟碳，其中氟碳橡胶的应用最为普遍，目前主要品种是偏氟乙烯和三氟氯乙烯共聚物（23 胶）；偏氟乙烯、六氟丙烯和四氟乙烯的三元共聚物（246 胶）[13]；偏氟乙烯、六氟丙烯的共聚物（26 胶）占整个氟橡胶的 90%，统称为偏氟橡胶（FKM）。

FKM 具有优异的耐热性、耐化学药品性、耐油性、耐臭氧性、耐候性和较低的气体透过率，是高温复杂介质条件下常用的密封材料。几十年来，氟橡胶由于性能不断改进，已广泛应用于各种要求耐介质、耐高温的密封部位、胶布、胶管和油箱等，成为不可代替的特种橡胶。从航空航天、军事工业扩大到石油、化工、机械（如造船、汽车工业等）、轻工业等领域，其中汽车工业用量最大，大约占 70%，在其他领域的应用同样得到了迅速发展。26 型氟橡胶通常用于耐高温、润滑油、耐燃料油和强氧化剂，消耗量占总量的 70%左右，主要制品为密封件、油封、胶管、垫片、垫圈、隔膜、衬里和防腐制品，还可以用作电绝缘制品，近年来，随着石油工业的发展，氟橡胶在封隔器等产品中作为密封材料的应用也正日趋广泛[14]。

氟橡胶主要性能包括以下几点。

1) 耐侵蚀性能

氟橡胶具有卓越的耐侵蚀性能：在有机液体、润滑油和不同燃料油中的稳定性较高；对大部分无机酸、苯、甲苯和碳氢化合物有良好的抗蚀性。

2) 耐高温性能

氟橡胶的耐高温性能极好。氟橡胶在 200℃ 以下可长期工作，在 300℃ 可短期工作。橡胶的耐热水和过热水蒸气性能不仅与橡胶材料的本身特性有关，而且还取决于胶料的配合。对氟橡胶来说，过氧化物硫化的氟橡胶优于酚类和胺类硫化体系硫化的胶料。

3) 耐臭氧性和耐气候老化性

氟橡胶的耐臭氧性和耐气候老化性非常优异。Viton A 型氟橡胶自然存放 10 年之后的性能仍然是令人满意的。在臭氧浓度为 0.01% 的空气中，经 45d 作用没有出现明显龟裂。

4) 透气性

氟橡胶的透气性很小。在氟橡胶中，填料的加入填充了橡胶内部的空隙，从而使硫化胶的透气性变小，这对真空密封是非常有利的。如果配合适中，氟橡胶可达到 10^{-7}Pa 真空密封[15]。

氟橡胶的特殊性能是由其分子中含有氟原子的结构特点决定的，但正是这种结构给氟橡胶带来诸多不足之处，如弹性差、低温性能欠佳、易压缩变形、抗撕裂强度差、生胶加工工艺性能不良等。为了提高氟橡胶及其制品的性能，国内外对氟橡胶性能的改进进行了大量的研究工作。

1. 氟橡胶的化学改性

化学改性指通过一定的化学反应，如嵌段共聚、接枝，通过改变聚合物的结构达到使用需要的目的。为了改善氟橡胶的耐低温性能，采用在其分子结构中加入含有醚键基团的方法，使其分子在低温下保持一定的柔顺性，从而提高耐低温性能。例如，美国杜邦公司开发的全氟醚橡胶就是通过在聚合过程中共聚全氟乙烯醚单体引入醚键而开发出的一种耐低温的新型氟橡胶。还有在聚合过程中引入氟硅类单体的氟硅橡胶 (FVMQ)[15]。

2. 氟橡胶的并用改性

并用改性是一种简便有效的方法。通过并用克服氟橡胶性能的不足，提高其流动性，改变氟橡胶的加工性能，同样可以降低氟橡胶的使用成本，如氟橡胶与乙丙橡胶(EPDM)的并用。由于 EPDM 是一种性能优良的通用橡胶，具有极高的化学稳定性、耐水、耐水蒸气、耐热、耐臭氧、耐候、耐化学药品等许多优良性能，相对于四丙氟橡胶(FEPM)，它的典型特点是耐极性介质性能较好，低温性能优越。EPDM 与 FEPM 在组成结构上的相似为两者并用提供相容性基础。通过将 EPDM 与 FEPM 并用，理论上能够在保证 FEPM 优良耐侵蚀性能的同时，提高胶料的弹性与耐低温性，改善加工工艺性能并降低材料成本。

3. 氟橡胶的表面改性

刘永刚等[16]利用氢气等离子体对氟橡胶 F2311 进行了表面亲水改性处理，通过接触角测量、XPS 等表征手段，结果表明用氢气等离子体处理后，可通过等离子体聚合在 F2311 表面形成含 O、N、C 的覆盖层，可较好地改善 F2311 的表面亲水性，并使其具有较好的表面动力学性质，获得的亲水性可以保持很长时间。

4. 氟橡胶的配合加工改性

配合加工改性指开发新的配合剂如硫化剂、填充剂、促进剂及其他助剂，通过加入新的配合剂改进胶料的加工性能和赋予氟橡胶优异的性能，提高拉伸强度、断裂伸长率、硬度、模量、抗热老化性等。

氟橡胶的配合体系主要由生胶、硫化剂、硫化助剂、补强填充剂、吸酸剂组成。对氟橡胶来讲，因聚合物的结构不同和所用硫化体系不同，硫化胶的性能也存在差异。为了使氟橡胶能够满足各种苛刻条件下的使用要求，除了选择适宜的胶料，在胶料的配合体系上加以改善也是十分必要的[17]。

1)吸酸剂

氟橡胶的吸酸剂一般多采用氧化物、氢氧化物，用量为 5～10 份。加入种类根据胶料性能要求而定。加入氧化铅可得到耐水和耐酸性好的胶料；加入氧化钙可得到低压缩变形的胶料；加入氧化镁可得到耐热性好的胶料；加入氧化锌和二盐基亚磷酸铅可得到流动性好的胶料，其耐水性能也较好；在酚类硫化体系中，加入活性氧化镁和氢氧化钙可得到低压缩变形的胶料。对于厚制品，可在胶料中加入一定量的氧化钙、氢氧化钙的配合来消除胶料中产生的气泡，同样也具有低压缩永久变形这一特点。但在多元醇硫化体系中，当使用氧化铅作为吸酸剂时，不仅制品表面无光泽，而且在溶胀、蒸汽条件下的压缩永久变形会比较大。

2)硫化剂

胺类硫化剂：N, N'-二次肉桂基-1, 6-己二胺(3#硫化剂)，它的特点是易分散、工艺性能较好、耐热性尚可，但压缩变形较大、胶料储存期较短。目前大多已经不采用此硫化体系。

酚类硫化剂：双酚 AF、对苯二酚等双酚化合物，都可以作为氟橡胶的硫化剂。从耐热性考虑，双酚 AF/苄基三苯基氯化磷这一硫化体系，对改善氟橡胶的压缩永久变形是非常有效的。此硫化体系胶料稳定性好、工艺性能较好、硫化胶不抽边，是氟橡胶理想的硫化剂。

过氧化物硫化剂：具有较好的加工工艺性能，可得到耐侵蚀性好和高强度的胶料。由于不需要吸酸剂，所以是耐酸性、耐水性优良的硫化体系，耐碱性也较好，但压缩变形较大。用三烯丙基异氰尿酸酯(TAIC)作助硫化剂进行硫化(与 DCP 并用)，可显著缩短硫化时间，提高机械性能、耐磨性、耐溶剂性和耐候性[18]。

3）填充剂

氟橡胶属于自补强橡胶，补强填充剂主要用于改进加工工艺性能、降低成本和提高耐热性、硬度和压缩变形性能等。一些补强填充剂的常用种类包括炭黑、白炭黑、碳酸钙、氟化钙、硅酸钙、硅酸镁、硅酸铝、氮化硅、滑石粉、聚四氟乙烯、石墨、碳纤维、硫酸钡、二硫化铝等[19]。

4）加工助剂

加工助剂是近年来氟橡胶加工的一大进步，它是在不影响胶料性能的前提下，改善氟橡胶的混炼工艺、改进胶料的流动性、防止焦烧和压出性能，并能在加工中防止黏辊、黏模，起到外脱模剂的作用。在氟橡胶的加工过程中，常用的加工助剂有硬脂酸盐、氟蜡、棕榈蜡、模得丽 935P、低分子聚乙烯等，加工助剂的用量为 1～2 份[19]。

1.2.4 四丙氟橡胶

为改善氟橡胶的低温性能，提高耐热性能，以四氟乙烯和丙烯为单体共聚而成四丙氟橡胶，其一般是采用全氟辛酸铵作为乳化剂，改性过硫酸盐氧化还原体系为引发剂，在水存在的条件下，在高压反应釜中进行交替共聚，形成聚合物乳液，待乳液凝胶后，凝胶经过洗涤、干燥，再进行热处理，最后轧片而得到氟聚合物[20]。目前，四丙氟橡胶主要有两种型号：由四氟乙烯(TFE)与丙烯(P)的共聚二元弹性体和引入第三单体——偏氟乙烯类的三元共聚物[21]，二元共聚物和三元共聚物的分子结构式如图 1.4 所示。

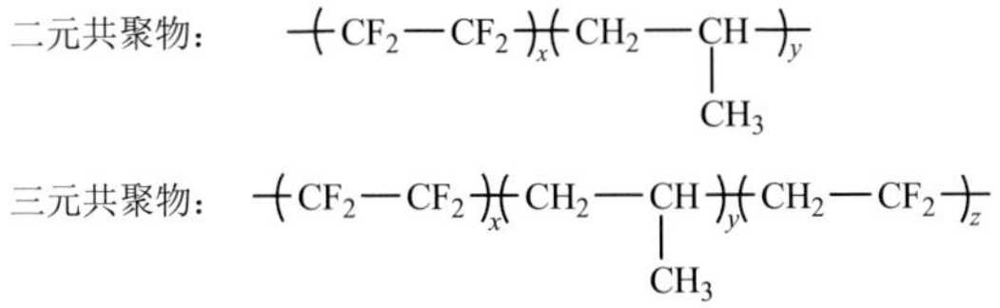

二元共聚物：$+CF_2-CF_2\frac{}{}_x CH_2-CH\frac{}{}_y$
$\qquad\qquad\qquad\qquad\qquad |$
$\qquad\qquad\qquad\qquad\quad CH_3$

三元共聚物：$+CF_2-CF_2\frac{}{}_x CH_2-CH\frac{}{}_y CH_2-CF_2\frac{}{}_z$
$\qquad\qquad\qquad\qquad\qquad |$
$\qquad\qquad\qquad\qquad\quad CH_3$

图 1.4 四丙氟橡胶的分子结构式

二元共聚的四丙氟橡胶中四氟乙烯单体和丙烯单体是高度交替排列的，几乎所有的 C_3H_6 链段都位于相邻的 C_2F_4 链段之间。由于氟原子的电负性很大，原子半径也较氢原子大，且 C—F 键的键长很短，键能很大，不易被破坏，保护分子结构式上 C—C 键的同时，也对相邻的 C_3H_6 链段上体积较小的氢原子起到屏蔽作用。另外，丙烯结构上的甲基又破坏橡胶分子链的规整性和结晶性，使得四丙氟橡胶在具备普通氟橡胶的耐化学介质性和耐热老化性等优良性能的同时，又具备类似乙丙橡胶的耐低温性能和良好的弹性性能[21]。

1975 年，日本旭硝子公司首次推出了四丙氟橡胶，商品名为 Alfas，起初推出的是四氟乙烯和丙烯的二元交替共聚物，分为 Aflas 100 和 Aflas 150 两种等级，后来又陆续生产了两种三元共聚物，即 TFE-P-VDF（Aflas 200P）与 TFE-P-CSM（Aflas 300S）[22]。国内于 1979 年由上海有机氟材料研究所开发出二元类四丙氟橡胶，目前只有一个牌号 FE2701，相当于国外的 Aflas150 型，其生胶分子量为 7 万～11 万，密度为 1.35g/cm³，含氟量为 57%，热分解温度超过 400℃[21]。目前已生产出的四丙氟橡胶生胶的物理化学性质详见表 1.2[23, 24]。

表 1.2   四丙氟橡胶生胶的物理化学性质

聚合物结构	TFE-P							TFE-P-VDF	TFE-P-CSM	TFE-P
等级	100H	100S	150P	150E	150L	150C	150CS	200P	300S	FE2701
密度	1.35	1.35	1.35	1.35	1.35	1.35	1.35	1.60	1.35	1.35
氟含量/%	57	57	57	57	57	57	57	40	57	57
门尼黏度（ML1 + 10，100℃）	—	160	95	60	35	—	140	90	—	100
玻璃化温度/℃	-3	-3	-3	-3	-3	-3	-3	-13	-3	-3

1）四丙氟橡胶的基本性能

四丙氟橡胶在组成和结构上与一般的氟橡胶不同，使其具有一系列特殊的优良性能。

A. 热老化性

四丙氟橡胶长期使用的极限温度是 230℃，短期使用温度不能超过 300℃，在420℃时开始分解[23, 24]。

B. 耐化学药品性

耐广泛化学药品性是四丙氟橡胶一个重要性能，在几种化学药品相互混合或者基础油里混入其他物质时，四丙氟橡胶这一性能表现得尤其突出。四丙氟橡胶具有耐汽车和航天等工业用各种润滑油、液压油和制动用油，耐油气田中的含 H_2S

酸性介质和胺类防腐剂，耐化学工业用介质如酸类、碱类、盐水、氧化剂、醇类等工业用溶剂[21]。

C. 耐水蒸气性能

Hull 等[25, 26]在文献中提到四丙氟橡胶具有耐蒸汽性能，魏伯荣和蓝立文[27]具体研究了水蒸气对四丙氟橡胶性能的影响。研究结果表明，采用 DCP/TAIC 硫化体系硫化的 TP-2 橡胶经过 280℃水蒸气作用 20d 后，四丙氟橡胶的硬度保持率相对较高，拉伸强度和断裂伸长率下降较大。当体系中炭黑含量较少时，硫化胶的性能保持率较高，但质量变化率和体积变化率较大；当体系中炭黑含量较高时，四丙氟橡胶的性能保持率低，而质量变化率和体积变化率较小。

D. 绝缘性

四丙氟橡胶是在高温下仍然具备优异的绝缘性，在苛刻的条件下仍可使用的绝缘材料，这也是它区别于一般氟橡胶的特性之一。四丙氟橡胶的电性能[26]见表 1.3。

表 1.3　四丙氟橡胶的电性能

体积电阻率(500V 直流电)/($\Omega \cdot cm$)		
21℃	3.0×10^{16}	
200℃	1.7×10^{13}	
介电常数	60Hz	10^6Hz
21℃	2.5	2.6
200℃	3.0	2.8
介电强度(ASTM149)/(V/mil①)		
21℃	580	
200℃	200	

2) 四丙氟橡胶的硫化体系

由于四丙氟橡胶分子链是饱和的，不能采用硫黄硫化体系硫化，且由于氟元素的化学惰性，硫化氟橡胶是困难的。目前，氟橡胶的硫化机理主要分为两种类型，即离子型交联机理和自由基作用机理[28]。离子型交联机理包括胺类及其衍生物和双酚类硫化体系，而有机过氧化物硫化和辐射交联技术属于自由基作用机理。其中前一种机理主要作为含偏氟乙烯类单元氟橡胶的硫化机理。四丙氟橡胶分子主链化学稳定性很好，没有硫化点，大多数交联剂包括胺类和二羟基化合物不能对它进行硫化，但是在高温条件下，可以采用有机过氧化物硫

————————————
① 1mil = 0.0254mm。

化体系来硫化。过氧化物硫化体系包括主交联剂和助交联剂，采用单纯的主交联剂是不能对四丙氟橡胶进行硫化的。常用主交联剂包括双叔丁基过氧异丙基苯（BPPB）、2, 5-二甲基-2, 5-双（叔丁基过氧基）己烷（双 2, 5）、DCP 等；助交联剂包括两大类：一类是分子中不含烯丙基氢结构，如 N, N-间苯撑双马来酰亚胺（HVA-2）、三羟甲基丙烷三丙烯酸酯（TMPTA）、三羟甲基丙烷三甲基丙烯酸酯（TMPTMA）；另一类是分子中含有烯丙基氢结构，如 1, 2-聚丁二烯、二烯丙基邻苯二酸酯、三烯丙基异氰酸酯、三烯丙基氰酸酯[29-31]。

3）四丙氟橡胶在油田中的应用

油气勘探行业是所有行业中对橡胶制品要求最为严格的行业，石油工业不断发展，技术不断进步，石油和天然气开采深度不断提高，从百米到千米，甚至万米以上，井下温度一般都达到了 200℃，压力有时候则高达上百兆帕[32]，橡胶部件不仅要接触原油、钻井泥浆、蒸汽、酸、碱、盐水、胺类防侵蚀剂等[33-36]，还要接触原油中混有的 CO_2、CH_4 和具有强烈侵蚀性的 H_2S 气体，这些因素的协同作用对橡胶制品形成非常苛刻的环境，原油井中普遍使用的耐油性的 NBR 和耐高温的 FKM 已经不能满足使用要求。而四丙氟橡胶区别于一般氟橡胶的优异性能使它在油田复杂环境中很适用，四丙氟橡胶（Aflas 100H）耐油田化学介质性能见表 1.4。橡胶制品与油井所包含的高压 H_2S、CO_2、CH_4 等气体长期接触，当压力突然下降时，橡胶材料会因为突然泄压而产生气泡或者破裂，采用高分子量的 Aflas 100H 或 Aflas 150P 胶料会避免这样的现象发生[37]。油气田苛刻的环境对橡胶物理机械性能也提出相应要求，一般来说，四丙氟橡胶部件的邵 A 硬度要达到85~95，甚至有些接近邵 D 硬度 60。另外还可以将四丙氟橡胶用四氢呋喃溶解制成胶浆，涂覆在补强材料上，然后复合在橡胶中模压成橡胶制品，从而提高制品的使用寿命。

表 1.4　四丙氟橡胶（Aflas 100H）耐油田化学介质性能

项目	邵 A 硬度	拉伸强度/MPa	断裂伸长率/%	体积变化率/%
原始性能	95	21.0	90.0	—
蒸气老化，288℃×100h	93	13.7	110.0	1.6
酸性介质[(1)]老化，200℃×100h	90	14.0	90.0	3.5
水和 1%NACE A 胺缓蚀剂[(2)]老化，162℃×336h	89	12.6	170.0	7.0
钻井泥浆和 5%NACE B 胺缓蚀剂[(3)]老化，200℃×70h	75	14.7	140.0	26.3

注：（1）酸性介质由 30%H_2S、15%CO_2、50%CH_4 和水组成。

（2）NACE A 是模拟水基胺类缓蚀剂的试验流体。

（3）NACE B 是模拟烃基胺类缓蚀剂的试验流体。

四丙氟橡胶在油田中应用广泛，具体实例包括封隔器胶筒、钻头、井口头系统、各类阀门和泵上的各类密封圈以及防爆器上的橡胶密封件，另外还可以用作井下采油设备和电动泵用电缆或电线的保护层及绝缘外套。

1.2.5　氟硅橡胶

为了进一步提高氟橡胶的耐低温性能，在氟硅橡胶的主链引入低温性能极好的硅氧键 Si—O 得到氟硅橡胶，其结构式如图 1.5 所示。

目前合成的氟硅橡胶种类较多，大批量生产并且普遍使用的是聚(3, 3, 3-三氟丙基甲基)硅橡胶，其中乙烯基的含量一般低于 0.5%，氟硅橡胶主链结构的硅氧键 Si—O 键角为 130°～160°，远大于发生 sp^3 杂化的 C 原子间键角(109°)，使氟硅橡胶的分子链同时具备独特的低温柔顺性及热稳定性。所以氟硅橡胶具有优异的耐油、耐化学药品、耐溶剂和耐高低温性能。

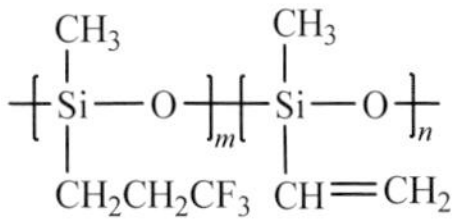

图 1.5　氟硅橡胶的结构式

20 世纪 30 年代一些发达国家相继研发出有机硅和有机氟高分子材料[38]。有机硅材料使用温度为–60～310℃，耐高低温性能优异，除在高温使用环境下在物理机械性能、耐空气老化、耐臭氧等方面表现出优越的性能外；在耐燃料油以及耐溶剂性方面还表现出极其优越的性能。美国道康宁公司利用有机氟材料与有机硅材料各自性能优势和结构特征，进行氟硅系列产品开发工作，开辟了氟硅材料的生产和应用，是氟硅橡胶技术的先行者。日本信越公司、大金公司先后开发了氟硅橡胶，在生胶的基础上，继续研制出一系列混炼胶及混炼胶制品，从此氟硅橡胶在航空航天等领域得到广泛应用。我国在 20 世纪 60 年代初期，中国科学院化学研究所开始进行氟硅化合物的研究，成功制备出氟硅单体，而且研制出氟硅橡胶样品；60～70 年代，上海有机氟材料研究所和中国科学院化学研究所共同合作，成功地研制出与氟硅橡胶 LS-420 同类性能的氟硅橡胶。

氟硅橡胶硫化机理可以分为加成型、缩合型和自由基型；根据不同的硫化类型可以分为不硫化型、室温硫化型、中温硫化型和热硫化型，其中室温硫化型按组分的不同又可以分为双组分型和单组分型。氟硅橡胶依据橡胶产品混配方式及形态划分为液体氟硅橡胶和混炼氟硅橡胶。热硫化型的氟硅橡胶如聚甲基三氟丙基硅氧烷应用广泛，其分子量为 40 万～80 万，其加工过程一般是先将氟硅橡胶、结构控制剂、增量填料、改性添加剂、补强填料等按照预定比例混炼，混炼均匀后将混炼胶进行塑化，加入硫化剂进行硫化并出片，最后加热加压硫化成橡胶成品，补强填料大多使用气相白炭黑，由此来提升氟硅橡胶的耐溶剂性能和硬度，同时降低加工成本。

相比于氟橡胶和硅橡胶，氟硅橡胶的成本高，且力学性能偏差，采用相同分量比的气相白炭黑补强，氟硅橡胶的拉伸强度一般为12MPa、断裂伸长率为350%、邵 A 硬度为 68 左右，高成本及较低的力学性能在很大程度上限制其在油田密封中的应用。

1.2.6　全氟醚橡胶

主链由碳和氟组成的全氟聚合物(全氟烷烃)具有优异的性能，不仅在化学试剂的作用下特别稳定，还具有极强的耐侵蚀性和耐热性。此外，还具有很低的摩擦系数，据此可以制得耐磨密封件。众所周知的聚四氟乙烯具有良好性能，四氟乙烯与六氟丙烯的共聚物同样只含有碳和氟原子。侧基团—CF_3(全氟甲基)使聚合物的软化温度降到 275℃，同时黏度降低到可以加工成型管、板等制品。这时此材料的工作温度范围从–40℃或–60℃到 200 或 300℃，可在汽车、飞机和宇航等部门使用。然而，要建立热弹性的三维网络是不可能的，因为在此类全氟聚合物基础上不能制取弹性体材料。而在某些情况下在全氟化聚合物的主链上可能出现其他原子，如氧、硫或氮。属于这类材料的有全氟聚(硫代)醚、含有三嗪键的全氟聚合物以及全氟烷氧基聚合物等，可以用作热塑性弹性体。

氧原子与主链相连的弹性侧基团的引入在很大程度上改变这些聚合物的性能，如用—OCF_3替代—CF_3能大大提高主链的弹性。四氟乙烯和全氟烷基乙烯基醚的共聚物是典型的热塑性材料。改变醚的类型及醚和四氟乙烯的比例就能制得玻璃化温度低于室温的非晶形聚合物。这种聚合物可以用作热塑性弹性体的弹性组分。

制得弹性体材料必须具有交联键，这使热塑性弹性体具有特别的物理性能，并能生成硬(刚性)链段。在热塑性含氟弹性体中这些硬链段能起到氟聚合物的晶粒的作用。然而，目前已知的热塑性氟弹性体硬链段的热稳定性较低，因此这些弹性体在工作温度范围的长期使用性较差。

全氟弹性体与其他全氟聚合物的区别是玻璃化温度更低，因而能建立化学交联键的三维网络。

带有交联键的弹性体可以从不同类型化学活性单体制得：①CF_2＝CF—O—R_fX；$X = COOR$，OC_6F_5，$O(CF_2)_nCN$，CN；R_f = 全氟烷基；②RCH＝$CR'R''$；R，$R'R''$ = H，Br，F，R_f，R_fBr；③CF_2＝CF—O—$(CF_2CFXO)_nR_fI$。

某些全氟弹性体的化学组成和硫化的交联剂见表 1.5。

表 1.5　某些全氟弹性体的化学组成和硫化的交联剂

弹性体	单体组成	能交联的单体	交联剂	备注
I	四氟乙烯＋全氟甲基乙烯基醚	含有—CN 的全氟苯氧基丙基乙烯基醚，一类	双酚 AF 三嗪	对水和胺的作用不稳定
II	四氟乙烯＋全氟甲基乙烯基醚	含溴的，二类	过氧化合物＋活性助剂	—

续表

弹性体	单体组成	能交联的单体	交联剂	备注
III	四氟乙烯＋六氟丙烯＋全氟乙烯基聚醚	全氟乙烯基醚，三类	过氧化物＋活性助剂	—
ПарофТоp I	四氟乙烯＋六氟丙烯＋全氟乙烯基聚醚	全氟乙烯基醚，三类		混合物 V3734
ПарофТоp II	四氟乙烯＋全氟乙烯基聚醚＋提高主链弹性的物质	含碘、含溴全氟乙烯基醚		混合物 V3819

注：ПарофТоp（巴罗夫托尔）是德国 Parker-Hannifin 公司等生产的不同类型的全氟橡胶。

为了保证能把全氟弹性体用于宇航方面，曾试制可能在更宽工作温度范围内使用的弹性体。使用具有耐低温性能特别优良的全氟烷基醚作单体。

1. 全氟弹性体的物理特性

全氟弹性体一般仅由碳原子和氟原子组成，因而聚合物链的惰性很强，可以说对所有的化学作用很稳定。这类聚合物的薄弱点是交联键上的交联单体，在高温下这些单体可能参与化学反应。因此全氟弹性体的化学稳定性一方面与聚合物结构有关，另一方面与交联键种类有关。交联键的类型和密度也牵涉物理特性，首先是力学性能，其中包括弹性体材料的变形性。表 1.6 是不同结构的全氟弹性体的物理特性。

表 1.6　不同结构的全氟弹性体的物理特性

指标	全氟弹性体			ПарофТоp I (V3734)	ПарофТоp II (V3819)	ПарофТоp III (V3862)
	I	II	III			
邵 A 硬度	75	80	75	70	75	80
密度/(kg/m³)	2030	1950	1940	2060	2020	2000
100%定伸强度/MPa	7.2	12.4	7.2	7.0	7.3	11.0
拉伸强度/MPa	16.9	16.0	11.7	6.8	14.0	16.0
断裂伸长率/%	150	125	145	150	145	160
最低极限工作温度/℃	−1	−2	−14	−16	−14	−3
20℃时氮气透气系数/[10¹⁹m²/(s·Pa)]	4	5	66	76	5	4
剩余变形☆/%	43	71	29	29	22	19

注：所有全氟弹性体呈黑色。ПарофТоp II 和 ПарофТоpIII也可作彩色材料；☆圆截面环的大小为 2mm×214mm，老化条件为 204℃、70h。

由于全氟醚的热膨胀系数很高，当温度变化时密封圈面积与放置点位置发生明显的变化。例如，当加热到300℃时弹性体材料的体积增加38%。在设计时必须考虑到相应的热变形，否则当达到最高使用温度时密封圈在缝隙中因膨胀而破裂。

2. 耐工作介质的稳定性

1)亲核介质

双酚及腈主要是按亲核机理连接在弹性体上的，因此凡是能进行亲核反应的所有介质都可能破坏全氟弹性体。以C—N键组成的三嗪结构于高温下在碱、胺甚至在水、水蒸气中都容易受到破坏。

2)酸

浓酸(硫酸、硝酸、盐酸和氢氟酸)能破坏大部分弹性体，然而全氟弹性体在浓酸中表现出极高的稳定性。

在生产微型电路时要使用一系列侵蚀性极强的酸和碱。硝酸不仅对聚合物，而且也对某些填充剂如工业炭起很强的氧化作用。浓氢氟酸能溶解硅类填充剂。

3)溶剂

溶剂一般会引起弹性体明显的膨胀，轻微的膨胀能改善密封材料的密封性能。

不同聚合度和含不同类型交联键的全氟弹性体在不同溶剂中发生不同程度的膨胀。弹性体和溶剂的溶解参数很接近，那么膨胀的程度就很严重。在这些溶剂如酮、醛、醚、氯氟碳和某些芳香族化合物中，即使在低温时弹性体膨胀度也能达到20%(表1.7)。

表1.7   不同全氟弹性体对各种溶剂作用的稳定性   (单位：%)

试剂	体积变化				
	弹性体Ⅰ	弹性体Ⅱ	弹性体Ⅲ	ПарофTop Ⅰ	ПарофTop Ⅱ
甲乙酮(24℃，7d)	+1.0	+1.3	+2.3	+2.7	+16.0
二乙基醚(24℃，7d)	+1.7	+6.6	+4.8	+5.1	+12.0
四氯化碳(24℃，7d)	+1.3	+3.9	+4.3	+5.5	+4.9
苯(40℃，7d)	—	—	—	+3.0	+5.8
四氢呋喃(40℃，500h)	—	—	—	—	+20.0

3. 热老化

聚合物的热稳性取决于它的上限使用温度。在真空缺氧条件下或在氮介质中加热时发生主链的降解和交联键的破坏，结果使弹性体成为糊状物，之后呈黏液状。在高温下存在氧时发生氧化反应生成羰基和羧基。这两种过程与聚合物的类型及其立体结构有关。热稳定性在缺氧或有氧存在下用热解过程的活化能来衡量。在有氧时不同聚合物的热稳定性可能有很大差别。在氮或氧中进行的热失重分析可以测定热分解过程的动力学参数。某些氟化弹性体的热分解活化能见表 1.8。

表 1.8　在氮中以氟化弹性体为主的硬度接近的各种材料的活化能

弹性体	活化能 (E)/(kJ/mol)
共聚物	225
材料 I	266
材料 II	289
氟化材料 III	295
ПарофТор II (V3819)	344

注：除材料 II 为硬度 70 标准单位外，其余材料的硬度都是 75 标准单位。

1.3　酸性油气田对密封制品的要求　<<<

　　石油和天然气的开发对象向超深层、超高压、高含硫等复杂气藏转移。我国塔里木、长庆、四川、华北、江汉等的某些区块主力油气田均存在严重的 $CO_2 + H_2S$ 侵蚀。同时，为了解决单质硫沉积及金属腐蚀问题需添加硫溶剂、缓蚀剂，叠加高温高压，对长时间服役密封橡胶可靠性提出了严苛的要求。

　　含高含量 H_2S 油气开发一直是世界难题，因为 H_2S 是一种剧毒气体，空气中 H_2S 的含量超过 300ppm[①]将对生命造成危险，且 H_2S 易导致金属材料腐蚀、氢脆而且引发橡胶等密封材料失效，不仅给油气田的开发、生产造成巨大的经济损失，同时严重地污染环境，并且威胁着人身安全[39]。20 世纪 80 年代初期，我国探明的含 H_2S 天然气占全国气层储量的 1/4，近年来在我国勘探工作中不断发现高含硫油气田[40]。高含硫油气田生产过程中，高温高压 H_2S/CO_2 工况会对橡胶密封材料造成强烈的侵蚀，尤其是 H_2S 更容易造成材料密封失效，导致含 H_2S 天然气泄漏的重大安全事故。H_2S 的大量存在已经成为制约高含硫气藏有效开发的技术瓶颈之一[41]。

　　密封制品面临的苛刻复杂工况包括：①复杂的腐蚀性介质：含 H_2S、H_2O、CO_2 强侵蚀的油水混合介质（$P_{H_2S} \geqslant 9MPa$、$P_{CO_2} \geqslant 6MPa$）以及各类硫溶剂、缓蚀剂、

---

① 1ppm = 10^{-6}。

钻井液等；②高温：目前井底温度一般已经达到 200℃；③高压：井下压力最高达 100MPa。作为高含硫油气田用橡胶密封材料，必须具备优良的耐热性能、耐油性能、耐酸性介质性能以及耐 H_2S 性能。

以下分别介绍油气用橡胶密封材料性能要求。

1.3.1　耐油性能

橡胶的耐油性，指硫化胶抵抗油类作用的能力。当橡胶制品与油田中的各种油液长期接触时，油能渗透到橡胶内部，使其膨胀或体积增大；与此同时，油介质可以从硫化胶中抽出可溶性的配合剂(如防老剂、抗降解剂、增塑剂等)，导致硫化胶收缩或体积减小。通常溶胀随硫化胶与油液接触时间的增加而增大，直至油液不再被吸收体积膨胀保持稳定为止，导致本来排列紧密的三维交联网络被扩张，造成橡胶密封失效。此外，合成润滑油中的部分添加剂能与橡胶发生化学反应，侵蚀高分子链，特别是在高温条件下，进一步加速化学反应速率，引起橡胶的过交联或降解。当侵蚀严重时，橡胶会失去弹性而变脆或呈树脂状，从而导致橡胶制品性能急剧下降，失去工作能力[42]。耐油性能通常是就耐非极性油类而言，所以橡胶中含有极性基团的橡胶，与非极性和石油系油类接触时，两者极性相差较大，橡胶稳定性良好。橡胶中各基团极性的大小为

$$CN>NO_2>F>Cl>Br>I>CH_3O>C_6H_5>CH_2=CH>H$$

关于耐油性能的评价，通常是用标准试验油，测定硫化胶在油中浸泡后的质量、体积和物性变化的百分率。橡胶的耐油性能若不借助标准油作比较，则没有可比性和普遍性。因此，硫化胶的耐油性能试验以 ASTM D-471 为标准，规定 3 种燃油、3 种润滑油和两种工作流体作为标准油，对油的闪点、黏度、苯胺点做了规定[43]。

1.3.2　耐热性能

通常将橡胶在高温长时间热老化作用下保持原有物理性能的能力称为耐热性能。硫化胶的耐热性能决定橡胶制品的最高使用温度和使用时间。橡胶制品在高温或热氧作用下，化学结构发生变化，大分子发生交联、降解、环化、解聚、异构化，不饱和度发生变化，在分子链上生成羧基和其他含氧基团或小分子化合物，进而释放出挥发性产物，上述变化与橡胶胶种和胶料组成、周围介质、温度和机械作用有关[44]。

1.3.3　耐酸性介质性能

橡胶制品的耐介质性能主要指其抵抗盐、酸、碱等侵蚀性介质破坏的能力。当橡胶制品与酸性介质接触时，由于它们的强氧化作用而引起橡胶和配合剂的分解，有些介质还能引起橡胶的溶胀，导致橡胶分子产生断裂、溶解以及配合剂的

溶出、溶解、分解等现象。因此，橡胶制品耐酸性介质性能涉及橡胶材料本身及所用配合剂。

橡胶制品的耐侵蚀性能主要取决于橡胶分子结构的饱和性和取代基团的性质。因为侵蚀介质对橡胶的破坏作用首先是向橡胶渗透、扩散，然后再与橡胶中的活性基团反应，进而引起橡胶大分子中化学键和次化学键的破坏。配合剂在橡胶制品制造过程中已经与橡胶大分子发生化学反应，因此配合剂对橡胶制品的耐化学介质性能的影响没有橡胶材料本身显著。但是在选择配合剂时必须使用与介质不发生化学反应的橡胶配合体系[45]。

1.3.4　耐 H_2S 性能

H_2S 在高温高压下异裂生成硫离子或均裂成自由基，H_2S 对橡胶制品的侵蚀，往往是攻击高分子链上的活泼氢、侧链中的活性基团及与橡胶分子链中的双键反应，造成分子链过度交联，尤其是分子链中含有双键时该反应极迅速，致使材料变硬变脆，发生老化失去弹性，从而丧失密封能力[46]。对油气田中耐 H_2S 橡胶的选择应同时兼顾橡胶的耐油性能和耐 H_2S 性能，还应该考虑橡胶的工艺性能等。高温 H_2S 环境是目前石油开采过程中遇到的一种极端苛刻的环境，在这种苛刻的环境中，H_2S 会发生异裂或均裂反应，生成 H^+、SH^-、$HS \cdot$ 和 $H \cdot$ 等活性基团或自由基，其中 $H \cdot$ 稳定性较差，在体系中的浓度较小，对橡胶的老化作用影响不大，而其他三种基团均影响橡胶在 H_2S 中的性能。目前，人们对国内高温高压 H_2S/CO_2 条件下橡胶的侵蚀机理认识不足，只是对不同橡胶在常见环境中的老化机理有深刻的认识和研究。翁国文等[47]研究了配合剂对氟橡胶耐酸性的影响。H^+ 是一种亲电试剂，可与双键、碳基等基团反应。Mitra 等[48]系统研究了三元乙丙橡胶在酸性环境中的化学降解，发现不仅 H^+ 可与 5-乙叉降冰片烯(ENB)结构单元中双键反应，而且在 $Cr(VI)$ 存在的条件下还可以进攻烯丙基氢形成碳基或羟基。OH^- 也可以与氟橡胶反应。Mitra 等[49]分析了 Viton A 氟橡胶的生胶和硫化胶在碱性条件下的侵蚀机理，发现氟橡胶在二元胺交联点能够被具有亲核性的 OH^- 进攻，致使交联点上 C—N 键断裂。SH^- 是一种比 OH^- 更强的亲核试剂，也可以进攻橡胶主链及与交联点反应。

国外用于耐 H_2S 的橡胶主要包括全氟醚橡胶、氟化磷腈橡胶、四丙氟橡胶等。特别是全氟醚橡胶是目前所有橡胶中耐 H_2S 性能最好的。

1.4　国内外有关抗硫密封材料选材方案 ◀◀◀

以上介绍了常用密封材料的基本性质，在常用密封条件下均有相应的规范与标准,但橡胶在含硫条件下使用时,现行试验均采用美国 NACE 标准及加拿大 IRP标准,而上述标准给出的试验条件和我国油气田实际工况相比存在很大差距,如NACE TM0187-03 标准中给出的试验温度为 100℃和 175℃,压力为 6.9MPa,而我国很多油气田井下温度介于这两者之间,压力远高于 6.9MPa,从而导致无相应试验标准可参照。加拿大在 20 世纪 70 年代勘探开发了大量的酸性气田,开发了大量的抗 H₂S 侵蚀的密封材料,但是由于实行技术封锁,我国在这方面的研究无相关参考依据。而且加拿大钻井工程标准 IRP2——酸性完井及操作规范中,在提及高分子材料耐侵蚀性时,均推荐参照 NACE 标准进行相关试验。相关标准和选材规范均列出油田常用弹性体的典型性能,但没有明确给出材料的适用范围,四丙氟和全氟醚均被推荐为密封材料,在温度和 H₂S 浓度较低时,HNBR 也可使用。

IRP2 给出选择弹性体密封材料的指导原则,包括 5 方面,简要介绍如下。

1. 范围

IRP 标准的弹性体已经被开发,这种弹性体考虑到满井、服务活动和在不同的服务条件下仍保持密封材料完整性所需的环境。这些弹性体通常在很大压力的情况下被使用。然而,需要解释的是塑料(四氟乙烯和 Ryton)和金属(法兰衬垫)密封材料的密封效果经常更好,这是因为其对灌注的液体有更好的抗耐性。IRP标准不包含塑料和金属密封材料,也不包含密封材料的设计。

IRP 针对环境条件对弹性体密封材料的影响进行了分类及介绍。其中包括弹性体的选择、测试和质量控制。整个选择过程,IRP 标准使用粗体重点强调哪些部分是"应该"、哪些部分是"必须"以及被"推荐"使用的情况。

2. 服役条件

当选择用于超酸性气井的开采和/或服役条件下的材料与设备时,弹性体密封材料的选择需要考虑灌注液体、在弹性体密封材料周围的化学物质、密封材料所处温度的影响。

3. 测试和评价

如果服役条件可利用的信息不是很充分,那么针对密封材料应该进行基于预期工况条件下的具体测试。注意:在特殊油井中,为了评价弹性体和其他密封材料是否适合,使用者应该首先参考设备生产商推荐的产品。这些推荐的产品应该建立在材料测试和试验的基础上。使用者必须在确认密封材料的信息和数据都满足服役要求的情况下才能使用。使用者设计一份具体的工况测试方案,以验证生产商推荐的产品是否符合当前工况使用。

4. 质量控制

钻井操作人员应该保留用在第一线油井压力控制的密封材料的记录，注意：第一线油井压力控制的密封件包括防喷器注油器和钢丝绳注油器上的 O 形圈。对弹性体密封材料来说没有标准来表明弹性体的好坏，现场的记录就是非常有力的数据。

5. 辅助数据

1) 密封件设计

正常情况下，密封材料包括弹性体或橡塑共混体。弹性体被定义为一种在不断拉伸情况下至少伸长为原来的两倍并且取消拉力后能恢复到原来长度的材料。塑料像聚四氟乙烯、聚砜是强度很高的聚合物，相对于弹性体对化学物质有更好的抗耐性，但是它的回弹性很差。塑料通常与弹性体共混用于提升材料的抗压能力。

用于满井服役和开采设备的弹性体与橡塑共混体有很多种类，其中 O 形圈、V 形圈、骨架密封件和承压动态的密封件是常见密封结构的代表。

通常开采设备生产商负责设计密封件。但是使用者应该熟悉其设计方案，以便考虑其选用的密封材料和设计方案的可行性。

考虑的因素包括：①密封材料的状态。在设计中，应该考虑密封材料应用在静态还是动态场合。②服役周期。当选择密封材料时应该考虑服役周期的长短。常用的密封材料只能短时间满足使用要求，但不合适长时间服役。③密封材料的维护。在选择密封材料时这是一个重要的因素。油井使用的密封材料相对来说不容易经常更换，因此需要它长时间发挥密封作用，注油器电缆的密封材料在工作一次之后可以更换。④服役条件。密封材料的选择应该建立在较长时间更换的基础上，这些更换的发生往往是由于油井中 H_2S 浓度的增加或是温度的提高。同时，结合第二以及第三因素，综合考虑这些条件对密封材料产生的影响。

2) 服役条件

使用者应该清楚环境中的液体组分，以及多种液体可能混合后对密封材料造成的影响。这些液体包括预期的油井中产生的液体、开采过程中遇到的任何液体、油井中添加的任何化学物质。

IRP2 给出油田中常用的弹性体的介绍，包括典型的性能。使用者也应该了解对于一个已知的弹性体类型，可能有不同的助剂或组分，每一种组分对化学介质都有不同的抗耐性和使用温度范围。

关于密封材料的选择，两个重要的参数分别是温度(服役和周围环境)和应用环境中的液体。压力影响主要取决于密封件力学设计和操作参数，不是密封材料选择主要考虑的因素。另外，操作过程的急剧降压也能引起密封材料的破裂。

弹性体和塑料有上限温度和下限温度，密封件生产商或者设备提供者应该向使用者公布相关数据。同样，在低温条件下弹性体对化学物质的抗耐性对防喷器或是其他设备是很重要的。对防喷器的零件来说，如果升高防喷器的使用温度，需要在设备生产商和政府的指导规则下进行。

在 ASTM D53 标准测试下的 T5 温度或是在 ASTM D1329 标准测试下加 5℃ 的 TR10 温度被用来估算弹性体的最低操作温度。弹性体的玻璃化温度同样也用来帮助决定其使用的最低温度。

液体侵蚀物能引起密封材料的变化。其中一些变化是可逆的，另一些变化是不可逆的。例如，气体或油的渗透引起的体积膨胀是可逆的。H_2S 对弹性体的渗入能引起弹性体交叉交联，进而引起脆性断裂。这种变化是不可逆的。

煤油中的芳香物质存在于原油、倒乳化泥浆和回流的石油中。它能使一些弹性体膨胀而破坏。酒精和甲醇会引起一些弹性体失去弹性。胺类缓蚀剂和含硫的化学物质像二甲基二硫(DMDS)对许多弹性体都有破坏性。

对弹性体性能造成负面影响的因素很多，如温度、所处环境、接触液体的种类浓度等。通常一个不良的结果是由于多种因素综合作用产生的，很难被预测，所以需要试验测试才能判断材料选择的适用性。

3) 测试和评价

对于用在油田设备中的弹性体，没有油田行业测试和评价标准，生产商的标准经常被使用。API 为了验证采油设备中使用的弹性体在井顶钻油和开采油井过程中性能是否可靠制定了具体的测试要求。这些测试建立在标准的测试环境、设备温度和压力等级基础上。除此之外，NACE TM0187-98 介绍了气相侵蚀测试方法；NACE TM0296-96 介绍了液相侵蚀测试方法，这两个测试方法都很好地介绍了具体的测试过程和步骤。

4) 质量控制

质量控制计划之中应该包含对弹性体的存储和操作要求，因为弹性体的寿命取决于对光线和湿度的敏感性。库存管理的控制也特别重要，因为大多数的弹性体外观看起来都是相似的。即使同一材质如丁腈橡胶在生产过程中很小的化学和空间变化也会急剧影响弹性体在特定应用场合的性能。

弹性体的技术信息在参考目录中可得到，而质量控制方案可以参考 API 和 ISO 的相关资料。

能满足油气使用条件的橡胶材料包括丁腈橡胶、氢化丁腈橡胶、氟醚橡胶、偏氟橡胶、四丙氟橡胶、氯丁橡胶、氯醚橡胶等。随着弹性体技术不断发展，关于对油田中适用的弹性体，国外油气设备企业供应商提供了一些常用油气田密封橡胶在不同介质条件下的基本参数范围（表 1.9～表 1.13）。

表 1.9　James Walker 油气行业橡胶材料及产品技术 1

James Walker 等级（英国一家密封公司，可提供替代材料）		FEPM		氟碳类 FKM & FFKM							HNBR				NBR
		AF69/90	AF85/90	FR10/80 & FR10/95	FR25/90	FR58/90*	LR5853*	LR8912/90	Kalrez® 0090	Chem-O-Lion®	Elast-O-Lion® 101	Elast-O-Lion® 280	Elast-O-Lion® 280LF	Elast-O-Lion® 985	PB 80
胶种		FEPM	FEPM	FKM A-type	FKM GLT-type	FKM B-type	FKM F-type	FKM GFLT-type	FFKM (perfluoro-elastomer)	Special	HNBR	HNBR	HNBR	HNBR	NBR
酸	弱无机酸	1	1	1	1	2	1	1	1	1	2	2	2	2	2
	强无机酸	1	1	1	1	3	1	1	1	1	3	3	3	3	3
	弱有机酸	1	1	1	1	2	1	1	1	1	1	1	1	1	1
	强有机酸	2	2	3	3	3	3	3	3	3	3	3	3	3	3
醇除甲醇		1	1	1	1	1	1	1	1	1	1	1	1	1	1
脂肪烃		1	1	1	1	1	1	1	1	1	1	1	1	1	1
芳香烃		C	C	1	1	1	1	1	1	1	C	C	C	C	3
卤水	LD-氯化 Ca/Na	1	1	1	1	1	1	1	1	1	1	1	1	1	1
	HD-氯化 Na/Ca	1	1	1	1	1	1	1	1	1	2	2	2	2	3
	HD-溴化 Zn	1	1	1	1	1	1	1	1	1	3	3	3	3	3
	碱性-NaOH/KOH	1	1	3	3	3	3	2	1	2	1	1	1	1	2
灭微生物剂	稀溶液	1	1	1	1	1	1	1	1	1	1	1	1	1	1
	浓溶液	2	2	2	2	3	2	2	2	2	3	3	3	3	3
二氧化碳		2	2	3	3	2	2	3	1	1	1	1	1	1	1
缓蚀剂	胺类	1	1	3	3	3	2	2	2	1	1	1	1	1	3
	碳酸钾	1	1	2	2	2	2	2	1	1	1	1	1	1	1
脱硫原油		2	2	1	1	1	1	1	1	1	1	1	1	2	2

续表

		FEPM		氟碳类 FKM & FFKM							HNBR				NBR
James Walker 等级 (英国一家密封公司，可提供替代材料)		AF69/90	AF85/90	FR10/80 & FR10/95	FR25/90	FR58/90*	LR5853*	LR8912/90	Kalrez® 0090	Chem-O-Lion®	Elast-O-Lion® 101	Elast-O-Lion® 280	Elast-O-Lion® 280LF	Elast-O-Lion® 985	PB 80
含硫原油	H₂S 含量高达 20%	1	1	3	1	3	1	1	1	1	2	3	3	3	3
钻井泥浆	柴油基	2	2	2	2	2	2	1	2	1	1	1	1	1	2
	矫基盐片基	2	2	3	3	3	3	1	2	3	3	3	3	3	3
	矿物油基	1	1	1	1	1	1	1	1	1	1	1	1	1	1
	硅油基	2	2	2	2	2	2	1	2	1	1	1	1	1	2
气体快速减压	非酸性气体	1	2	1	1	1	3	3	2	3	1	3	1	1	1
	酸性气体	1	1	1	1	1	3	1	1	1	1	3	3	2	3
	高浓度 CO₂	3	3	2	2	2	2	2	3	3	2	3	3	3	3
消防介质		2	2	1	1	1	1	1	1	1	3	3	3	3	3
乙二醇		1	1	1	1	1	1	1	1	1	1	1	1	1	1
H₂S	湿	1	1	3	1	3	1	1	1	1	2	2	2	3	3
	干	1	1	3	1	2	1	1	1	1	1	1	2	3	3

注：1-优秀；2-好；3-差；C-咨询。

表1.10 James Walker 油气行业橡胶材料及产品技术 2

		FEPM		氟碳类 FKM & FFKM							HNBR				NBR
James Walker 等级 (英国一家密封公司，可提供替代材料)		AF69/90	AF85/90	FR10/80 & FR10/95	FR25/90	FR58/90*	LR5853*	LR8912/90	Kalrez® 0090	Chem-O-Lion®	Elast-O-Lion® 101	Elast-O-Lion® 280	Elast-O-Lion® 280LF	Elast-O-Lion® 985	PB 80
液压油	磷酸酯（HFD）	3	3	1	1	1	1	1	1	1	3	3	3	3	3
	油/水（HFA）	1	1	3	3	3	2	2	1	1	1	1	1	1	2
	水/乙二醇（HFC）	1	1	1	1	1	1	1	1	1	1	1	1	1	1
	矿物油基	1	1	1	1	1	1	1	1	1	1	1	1	1	1

续表

James Walker 等级（英国一家密封公司，可提供替代材料）		FEPM		氟碳类 FKM & FFKM							HNBR				NBR
		AF69/90	AF85/90	FR10/80 & FR10/95	FR25/90	FR58/90*	LR5853*	LR8912/90	Kalrez® 0090	Chem-O-Lion®	Elast-O-Lion® 101	Elast-O-Lion® 280	Elast-O-Lion® 280LF	Elast-O-Lion® 985	PB 80
硫醇		1	1	3	3	2	2	2	1	1	2	2	2	1	2
甲醇		1	1	1	1	1	1	1	1	1	1	1	1	1	1
甲醇	100%	1	1	3	3	3	1	1	1	1	1	1	1	1	1
	含水	1	1	1	1	1	1	1	1	1	1	1	1	1	1
	含碳氢化合物	1	1	1	1	1	1	1	1	1	C	C	C	C	C
润滑剂		1	1	1	1	1	1	1	1	1	1	1	1	1	1
润滑油		2	2	2	1	1	1	1	1	1	1	1	1	1	2
盐水		1	1	1	1	1	1	1	1	1	1	1	1	1	2
溶剂	甲苯	2	2	1	1	1	1	1	1	1	3	3	3	3	3
	丙酮	3	3	3	3	3	3	3	1	1	3	3	3	3	3
	MEK	3	3	3	3	3	3	3	1	1	3	3	3	3	3
水蒸气		1	1	3	3	2	1	1	1	1	2	2	2	2	3
防垢剂/分散剂	<5%且<40℃/104°F①	1	1	2	2	1	1	1	1	1	1	1	1	1	3
	5%~10%且<40℃/104°F	1	1	3	3	2	2	2	1	1	1	1	1	1	3
	>10%且>40℃/104°F	3	3	3	3	3	3	3	1	3	3	3	3	3	3
分散蜡		3	2	1	1	1	1	1	1	1	C	C	C	C	3
水	普通水	1	1	2	1	2	1	1	1	1	1	1	1	1	1
	采油废水	1	1	3	2	3	2	2	1	1	1	1	1	1	2
	净化水	1	1	3	2	3	2	2	1	1	1	1	1	1	2
机械强度		1	1	2	2	2	2	2	2	2	1	1	1	1	1
摩擦力		2	2	2	2	2	2	2	2	2	2	2	1	2	3
耐磨性		2	2	2	2	2	2	2	2	2	1	1	1	1	2

① 华氏度(°F) = $\dfrac{9}{5}$ 摄氏度(℃) + 32。

续表

James Walker 等级（英国一家密封公司，可提供替代材料）		FEPM		氟碳类 FKM & FFKM							HNBR				NBR
		AF69/90	AF85/90	FR10/80 & FR10/95	FR25/90	FR58/90*	LR5853*	LR8912/90	Kalrez® 0090	Chem-O-Lion®	Elast-O-Lion® 101	Elast-O-Lion® 280	Elast-O-Lion® 280LF	Elast-O-Lion® 985	PB 80
抗弯性		2	2	2	2	2	2	2	2	2	1	1	1	1	2
承温能力	最高温度/℃	205	205	200	200	205	230	205	250	205	160	150	150	150	110
	最低温度/℃	2	2	−18	−30	−12	0	−24	−21	−10	−20	−10	−10	−36	−25
	最高温度/°F	400	400	392	392	400	446	400	482	400	320	302	302	302	230
	最低温度/°F	36	36	0	−22	10	32	−11	−6	14	−4	14	14	−33	−13

最低温一般取材料在测试中开始出现硬化时的温度，但 AF69/90、FR25/90、LR8912/90、Elast-O-Lion 101 和 Elast-O-Lion 985 的值来自产品测试的静态密封值，根据测试条件，该值可能会低得多，请参考材料数据表。

注：这些碳氟化合物基于杜邦弹性体的 Viton® 聚合物。

警告：请注意，由于选择特定材料面对特定工况的复杂性，本文档中提供的有关化学相容性的所有信息仅供参考。例如，在低温下相容的化合物在高温下可能会显著劣化；此外，流体介质中的化学物质组合可能会产生不利影响。如有任何疑问，请向 James Walker 寻求建议。

表 1.11　ERIKS 公司推荐油田用弹性体耐介质性能

应用场合	NBR	HNBR	FKM	TFEP	FFKM
碱液 Na/KOH	B	A	C	A	A
高密度盐溶液 Na/CaBr	C	B	A	A	A
低密度盐溶液 Ca/NaCl	A	A	A	A	A
纯酸溶液 pH = 2	C	C	A	B	A
纯碱溶液 pH = 11	B	B	C	A	A
纯液体油为基础	B	B	A	B	A
胺类侵蚀剂	C	A	C	A	A
碳酸钾侵蚀剂	C	B	C	A	A
酸性原油 < 2.000ppm H_2S	C	A	B	A	A
酸性原油 > 5% H_2S	C	C	C	A	A
脱硫原油	B	B	A	B	A
柴油为主的钻井泥浆	B	A	B	B	A

续表

应用场合	NBR	HNBR	FKM	TFEP	FFKM
酯为主的钻井泥浆	C	C	C	B	A
硅酸盐为主的钻井泥浆	B	A	B	A	A
急剧减压	C	A	C	A	A
油水混合液	B	A	C	A	A
乙二醇溶液	A	A	A	A	A
磷酸酯溶液	C	C	A	C	A
固体硫化氢	C	A	C	A	A
液体硫化氢	C	B	C	A	A
甲醇	A	A	C	A	A
甲基乙基酮	C	C	C	C	A
蒸汽	C	B	C	A	A
甲苯	C	C	A	B	A

注：A-优异；B-好；C-差。

表 1.12 PPE 公司推荐弹性体材料在不同化学介质中的耐受性和使用温度范围

材料名称	化学介质				整体适应性	最低温度/℃	最高温度/℃
	CO_2（不含水蒸气）	CO_2（含水蒸气）	H_2S	CH_4			
全氟醚橡胶	1	1	1	1	1	−15	330
四丙橡胶	1	1	1	2	2	−25	290
丁苯橡胶	2	2	3	4		−50	100
氯丁橡胶	2	2	2	2	2	−50	110
乙丙橡胶	2	2	1	4		−50	175
氯醚橡胶	1	1	2	1	2	−50	150
丁基橡胶	2	2	1	4		−50	110
丁腈橡胶	1	1	4	1		−50	125
丙烯酸酯橡胶	2	2	4	1		−25	135
天然橡胶	2	2	4	4		−50	100
氟橡胶	2	2	3	1		−40	275
乙烯酸酯橡胶	1	1	4	2		−35	135
氢化丁腈橡胶	1	1	3	1		−30	175
氟硅橡胶	2	2	3	2		−60	200
氯磺化聚乙烯橡胶	2	2	2	2	2	−35	110
硅合成橡胶	2	2	3	4		−60	260

注：1-优秀；2-好；3-存疑；4-不要使用。

IRP 标准可应用于压力控制设备中的承压弹性体，这些压力控制设备是钻井路线的一部分。

在酸性气田进行负压钻井的材料和设备的选择时，首先需要考虑在既定服役条件下接触弹性体密封材料的所有液体，并考察其适用性。这些液体包括预期油井中产生的液体还有开采过程中遇到的任何液体/油井中添加的任何化学物质。

表 1.13　NACE SP0491：用于含硫油田中非金属材料密封体系的工作表

测量单位	
服役的大体类型	产品：　　含油比/气体比：　　注射：
设备类型	这种设备在这种环境作用下将持续多久？
介质	H₂S＿＿＿mol%　CO₂＿＿＿mol%　N₂＿＿＿mol%　CH₄＿＿＿mol% 蒸汽＿＿＿　H₂O＿＿＿　油＿＿＿　其他＿＿＿
操作条件	温度：　　　　　　压力：　　　　　　压差： 井底温度：　　　　最大工作压力(WP)：　液体内部压力： 最大排液时的温度：　排液时的压力：　　放气率：
化学物质与密封材料是否接触(是/否)	
产品缓蚀剂/循环缓蚀剂	生产商，商品名称，产品牌号等： 处理方式：　　　浓度： 输送系统：水＿＿＿＿＿＿　碳氢化合物＿＿＿＿＿＿＿
防生物剂/阻垢剂 防蜡剂/防沥青剂/除氧剂	生产商，商品名称，产品牌号： 浓度：
密度大的液体	酸性的＿＿＿＿　碱性的＿＿＿＿　化学组成＿＿＿＿　浓度＿＿＿＿
溶剂	生产商，商品名称： 产品牌号：　　　化学组成： 化学名称：　　浓度：　　　　　处理方式：
增产措施	液体类型：　　期限：　　浓度：　　频率：　　处理方式：
补充说明	
买方的技术联系人	电话：　　　　邮箱：

我国对涉及弹性密封材料抗硫性能要求的标准有：《含硫化氢油气井安全钻井推荐作法》(SY/T 5087—2005)、《含硫化氢油气井井下作业推荐法》(SY/T 6610—2005)和《含硫化氢的油气生产和天然气处理装置作业的推荐做法》(SY/T 6137—2005)。前两个标准均引用 API RP 68 中与密封材料有关部分，其中 API TR 6J1 介绍弹性体寿命评价的测试方法及步骤，API BULLETIN 6L 介绍油田弹性体测试的报告。但 SY/T 标准删略了部分有关弹性密封内容，改为向供应商咨询，使密封材料的选择缺少规范，给高含硫油气工业带来隐患。

从目前的选材推荐方案来看，尽管国外已经系统分析了不同类别橡胶的抗硫性能，但选材方案相对粗略(如金属选材标准 ISO15156)，操作性不好，就目前的国内外研究基础来看，优化选材必须与评价试验配合，普光气田工况条件下的橡胶抗硫性能、服役寿命数据还是空白。

根据理论分析，可以将高温高压 H_2S/CO_2 环境对高分子材料的侵蚀归结为高温高压、高酸性、高含硫和耐油性影响四方面的综合作用，橡胶制品的侵蚀过程如图 1.6 所示，各方面分别对高分子材料的不同层次结构的侵蚀机理的研究分析如下。

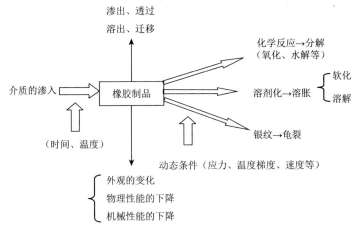

图 1.6　橡胶制品的侵蚀过程

(1) 高温高压的作用。高分子链中的 C—X(C、H、Cl、F 等)键在高温高压条件下解离，使分子链断裂或交联，导致强度或弹性下降。

(2) 酸性的作用。橡胶在交联过程中均产生酸性物质，在强酸性环境中将使交联键断裂，使体积膨胀，材料强度急剧下降。

(3) 硫的作用。介质中单质硫在高温高压均裂成自由基或异裂生成硫离子，进攻高分子链上的活泼氢，使分子链产生过度交联，尤其是分子链中含有双键时，该反应极迅速，使材料变硬变脆，发生老化，失去弹性。

(4) 油气的作用。橡胶制品与各种油或天然气长期接触时，能渗透到橡胶中，使之膨胀或体积增大；另外，油介质可以从硫化胶中抽出可溶性配合剂(如增塑剂等)，导致硫化胶收缩或体积减小。油中的某些添加剂能与橡胶发生化学作用，侵蚀高分子链，特别是在高温下，使橡胶发生化学变化，引起橡胶的交联或降解。当侵蚀严重时，橡胶会失去弹性而变脆或呈树脂状，从而使橡胶制品丧失工作能力。

1.5　模压全息高分子材料的制备原理　◂◂◂

常用橡胶性能测试采用 ASTM 标准及国标，如 ASTM D1414-94 标准涉及

O 形橡胶密封圈的常规性能测试，如拉伸、压缩、硬度、低温性能、侵蚀、相对密度测试等；ASTM D395-02 标准介绍了橡胶的压缩永久变形的测试方法和相应试验装置；GB 1684—85 标准是关于硫化橡胶短时间静压缩试验方法，该标准是将压缩器放在一般的拉力试验机上完成规定要求；GB/T 5720—93 规定实心硫化 O 形橡胶密封圈的硬度、拉伸性能、恒定形变压缩永久变形、拉伸永久变形、热空气老化、压缩应力松弛、耐液体、密度、侵蚀试验和收缩率的试验方法；GBT 1690—92 规定硫化橡胶耐液体试验方法。

然而，在 H_2S 存在条件下橡胶试验采用 NACE TM 0296—96 和 NACE TM 0187—98 标准，分别规定在酸性液体和气体环境中弹性体材料性能的相关要求；加拿大 IRP 标准中 V2、V14 对钻采过程中用的弹性体材料提出相应的要求，性能测试则参照 NACE TM 0296—96 和 NACE TM 0187—98 标准，API TR 6J1 规定弹性体寿命评价的测试方法及步骤，API BULLETIN 6J 则说明关于油田弹性体测试的报告书的详细内容。

如果生产商提供产品的性能和所能达到目标不能满足负压钻井的要求，特殊的密封材料试验必须被实施，这种试验必须建立在负压钻井的基础上。

在特殊油井中，为了评价弹性体和其他密封材料是否适合，打井人员应该首先参考设备生产商推荐的产品。这些推荐的产品应该建立在材料测试和试验的基础上。除此之外，打井必须确保密封材料试验数据都满足当前工况服役要求。如果不能得到有效数据，油田必须设计具体的测试方案并验证弹性体的适应性。

在油田中具体测试弹性体的方法：把弹性体试样放入高压釜，并且将试样引进到一个有代表性的负压钻井环境，充分考虑压力、温度、液体组成、钻井泥浆和浸泡次数的影响。通过使用以下几个或所有的测试方法，来验证这个弹性体试样能否适用在具体的油田环境中，以下是油气相关橡胶性能评价标准或规范：NACE TM0296 酸性液体中弹性体的评价条件及试验装置（液相侵蚀）、NACE TM0187 酸性气体中弹性体的评价条件及试验装置（气相侵蚀）、API TR 6J1 弹性体寿命评价的测试方法及步骤（API RP68）、API BULLETIN 6J 关于油田弹性体测试的报告书-A Tutorial 1992、ASTM D471 液体对橡胶性能的影响、ASTM G111 在高温或高压或高温高压下的侵蚀试验、ASTM D412 估测橡胶的拉伸性能、ASTM D2240 急剧减压下橡胶的硬度试样。

国外非常重视橡胶密封材料的检测与评价，分别规定酸性气田和油田密封材料的测试标准，但 NACE 测试条件 H_2S 分压和 CO_2 分压远低于普光气田实际条件，而国内还未有相关测试标准，也未系统开展基于 NACE 标准的拓展试验条件的测试工作。

评价非金属耐 H_2S 最常用的标准是 NACE TM0296、NACE TM0187，主要的试验流程见图 1.7。

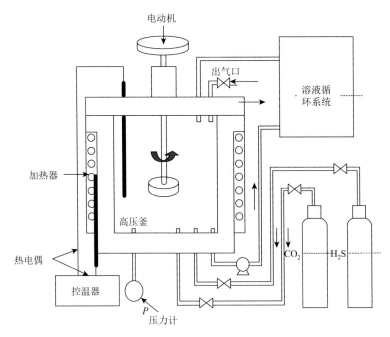

图 1.7　H_2S/CO_2 试验高温高压反应釜工作原理图

　　测试前，试样应在标准实验室温度下进行状态调节至少 24h。状态调节后对每组试样的初始性能进行测试，包括拉伸强度、断裂伸长率、硬度及质量(空重、水重)、体积。将试样做好标记，放入高压釜中，试样应当完全浸泡于试液内(必要时可系一重物)。试样表面不允许互相接触，也不允许与容器壁及所系重物有所接触。调节高压釜气压、温度达到试验要求，开始计时。试验时间结束后，应将高压釜温度降低至 43~49℃，然后降压。高压釜中气压应缓慢释放以防止对试样的损害。高压釜温度降至 38℃ 左右时，将试样取出。试样应该放入 95% 的乙醇中浸泡大约 1s，然后干燥。试样从高压釜中取出后，应在室温条件下 2h 内完成性能测试。常用橡胶在含硫环境中的性能变化如下，其中附表 1 是不同温度及压力试验条件编号，附表 2 是常用橡胶在不同工况下的性能变化。

附表 1　不同温度及压力试验条件编号

试验编号	温度/℃	H_2S 分压/MPa	CO_2 分压/MPa	总压/MPa	浸泡相	时间/h
NO.1	100				液相/气相	
NO.2	130	1.38	0.345	6.9	液相/气相	96
NO.3	150				液相/气相	
NO.4	175				液相/气相	

续表

试验编号	温度/℃	H₂S 分压/MPa	CO₂分压/MPa	总压/MPa	浸泡相	时间/h
NO.5			0		液相/气相	
NO.6	100	1.38	1.38	6.9	液相/气相	96
NO.7			2.07		液相/气相	
NO.8	100	0		6.9	液相/气相	96
NO.9		2.07	0.345		液相/气相	
NO.10	100	3	0.75	15	液相/气相	96

附表 2　常用橡胶在不同工况下的性能变化

胶种	CR	ECO	NBR 41	FKM	氟丙橡胶 (Aflas)	氟丙橡胶 (Dupont)	国产 TP-2	ACM	HNBR 2010	HNBR 2020	HNBR 1010
腐蚀前性能											
硫化温度/℃	155	150	160	170	170	170	170	150	170	170	170
正硫化时间/min	17:23	16:36	3:12	15:39	5:42	9:02	5:20	4:38	4:49	4:36	4:39
焦烧期	1:37	1:46	1:02	1:43	0:54	2:48	0:52	0:34	0:42	0:35	0:41
邵 A 硬度	57	69	68	84	72	77	79	75	66	70	68
拉伸强度/MPa	15.4	13.1	15.2	13.7	12.1	12.9	11.7	6.7	23.5	13.1	22.8
断裂伸长率/%	381.0	249.0	296.0	181.0	179.0	129.0	156.0	77.0	275.0	135.0	222.0
100% 定伸强度/MPa	2.4	5.6	3.8	8.2	5.9	10.2	8.4	—	4.9	8.2	7.2
300% 定伸强度/MPa	10.6	—	—	—	—	—	—	—	—	—	—
弹性模量/MPa	3.4	5.3	4.5	6.47	5.7	9.0	6.7	8.6	7.3	9.9	10.2
弹性	57				9	9	9		50	46	40
NO.1 100℃ NACE 液相											
邵 A 硬度	42	72	73	55	52	64	63	40	62	69	66
质量变化率/%	9.31	10.5	8.7	10.21	2.77	9.45	−4.54	10.34	9.58	11.56	11.3
体积变化率/%	13.33	13.64	7.95	24.18	13.21	18.92	−0.66	12.90	10.96	14.47	13.25
拉伸强度/MPa	6.8	5.0	8.4	7.4	6.1	8.1	5.2	5.0	21.0	11.5	17.4
	−56.2	−62.0	−44.7	−46.4	−49.5	−37.0	−55.4	−25.1	−10.5	−12.3	−23.4
断裂伸长率/%	469.1	79.2	81.8	117.7	202.3	128.7	138.4	191.8	339.6	150.1	240.9
	22.9	−68.2	−72.4	−34.8	12.9	−0.4	−11.6	148.0	23.5	10.7	8.6

续表

胶种	CR	ECO	NBR 41	FKM	氟丙橡胶(Aflas)	氟丙橡胶(Dupont)	国产TP-2	ACM	HNBR 2010	HNBR 2020	HNBR 1010
100%定伸强度/MPa	1.2	—	—	6.7	2.7	6.6	3.7	2.4	3.7	7.7	5.2
300%定伸强度/MPa	4.1	—	—	—	—	—	—	—	17.90	—	—
弹性模量/MPa	1.09	7.44	7.63	6.39	2.28	5.52	2.85	2.72	5.68	6.54	6.88
NO.2 100℃ NACE 气相											
邵 A 硬度	45	74	71	60	52	67	61	45	64	70	67
质量变化率/%	5.88	7.01	1.60	6.12	3.23	5.86	−2.02	0.97	4.22	4.55	9.55
体积变化率/%	8.55	8.67	1.30	26.92	10.13	12.00	3.87	1.26	5.48	5.81	11.11
拉伸强度/MPa	8.4	4.8	8.9	7.2	7.9	10.2	6.1	6.1	21.3	14.0	15.2
	−45.7	−63.7	−41.5	−47.3	−34.9	−21.2	−48.1	−8.9	−9.7	6.8	−33.2
断裂伸长率/%	522.1	58.2	113.5	128.0	229.5	162.5	155.7	221.9	316.3	158.3	204.9
	36.8	−76.6	−61.7	−29.0	28.0	25.9	−0.4	187.0	15.0	16.8	−7.6
100%定伸强度/MPa	1.2	—	7.9	6.1	2.9	6.3	3.9	2.5	3.0	7.5	5.7
300%定伸强度/MPa	4.0	—	—	—	—	—	—	—	19.9	—	—
弹性模量/MPa	1.31	7.82	5.75	6.02	2.85	5.61	3.04	2.80	6.46	7.52	6.20
NO.3 130℃ NACE 液相											
邵 A 硬度	62	74	80	72	53	60	57	45	74	84	90
质量变化率/%	74.51	27.78	11.17	11.50	5.44	13.51	3.17	15.35	21.30	21.02	21.23
体积变化率/%	91.56	42.38	24.03	22.58	12.50	20.92	11.46	29.68	18.92	14.10	14.29
拉伸强度/MPa	28.3	样品已损坏		9.0	9.2	10.5	3.5	4.7	19.7	21.6	33.4
	83.44			−34.4	−24.2	−18.4	−69.7	−29.8	−16.3	64.3	46.8
断裂伸长率/%	73.70	样品已损坏		132.0	276.1	225.8	151.1	221.6	109.8	79.5	97.7
	−80.69			−26.8	54.0	74.9	−26.4	186.7	−60.0	−41.2	−55.9
100%定伸强度/MPa	—	样品已损坏		75	2.5	4.4	3.2	2.3	18.1	—	—
300%定伸强度/MPa	—	样品已损坏		—	—	—	—	—	—	—	—
弹性模量/MPa	129.95			7.67	2.85	4.32	2.75	2.14	16.44	29.40	53.42
NO.4 130℃ NACE 气相											
邵 A 硬度	50	83	80	75	55	65	62	55	77	84	96

续表

胶种	CR	ECO	NBR 41	FKM	氟丙橡胶（Aflas）	氟丙橡胶（Dupont）	国产 TP-2	ACM	HNBR 2010	HNBR 2020	HNBR 1010
质量变化率/%	33.8	12.5	5.9	4.2	3.6	5.1	0.0	0.5	7.0	11.4	13.6
体积变化率/%	43.4	15.23	10.4	20.9	11.5	12.1	7.1	10.6	6.0	7.8	7.9
拉伸强度/MPa	2.1	样品已损坏	14.1	9.0	9.9	9.7	6.2	6.2	24.4	23.1	38.3
	−86.1		−7.3	−34.5	−18.6	−25.0	−47.1	−8.2	3.5	75.9	68.0
断裂伸长率/%	85.6	样品已损坏	55.3	170.1	293.2	178.9	174.7	235.5	181.9	88.5	100.8
	−77.6		−81.4	−5.7	63.6	38.6	11.6	204.6	−33.8	−34.7	−54.6
100% 定伸强度/MPa	—	样品已损坏	—	6.3	2.4	5.3	3.6	3.0	10.5	—	5.8
300% 定伸强度/MPa	—		—								
弹性模量/MPa	2.52		0	6.13	3.09	4.75	2.79	2.65	11.78	24.19	43.33

NO.5 150℃ NACE 液相

邵 A 硬度	90	72	82	45	50	55	60	80	82	85	88
质量变化率/%	44.1	21.2	7.3	9.3	3.1	10.3	0.0	2.5	130	16.6	18.9
体积变化率/%	53.6	32.2	11.4	49.4	10.4	14.9	2.6	3.2	11.0	16.4	13.1
拉伸强度/MPa	36.7	2.4	18.1	8.7	9.9	8.1	6.6	5.3	15.1	12.5	28.4
	139.4	−82.1	19.3	−36.6	−18.6	−37.4	−43.8	−20.6	−35.7	−4.5	24.5
断裂伸长率/%	61.8	51.4	53.1	126.2	355.0	248.4	197.0	112.5	90.4	90.6	79.2
	−83.8	−79.4	−82.1	−30.1	98.1	92.4	25.9	45.6	−67.1	−33.2	−64.3
100% 定伸强度/MPa	—	—	—	7.4	2.1	3.4	3.5	5.1	—	—	—
300% 定伸强度/MPa	—	—	—		8.1						
弹性模量/MPa	314.73	19.04	0	8.37	2.71	3.02	2.74	5.94	15.11	22.76	51.46

NO.6 150℃ NACE 气相

邵 A 硬度	52	73	84	52	55	60	65	80	85	87	92
质量变化率/%	40.0	12.1	5.8	5.5	2.3	6.6	−1.6	−3.0	9.7	11.8	14.3
体积变化率/%	53.4	18.1	10.8	39.6	9.9	11.3	3.2	3.9	7.7	8.6	8.7
拉伸强度/MPa	样品已损坏	4.4	15.9	8.4	7.7	9.6	6.6	6.9	17.5	19.6	27.3
	样品已损坏	−66.3	5.2	−39.0	−36.4	−25.6	−43.3	3.4	−25.7	49.5	20.0

续表

胶种	CR	ECO	NBR 41	FKM	氟丙橡胶(Aflas)	氟丙橡胶(Dupont)	国产TP-2	ACM	HNBR 2010	HNBR 2020	HNBR 1010
断裂伸长率/%	样品已损坏	89.2	37.7	144.0	269.6	257.4	184.9	196.0	97.26	73.4	76.7
	样品已损坏	−64.2	−87.3	−20.2	50.5	99.4	18.1	153.47	−64.6	−45.9	−65.5
100% 定伸强度/MPa	样品已损坏	—	—	6.4	2.2	3.7	3.7	4.9	—	—	—
300% 定伸强度/MPa	样品已损坏	—	—	—	—	—	—	—	—	—	—
弹性模量/MPa	样品已损坏	22.1	0.00	6.1	2.4	3.3	2.8	5.6	15.3	23.2	48.2

NO.7 175℃ NACE 液相

胶种	CR	ECO	NBR 41	FKM	氟丙橡胶(Aflas)	氟丙橡胶(Dupont)	国产TP-2	ACM	HNBR 2010	HNBR 2020	HNBR 1010
邵 A 硬度	90	样品已损坏	87	70	50	50	52	样品已损坏	70	73	80
质量变化率/%	22.8	样品已损坏	17.5	14.4	5.5	25.1	11.2	样品已损坏	18.4	16.6	21.6
体积变化率/%	37.3	样品已损坏	10.9	28.6	13.6	51.0	25.5	样品已损坏	14.8	14.6	18.0
拉伸强度/MPa	15.6	样品已损坏	24.6	11.8	13.8	9.9	8.3	样品已损坏	9.9	5.9	10.9
	1.4	样品已损坏	62.6	−14.2	11.9	−23.6	−29.2	样品已损坏	−58.0	−55.3	−52.0
断裂伸长率/%	55.5	样品已损坏	76.9	161.8	413.0	326.8	250.7	样品已损坏	94.8	52.5	64.5
	−85.5	样品已损坏	−74.1	−10.3	130.5	153.2	60.2	样品已损坏	−65.5	−61.3	−71.0
100% 定伸强度/MPa	—	—	—	8.4	1.4	2.9	3.5	—	—	—	—
300% 定伸强度/MPa	—	—	—	—	8.7	9.2	—	—	—	—	—
弹性模量/MPa	0.00	样品已损坏	0.00	7.49	4.45	3.16	3.07	样品已损坏	9.02	9.75	23.25

续表

胶种	CR	ECO	NBR 41	FKM	氟丙橡胶(Aflas)	氟丙橡胶(Dupont)	国产 TP-2	ACM	HNBR 2010	HNBR 2020	HNBR 1010
NO.8 175℃ NACE 气相											
邵 A 硬度	63	62	84	73	56	60	63	50	74	88	90
质量变化率/%	26.7	1.8	4.2	6.6	−1.2	8.3	−5.7	−5.0	5.1	8.2	11.2
体积变化率/%	35.9	4.5	8.3	33.3	6.1	18.8	1.2	样品已损坏	4.6	6.9	8.6
拉伸强度/MPa	5.3	1.6	12.4	9.6	9.2	8.2	6.1	4.9	20.9	14.9	22.8
	−65.4	−87.8	−18.5	−30.1	−23.9	−36.8	−48.3	−26.4	−11.2	13.3	0.1
断裂伸长率/%	98.7	77.0	80.8	210.4	309.9	231.6	176.9	142.5	203.0	90.4	58.7
	−74.2	−69.1	−72.8	16.6	72.9	79.4	13.0	84.3	−26.2	−33.3	−73.6
100% 定伸强度/MPa	—	—	—	5.8	2.2	3.3	3.5	4.4	7.0	—	—
300% 定伸强度/MPa	—	—	—	—	6.9	—	—	—	—	—	—
弹性模量/MPa	19.01	7.39	0.00	5.21	2.53	3.06	2.61	6.27	8.43	14.21	35.48
NO.9 150℃ 5MPa H₂S 20MPa CO₂ 液相 4d											
邵 A 硬度	50	78	80	72	56	61	63	88	68	75	70
质量变化率/%	17.8	−11.9	2.6	4.1	0.8	1.5	−2.7	−6.3	3.8	3.3	2.8
体积变化率/%	23.5	−7.9	10.8	8.3	8.6	7.7	4.4	−6.6	3.8	4.4	4.6
拉伸强度/MPa	1.6	样品已损坏	6.1	12.1	12.1	8.3	6.9	8.8	11.2	9.8	18.6
	−89.9		−59.5	−11.6	0.0	−36.1	−41.1	30.6	−52.4	−25.3	−18.1
断裂伸长率/%	71.4		47.5	200.2	314.9	196.0	167.5	80.5	156.1	79.5	195.2
	−81.3		−84.0	11.0	75.7	51.8	7.0	4.1	−43.2	−41.4	−12.1
100% 定伸强度/MPa	—	样品已损坏	—	6.4	2.5	4.2	4.2	—	6.3	—	8.0
300% 定伸强度/MPa	—	样品已损坏	—	—	9.0	—	—	—	—	—	—
弹性模量/MPa	2.70	样品已损坏	0.00	5.67	3.88	4.14	4.15	22.37	6.55	10.99	9.85

续表

胶种	CR	ECO	NBR41	FKM	氟丙橡胶(Aflas)	氟丙橡胶(Dupont)	国产TP-2	ACM	HNBR2010	HNBR2020	HNBR1010
NO.10 150℃ 5H₂S 20CO₂ 气相 4d											
邵 A 硬度	50	80	82	72	56	62	63	85	68	75	70
质量变化率/%	16.5	−11.1	1.6	4.0	0.0	5.8	−4.9	−4.7	1.6	1.2	3.5
体积变化率/%	22.9	−9.9	11.1	8.6	6.3	11.3	0.7	−3.9	3.8	2.7	3.5
拉伸强度/MPa	1.8	样品已损坏		10.0	7.0	8.9	9.1	8.3	11.0	10.8	18.5
	−88.2			−27.2	−42.5	−31.0	−22.7	24.2	−53.1	−17.6	−18.8
断裂伸长率/%	78.3			169.7	206.0	177.1	188.7	71.0	158.6	89.2	207.5
	−79.5			−6.0	15.0	37.2	20.6	−8.2	−42.3	−34.2	−6.5
100% 定伸强度/MPa	—	样品已损坏		6.2	2.7	4.7	4.8	—	6.2	—	7.2
300% 定伸强度/MPa	—										
弹性模量/MPa	2.28			5.17	2.93	4.40	4.99	21.11	6.20	10.16	8.71
NO.11 100℃ 20H₂S 20CO₂ 200PSI 液相 4d											
邵 A 硬度	46	本试验无此配方			53	60	60	43	67	73	71
质量变化率/%	5.7				6.2	9.0	2.4	3.4	5.3	5.7	5.6
体积变化率/%	7.7				12.4	15.3	9.0	8.9	6.0	5.2	4.6
拉伸强度/MPa	8.6				8.1	12.3	5.8	4.8	22.0	10.1	22.1
	−44.4				−33.6	−5.0	−50.2	−29.1	−6.3	−23.3	−3.1
断裂伸长率/%	469.3				216.5	229.4	117.2	183.6	270.5	97.0	198.2
	23.0				20.8	77.7	−25.1	137.5	−1.6	−28.4	−10.7
撕裂强度/(kN/m)	29.8				11.2	22.6	16.0	19.6	36.9	32.1	33.7
100% 定伸强度/MPa	1.3				3.1	5.4	5.2	2.7	5.6	—	8.8
300% 定伸强度/MPa	4.8				—	—	—	—	—	—	—
弹性模量/MPa	1.61				3.40	5.77	3.91	2.54	7.93	9.02	10.99
NO.12 100℃ 20H₂S 20CO₂ 200PSI 气相 4d											
邵 A 硬度	46	本试验无此配方			57	64	64	43	68	74	72
质量变化率/%	5.7				−3.4	8.4	2.4	2.0	3.0	4.7	3.4
体积变化率/%	8.3				−1.3	15.7	8.4	6.3	4.1	4.0	3.3

续表

胶种	CR	ECO	NBR 41	FKM	氟丙橡胶 (Aflas)	氟丙橡胶 (Dupont)	国产 TP-2	ACM	HNBR 2010	HNBR 2020	HNBR 1010
拉伸强度/MPa	8.4				9.4	7.4	8.4	6.2	23.8	15.7	24.2
	−45.6				−22.3	−42.7	−28.6	−7.8	1.1	19.7	6.4
断裂伸长率/%	475.0				233.9	136.1	164.2	205.9	261.8	124.8	198.8
	24.5				30.5	5.5	4.9	166.3	−4.8	−7.9	−10.5
撕裂强度/(kN/m)	41.8	本试验无此配方			24.9	24.9	22.9	16.9	46.7	36.6	46.8
100% 定伸强度/MPa	1.3				3.2	5.4	5.4	3.1	6.2	12.3	9.8
300% 定伸强度/MPa	4.6				—	—	—	—	—	—	—
弹性模量/MPa	1.47				3.64	4.56	4.65	3.22	8.63	12.13	11.94

NO.13 100℃ 20H₂S 30CO₂ 300PSI 液相 4d

胶种	CR	ECO	NBR 41	FKM	氟丙橡胶 (Aflas)	氟丙橡胶 (Dupont)	国产 TP-2	ACM	HNBR 2010	HNBR 2020	HNBR 1010
邵 A 硬度	44				54	60	60	59	66	74	68
质量变化率/%	16.3				7.0	9.9	6.3	3.9	6.2	7.3	8.3
体积变化率/%	20.7				14.9	19.1	13.1	5.7	6.5	8.3	7.7
拉伸强度/MPa	9.0				11.2	9.3	6.5	7.1	22.9	9.8	21.4
	−41.7				−7.2	−28.1	−44.4	6.0	−2.7	−25.2	−5.9
断裂伸长率/%	476.2	本试验无此配方			274.0	182.8	139.5	100.9	230.4	82.0	208.6
	24.8				52.9	41.6	−10.9	30.5	−16.2	−39.5	−6.0
撕裂强度/(kN/m)	12.1				22.1	20.6	22.9	18.3	29.3	25.1	32.7
100% 定伸强度/MPa	1.1				3.1	5.0	4.9	5.8	6.1	—	7.4
300% 定伸强度/MPa	4.1				—	—	—	—	—	—	—
弹性模量/MPa	1.55				3.81	4.88	3.97	7.60	9.85	10.39	9.60

NO.14 100℃ 20H₂S 30CO₂ 300PSI 气相 4d

胶种	CR	ECO	NBR 41	FKM	氟丙橡胶 (Aflas)	氟丙橡胶 (Dupont)	国产 TP-2	ACM	HNBR 2010	HNBR 2020	HNBR 1010
邵 A 硬度	48				56	63	62	64	68	73	68
质量变化率/%	3.4				4.0	6.7	−2.0	0.0	1.1	1.6	2.2
体积变化率/%	4.6	本试验无此配方			10.0	13.5	3.3	2.9	1.9	1.9	2.6
拉伸强度/MPa	12.6				9.8	11.7	9.5	7.7	20.3	16.7	26.7
	−18.1				−19.1	−9.3	−19.1	14.3	−13.6	27.2	17.4

续表

胶种	CR	ECO	NBR 41	FKM	氟丙橡胶 (Aflas)	氟丙橡胶 (Dupont)	国产 TP-2	ACM	HNBR 2010	HNBR 2020	HNBR 1010
断裂伸长率/%	521.9				229.9	204.3	185.5	89.0	211.8	134.4	273.5
	36.7				28.3	58.2	18.5	15.2	−23.0	−0.8	23.2
撕裂强度/ (kN/m)	40.8	本试验无此配方			19.6	14.8	样品已损坏	17.9	44.6	26.6	32.8
100% 定伸强度/MPa	1.4				3.4	6.0	5.1	—	6.8	11.7	6.8
300% 定伸强度/MPa	5.6				—	—					
弹性模量/MPa	2.18				4.28	5.97	4.90	8.14	9.71	12.35	10.27

注：所有配方均为厂家推荐标准配方。

参 考 文 献

[1] 林原. 氟橡胶及其在冶金、汽车和油田橡胶密封中的应用现状及前景[J]. 润滑与密封, 2000, (2): 62-64.

[2] 王敏. 石油工业用橡胶[J]. 石油化工腐蚀与防护, 2003, 20(2): 63-64.

[3] Abrams P I, Kennelley K J, Johnson D V. A user's approach to qualification of dynamic seals for sour-gas environments[J]. SPE Production Engineering, 1990, 5(3): 217-220.

[4] Hertz Jr D L, Bussem H, Ray T W. Nitrile rubber—past, present and future[J]. Rubber Chemistry and Technology, 1995, 68(3): 540-546.

[5] Schreuder-Gibson H L. Adhesion of solid rocket materials[J]. Rubber world, 1990, 11: 928-931.

[6] 张汝义. 恶劣井下环境的理想密封材料——氢化丁腈橡胶[J]. 原材料, 1998, 1: 2-3.

[7] Wrana C, Reinartz K, Winkelbach H R. Therban®—the high performance elastomer for the new millennium[J]. Macromolecular materials and engineering, 2001, 286(11): 657-662.

[8] 肖凤亮. Therban 在油田中的应用[J]. 世界橡胶工业, 2006, 33(6): 3-5.

[9] Hashimoto K, Watanabe N, Yoshioka A, et al. Highly saturated nitrile—a new high temperature[J]. Chemical Resistant Elastomer Rubber world. 1984, 190(2): 32-47.

[10] 郑长伟. 日本瑞翁公司氢化丁腈橡胶的性能及应用介绍[J]. 橡胶工业, 1995, 42: 343-344.

[11] 蔡树铭. 氟橡胶的性能和加工要点[J]. 化工新型材料, 1998, 12(26): 14-16.

[12] 孙学红, 赵菲, 昊明生, 等. 浅析提高氟橡胶耐寒性的途径[J]. 特种橡胶制品, 2005, 26(6): 51-54.

[13] Monomers C F, Cfci C. FI uoroelastomers[J]. Materials & Design, 1983, 4: 670.

[14] 孙永涛, 卢道胜, 刘练, 张海龙, 刘明泰. 氟橡胶纳米复合材料的应用研究进展[J]. 中国塑料, 2022, 36(12): 167-174.

[15] 刘岭梅. 氟橡胶的性能及应用概述[J]. 有机氟工业. 2001, 5(2): 5-7.

[16] 刘永刚, 黄明, 黄忠, 等. Ar 等离子体对氟橡胶 F2311 表面的改性[J]. 化学研究与应用, 2003, 15(4): 492-494.

[17] 谢遂志, 等. 橡胶工业手册[M]. 北京: 化学工业出版社, 1989.

[18] 刘爱堂. 高性能氟橡胶配合技术的最新动向[J]. 特种橡胶制品, 2005, 26(2): 58-59.

[19]　蔡树铭. 氟橡胶的性能和加工要点[J]. 化工新型材料, 2004, 26(12): 14-16.

[20]　李妍, 李振环, 法锡涵, 等. 四丙氟橡胶的性能及应用[J]. 特种橡胶制品, 2005, (4): 30-32.

[21]　杜禧. TP-2 型四丙氟橡胶的性能及应用[J]. 有机氟工业, 2001, (4): 10-15.

[22]　本多诚. 氟橡胶"AFLAS"的特征及应用[J]. 橡胶参考资料, 2010, 40(1): 39-42.

[23]　司方. 氟橡胶中的佼佼者——旭硝子 af as[J]. 化工新型材料, 2006, 34(9): 87-89.

[24]　赵志正. 氟橡胶(FLUON AFLAS)的特点和实用例[J]. 世界橡胶工业, 2004(2): 13-18.

[25]　Hull D E, 毕志英. 四氟乙烯—丙烯共聚物(Aflas)新技术和新用途[J]. 橡胶参考资料, 1985, (6): 24-29.

[26]　Hull D E, 王瑞芝. 一种新型的氟橡胶: 四氟乙烯丙烯共聚物(Aflas)[J]. 橡胶参考资料, 1985, (12): 28, 43-49.

[27]　魏伯荣, 蓝立文. 水蒸汽对四丙氟橡胶性能的影响[J]. 特种橡胶制品, 1994, 15(2): 14-17.

[28]　方晓波, 黄承亚. 氟橡胶硫化机理的研究进展[J]. 有机氟工业, 2007, (4): 7.

[29]　柯长颢, 韩凤兰, 李锦山. 不同助交联剂在 HNBR 中的应用[J]. 特种橡胶制品, 2003, 24(1): 7-9.

[30]　Drake R E, Holliday J J, Costello M S. Use of polybutadiene coagents in peroxide cured elastomers for wire and cable[J]. Rubber World, 1995, 213(3): 22-30.

[31]　Dluzneski P R. Peroxide vulcanization of elastomers[J]. Rubber chemistry and technology, 2001, 74(3): 451-492.

[32]　王敏. 石油工业用橡胶[J]. 石油化工腐蚀与防护, 2003, 20(2): 63-64.

[33]　莫美芳. 新型高性能密封材料及其应用[J]. 材料工程, 1986, (5): 30-34.

[34]　Egge R E, 唐咏梅. 一种独特的氟碳弹性体[J]. 橡胶参考资料, 1992, (2): 8.

[35]　赵正平. 四丙氟橡胶[J]. 化工新型材料, 1986, (11).

[36]　辛易. 超苛刻环境用的氟弹性体[J]. 化工新型材料, 1988, (10): 12-15.

[37]　Hull D E, 张银林. 四丙氟橡胶在油田中的应用[J]. 世界橡胶工业, 1983, (6): 86-92.

[38]　赵柯, 邵均林, 田军昊, 等. 以硅氧烷醇锂为催化剂的氟硅生胶的合成[J]. 浙江化工, 2008, 39(9): 3.

[39]　刘伟, 蒲晓林, 白小东, 等. 油田硫化氢腐蚀机理及防护的研究现状及进展[J]. 石油钻探技术, 2008, 36(1): 83-86.

[40]　岑芳, 李治平, 黄志文, 等. 中国含硫天然气资源特点及前景[J]. 新疆石油天然气. 2006, 2(1): 1-3.

[41]　何生厚. 攻克复杂气藏开发技术难题[C]. 油气开采技术论坛第二次会议论文, 2006, 6.

[42]　白新德. 材料腐蚀与控制[M]. 北京: 清华大学出版社, 2005: 179-181.

[43]　赵志正. 丁腈橡胶耐油性的提高[J]. 橡胶参考资料, 2001, 31(3): 42-44.

[44]　朱敏. 橡胶化学与物理[M]. 北京: 化学工业出版社, 1984: 85-86.

[45]　刘兴衡. 橡胶的耐腐蚀性能及应用[J]. 云南化工, 1996, 4: 18-30.

[46]　杨清芝. 现代橡胶工艺学[M]. 北京: 中国石化出版社, 2007: 76-79.

[47]　翁国文, 张岩梅, 於栋荣. 配合剂对氟橡胶耐酸性的影响[J]. 橡胶工业, 2000, 47(9): 538-540.

[48]　Mitra S, Ghanbari-Siahkali A, Kingshott P, et al. Chemical degradation of crosslinked ethylene-propylene-diene rubber in an acidic environment. Part I. Effect on accelerated sulphur crosslinks[J]. Polymer degradation and stability, 2006, 91(1): 69-80.

[49]　Mitra S, Ghanbari-Siahkali A, Kingshott P, et al. Chemical degradation of fluoroelastomer in an alkaline environment[J]. Polymer Degradation and Stability, 2004, 83(2): 195-206.

第2章

丁腈橡胶老化机理研究

2.1 丁腈橡胶概况 ◀◀◀

丁腈橡胶(NBR)是油气环境中最常用的密封橡胶，强极性侧基腈基赋予了NBR优异的耐油性，随着丙烯腈含量的增加，NBR的耐油性增加，且NBR易加工、成本低，是制备石油石化工业制品如胶囊、胶管、阀门密封圈、钻井工具件等各种密封件的最主要的橡胶材料。但丁腈橡胶在硫化氢条件下容易失效，因此，分析硫化氢对丁腈橡胶失效机理对开发抗硫密封材料至关重要。

首先简要介绍丁腈橡胶的结构、分类及特性。

工业中常见的NBR的丙烯腈含量为16%～52%，当丙烯腈含量较低时，分子链比较柔软，此时橡胶强度、硬度较低；当丙烯腈含量较高时，分子量刚性增加，橡胶强度随之提高、硬度增加且耐油性提高。表2.1是不同丙烯腈含量的NBR的特性及用途。

表 2.1　不同丙烯腈含量的 NBR 的特性及用途

分类	特性及用途
高丙烯腈含量(≥36%)	对燃料油、溶剂、油类具有抗侵蚀性，耐油制品耐压缩性、水性良好
中高丙烯腈含量(31%～35%)	具有中等耐油性，压缩性能、加工性能、防水性优良，低金属污染性。可快速硫化，可注射成型，常用于压缩胶管，密封垫片、海绵及鞋类制品
中低丙烯腈含量(25%～30%)	耐低温、回弹性好，但耐油性较差
低丙烯腈含量(≤24%)	超耐寒，耐水性好

表 2.2、表 2.3 是国内外代表性 NBR 生产企业的产品牌号及性能参数。

表 2.2　日本瑞翁 NBR 牌号及性能

分类	牌号	结合丙烯腈含量/%	门尼黏度(ML1＋10，100℃)
极高丙烯腈含量(45%～50%)	DN003	50	77.5
	DN4555	45	55.0
	DN4580	45	80.0

续表

分类	牌号	结合丙烯腈含量/%	门尼黏度(ML1+10，100℃)
高丙烯腈含量（≥36%）	DN101	42.5	77.5
	DN101L	42.5	60.1
	N20	40.5	75.5
	N21	40.5	82.5
	N21L	40.5	62.5
	DN4050	40	53.2
	DN4080	40	80.4
	DN4265	42	67.0
	DN3635	36	35.5
	DN3650	36	50.6
中高丙烯腈含量（31%～35%）	N31	33.5	77.5
	N32	33.5	46
	DN212	33.5	77.5
	DN219	33.5	27
	DN202	31	62.5
	DN202H	31	77.5
	DN3335	33	35
	DN3350	33	50
	DN3380	33	80
中低丙烯腈含量（25%～30%）	N41	29	77.5
	DN302	27.5	62.5
	DN302H	27.5	77.5
	DN2835	28	35
	DN2850	28	50
	DN2880	28	80
低丙烯腈含量（≤24%）	DN401	18	77.5
	DN401L	18	65

注：DN 后缀的三位数字中第一位数字表示结合丙烯腈含量，0、1、2、3 和 4 分别表示结合丙烯腈含量为极高、高、中高、中和低等 5 个品级，5 表示聚氯乙烯改性型，6 表示液体丁腈橡胶，12 表示与异戊二烯单元共聚的丁腈橡胶。

N 后缀的两位数字中第一位数字是 2～4，表示结合丙烯腈含量，数字越大含量越低，第二位数字 0 表示标准型高温聚合，1 表示标准型低温聚合，2 表示加工性能良好的丁腈橡胶，3 表示低黏度对金属不老化性，4 表示羧基丁腈橡胶。

NBR 的后缀由四位数字组成，其中前两位数字表示结合丙烯腈含量的低限值，第四位数字表示门尼黏度低限值的十位数字。例如，NBR1704 即表示结合丙烯腈含量为 17%～20%、门尼黏度为 40～65 的污染型高温聚合丁腈橡胶。

表2.3 兰化NBR参数指标

品名级别	型号	结合丙烯腈含量/%	门尼黏度 (ML1+10，100℃)	密度/(g/cm³)
中低丙烯腈含量	2707(26)	27～30	70～90	0.97
	N41	28～30	72.5～78.5	0.97
中高丙烯腈含量	3604(40)	36～40	65～79	0.98
	N31	32.5～34.5	72.5～78.5	0.98
	N32	32.5～34.5	41～51	0.98
高丙烯腈含量	N21	39.5～41.5	77.5～87.5	1

另外，日本JSR(Japan synthetic rubber CO.)及德国Bayer公司、韩国LG及中国台湾南帝也是全球NBR的主要供应商，各企业均有不同的标记方式，如德国Bayer公司的产品牌号为PerbunanN之后缀四位数字组成，前两位数字表示结合丙烯腈含量，后两位数字表示门尼黏度，其丁腈橡胶牌号有3945F、3481F、3470F、3445F、3430F、2845F、2870F、1846F。

2.2 NBR在不同条件下的失效行为 ◀◀◀

2.2.1 NBR的活性基团及服役环境

表2.4列出顺丁橡胶(BR)、不同交联状态的NBR及HNBR的主要活性基团，未硫化NBR的活性基团是双键和腈基，过氧化物硫化NBR的活性基团是双键、腈基和α-叔氢，硫黄硫化NBR的活性基团包括双键、腈基和硫交联键(C*—S_x—C，$x \geq 1$，C*表示α-仲碳)，其中多硫交联键活性最高。

表2.4 顺丁橡胶(BR)、不同交联状态的NBR及HNBR的主要活性基团

分子结构	活性基团	备注
∿CH₂—CH=CH—CH₂—CH₂—CH=CH—CH₂∿	双键	未硫化BR
∿CH₂—CH₂—CH₂—CH₂—CH—CH₂∿ 　　　　　　　　　　　　CN	腈基	未硫化HNBR
∿CH₂CH=CH—CH₂—CH—CH₂∿ 　　　　　　　　　CN	双键，腈基	未硫化NBR
∿CH₂—CH=CH—C(H)—CH₂—CH=CH—CH₂∿ ∿CH₂—CH=CH—C(H)—CH₂—CH=CH—CH₂∿	双键，α-叔氢	过氧化物硫化BR

续表

分子结构	活性基团	备注
~CH₂CH=CH—C—CH₂—CH~ (H, CN) ~CH₂CH=CH—C—CH₂—CH~ (H, CN)	双键，α-叔氢，腈基	过氧化物硫化 NBR
~CH—CH=CH—CH₂~ S$_x$（x = 1、2、4 或 5） ~CH—CH₂—CH₂—CH₃~	双键，C*–S$_x$–C，$x \geq 1$（C*表示 α-仲碳），腈基	硫黄硫化 NBR

表 2.5 显示影响橡胶在服役过程中性能变化的主要环境因素及常见失效现象，不同活性基团在不同环境中的失效过程是一个极为复杂的行为，虽然国内外学者开展了大量的研究，为开发酸性气田密封材料提供了大量基础性研究，但在高含硫条件下，H_2S 浓度、相态对橡胶老化程度影响的研究报道却较少。H_2S 是一种酸性、老化性气体，H_2S 对 NBR 的影响包括以下几个关键因素：①温度越高，气体分子的活性越强；随着温度的升高，化学反应速率加快，橡胶材料的老化越严重。②H_2S 含量越高的工况，橡胶材料的老化越严重。③在液相中，化学老化速率加快。因此，对于橡胶材料，温度、介质浓度及浸泡相均是影响 NBR 老化行为的主要因素。

表 2.5　酸性油气田的服役环境

参数	服役环境	NBR 失效现象
温度/℃	100～300	过度交联
压力/MPa	0～105	加速介质渗透
介质	水	—
	油	溶胀
	CH₄	溶胀
	H₂S	氧化或还原
	CO₂	过度溶胀
	硫溶剂、钻井液等	—

2.2.2　NBR 在酸性环境的失效行为（标准试验）

评价橡胶耐 H_2S 能力一般是根据密封材料所处环境，选择 NACE TM 0296—2002、NACE TM 0187—2003 标准进行液相或气相试验。

　　液相试验(NACE TM 0296—2002)评价材料在液体介质条件下耐 H_2S 能力，样品置于液相中，其老化介质由油相、水相和气相三部分组成，其中液相包括正己烷 25%、正辛烷 20%、正癸烷 50%、甲苯 5%，油相用量为试验容器体积的 60%；水相用量为试验容器体积的 5%；气相组成为 H_2S、CO_2 和 CH_4，占试验容器体积的 35%。

　　气相试验(NACE TM 0187—2003)用于评价气相条件下材料耐 H_2S 能力，样品置于气相中，其老化介质由油相、水相和气相三部分组成，其中油相包括正己烷 25%、正辛烷 20%、正癸烷 50%、甲苯 5%，油相用量为试验容器体积的 60%；水相用量为试验容器体积的 5%；气相组成为 H_2S、CO_2 和 CH_4，占试验容器体积的 35%。

　　表 2.6 列出 NBR 密封材料耐 H_2S、CO_2 的试验条件，表 2.7、表 2.8 是在温度不同其他试验条件相同的情况下进行老化试验后 NBR 各项性能的变化。

表 2.6　NBR 密封材料耐 H_2S、CO_2 的试验条件

条件编号	温度/℃	H_2S 分压/MPa	CO_2 分压/MPa	总压/MPa	时间/h
条件 1	100	1.38	0.345	6.9	96
条件 2	130	1.38	0.345	6.9	96
条件 3	150	1.38	0.345	6.9	96
条件 4	175	1.38	0.345	6.9	96

表 2.7　液相环境中温度对 NBR 性能的影响

温度/℃	老化前	100℃	130℃	150℃	175℃
邵 A 硬度	68	73	80	82	87
质量变化率/%	—	8.7	11.2	7.3	17.5
体积变化率/%	—	7.9	24.0	11.3	10.9
拉伸强度/MPa	15.2	8.4	样品损坏	18.1	24.7
断裂伸长率/%	296.9	81.8		53.1	76.9
试样照片					

表 2.8　气相环境中温度对 NBR 性能的影响

温度/℃	老化前	100℃	130℃	150℃	175℃
邵 A 硬度	68	71	80	84	84
质量变化率/%	—	1.60	5.88	5.76	4.17
体积变化率/%	—	1.30	10.39	10.83	8.28
拉伸强度/MPa	15.2	8.9	14.1	15.9	16.5
断裂伸长率/%	296.9	113.5	55.3	37.7	80.8
试样照片					

　　当浸泡相为液相时，随着温度的升高，NBR 的硬度增加，体积变化率呈先增加后降低趋势，其在 130℃时出现一个极大值而后降低。随温度的升高，NBR 的断裂伸长率急剧下降，而拉伸强度先降低后增加，在相同介质条件下的气相浸泡后，NBR 的性能变化规律与其在液相浸泡时相近，但失效程度略有减轻，却仍高于热空气对橡胶的损伤程度，说明 H_2S 对 NBR 老化具有加速作用。

　　NBR 中含有不饱和双键、腈基以及多种不同的交联结构，使其在各种环境下的老化变得复杂起来，尤其是在 H_2S 这种酸性、强腐蚀性的老化性环境下，这三种反应基团可能会相互作用、相互干扰，使橡胶的老化机理变得更加复杂，因此有必要先介绍 NBR 在非 H_2S 环境中的失效机理。

2.3　NBR 活性基团在非 H_2S 介质条件下的失效机理 ◂◂◂

　　NBR 中的双键、腈基活性较高，在一些极端条件下使用时会发生显著降解，降解的发生通常伴随着主链断裂、交联、重排、取代以及重键的加成[1]，从而导致密封失效。另外，NBR 硫化网络中不同类型的交联键也是影响 NBR 降解稳定性的另一重要因素，这些活性基团可能作为活化位点，引发链断裂或交联反应，而且不同活性基团在各种环境下的反应机理是不同的。

2.3.1　不饱和双键的老化降解研究

　　对于含不饱和结构的橡胶的老化问题，自橡胶开始应用之日起就得到了广泛关注。为了排除腈基的影响，可以先从聚丁二烯橡胶中双键的老化入手，在一般环境(热氧、氧、紫外线等)下，橡胶的老化被认为是自由基反应，且这方面的研究相对较多。

在热老化中，双键对温度变化极为敏感。温度低于 300℃时，1,2-聚丁二烯橡胶(1,2-PBR)的侧链乙烯基倾向于进行环化和重排，从而导致十氢化萘和甲基的产生[2, 3]，如图 2.1 所示。

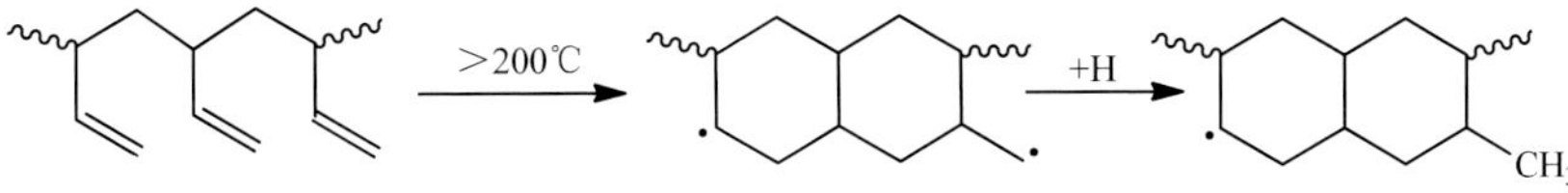

图 2.1　1,2-PBR 高温环化反应示意图

而 1,4-聚丁二烯橡胶(1,4-PBR)倾向于产生分子间侧挂乙烯基之间或 1,4-PBR 乙烯基与 1,4 结构亚甲基之间的交联，因而产生大量的甲基[4, 5]，如图 2.2、图 2.3 所示。

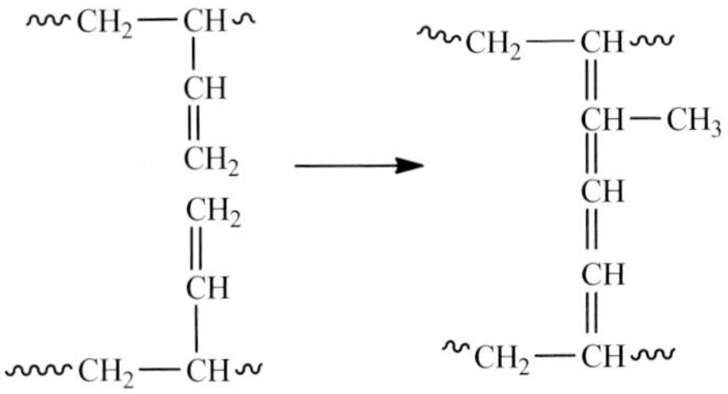

图 2.2　1,4-PBR 乙烯基间交联反应示意图

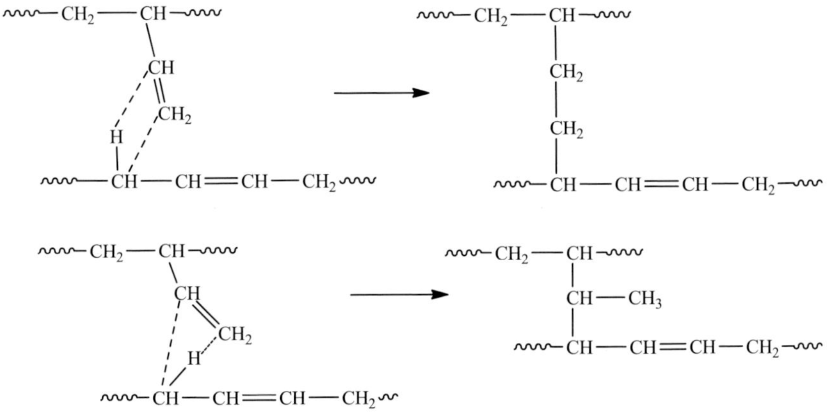

图 2.3　1,4-PBR 乙烯基与 1,4 结构亚甲基交联反应示意图

另外，1,4-PBR 在高温下会发生顺反异构化的构型转变[6]，如图 2.4 所示。

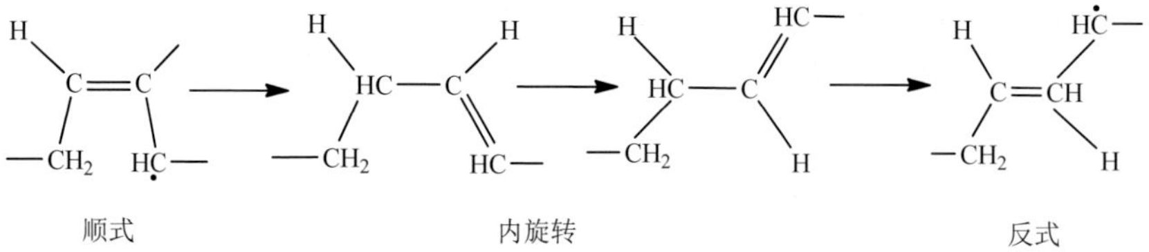

图 2.4   1, 4-PBR 构型转变示意图

当温度高于 300℃时情况完全不同，1, 2-PBR 中碳碳键发生自由基裂解[2]，如图 2.5 所示。

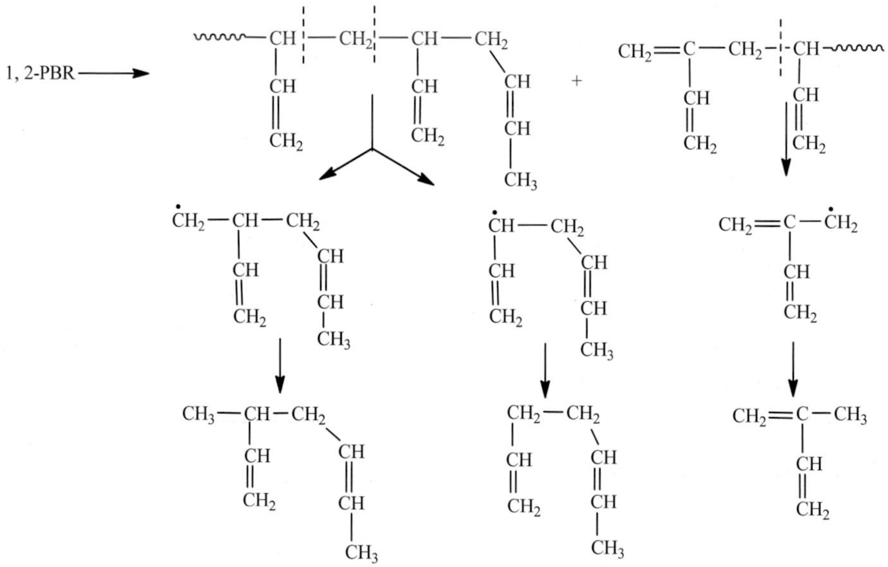

图 2.5   1, 2-PBR 自由基裂解示意图

对于 1, 4-PBR，两个烯丙基碳之间的烯丙基氢转移反应发生，并随后通过断裂以获得新的乙烯基链[7]，如图 2.6 所示。

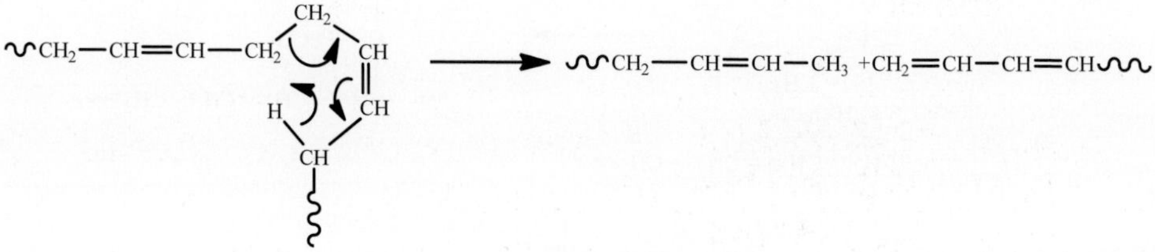

图 2.6   1, 4-PBR 氢转移裂解示意图

当热老化发生在超高压条件下时，1,4-PBR 中的双键会被打开，形成支化的交联网络结构[6]，如图 2.7 所示，从而导致橡胶失去其橡胶弹性特性并变脆。

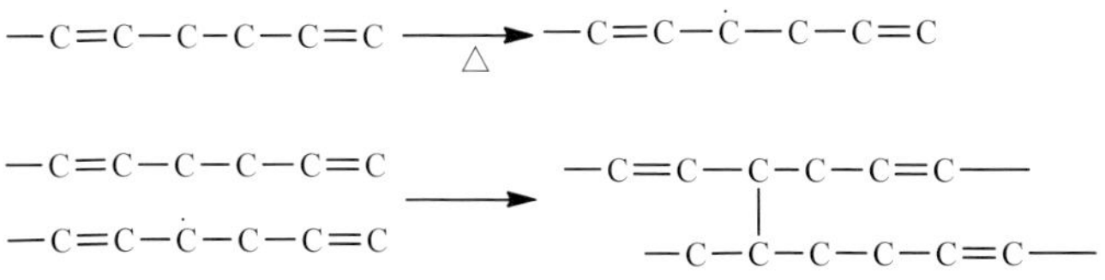

$$-C{=}C-C-C-C{=}C \xrightarrow{\triangle} -C{=}C-\overset{\cdot}{C}-C-C{=}C$$

$$-C{=}C-C-C-C{=}C \\ -C{=}C-\overset{\cdot}{C}-C-C{=}C \longrightarrow \begin{array}{c} -C{=}C-C-C-C{=}C- \\ | \\ -C-C-C-C-C{=}C- \end{array}$$

图 2.7　1,4-PBR 支化的交联网络结构的形成示意图

当热老化发生在含 O_2 的条件下时，老化机理变得比先前更复杂。通常在高温下的热氧老化会呈现出三方面的变化：①增塑剂、抗氧剂等成分的挥发；②放热吸氧，凝胶分数增加；③氧化过程中，交联与裂解并存，相互竞争。在整个老化过程中，交联反应一直存在，而断链则在老化过程后期[8, 9]。

如图 2.8 所示，通常，橡胶交联网络中包含交联链、自由链、悬挂链和环。在氧的诱导作用下，自由链进一步交联并加入网络，使橡胶的交联度和交联密度均增加，这一过程持续到大多数自由链交联[图 2.8(b)]。此后，几乎没有新的链引入网络中，交联度几乎保持恒定。同时，交联密度随着交联点之间分子量的降低而增加[图 2.8(c)]，网络变得越来越紧密，直到形成一个极为致密的网络。而在热氧老化过程中会产生两种结果，首先，通过自由基的氧化重组引起额外的交联。其次，氧化引起网络中分子链的断裂，特别是在高温环境下。由于交联链两个末端几乎不可能同时断开，因此链断裂除了形成自由链，通常还会形成悬挂链，如图 2.8(d) 所示。

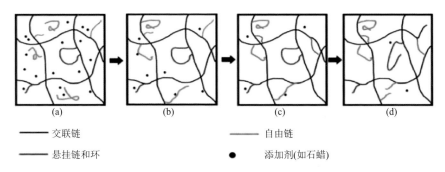

图 2.8　热氧老化条件的 NBR 网络结构的变化[9]

O_2 的存在会加速橡胶的老化，可以在烯丙基位置或双键处与橡胶结合[7]，生成过氧化物，经进一步氧化后，生成羟基、羰基等含氧基团[10-12]，如图 2.9 所示。因此，热氧老化后的橡胶，往往在红外光谱(IR)中观察到在 $3000\sim3600\text{cm}^{-1}$ 处和 $1600\sim1800\text{cm}^{-1}$ 处形成宽羟基和羰基吸收带。

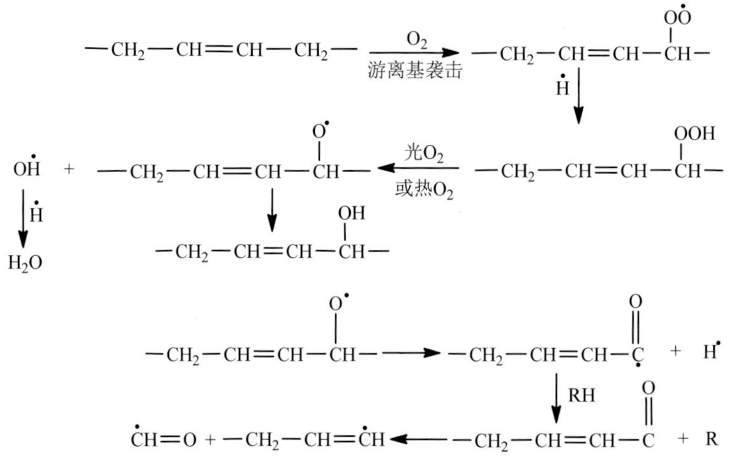

图 2.9　热氧老化中 BR 结构的变化[13]

　　另外，聚丁二烯橡胶在热氧老化中，随着老化的进行，还会出现环状过氧化物结构，如图 2.10 所示。

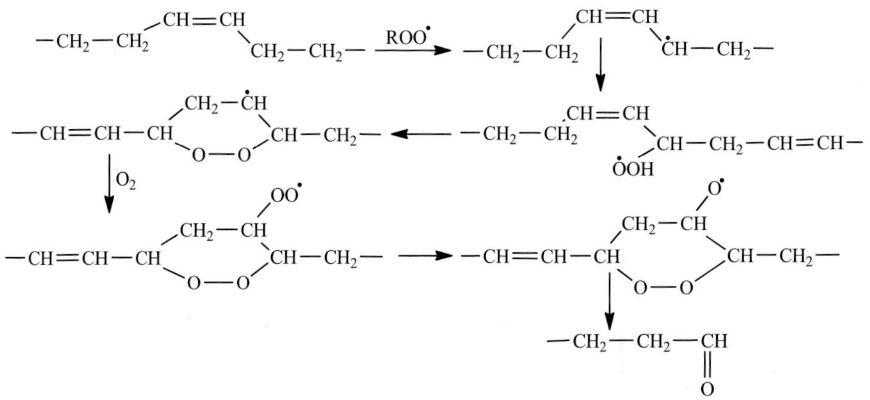

图 2.10　热氧老化中环状过氧化物的形成[13]

　　除了热氧老化，含不饱和结构的橡胶也容易受到光的引发，产生光氧老化的现象。研究表明，NBR 光氧老化[14]几乎与在相同试验条件下的聚丁二烯橡胶(BR)[15]和苯乙烯-丁二烯橡胶(SBR)[16]变化相同，所以光氧老化主要发生在丁二烯单元，并且光氧老化过程与热氧老化过程是相似的，都涉及过氧化物的生成，以及后期 β 断裂形成醛、酮类物质等。

2.3.2　腈基的老化降解研究

　　腈基(—CN)是另一种可引发 NBR 降解的反应性基团。HNO₃ 能水解聚丙烯腈(PAN)产生酰胺基团(AM)，并进一步引发分子内环化反应，生成具有较高热稳定性的梯形结构，具体过程如图 2.11 所示。

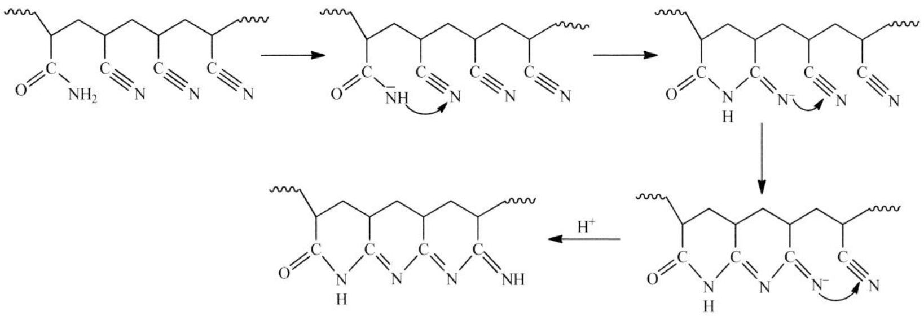

图 2.11　PAN 的环化反应[17]

　　PAN/AM 的环化反应是通过离子机理引发的，另外，亲核试剂如羧基(—COOH)和碱(OH⁻)也可以通过离子机理引发环化反应，如图 2.12、图 2.13 所示。—COOH 中的羟基里的 O⁻会攻击相邻腈基的碳原子，诱导分子内环化反应，反应可以在低温下进行。

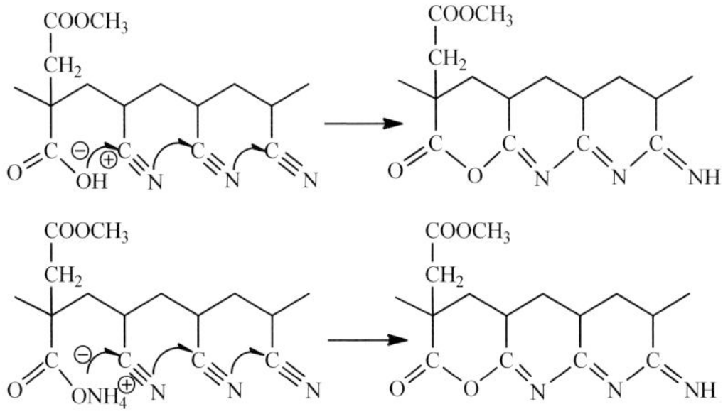

图 2.12　离子机理引发的 PAN 的环化反应[18]

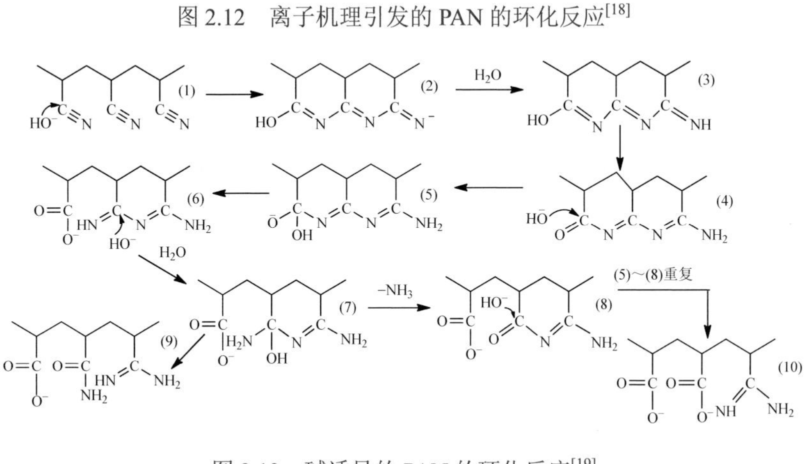

图 2.13　碱诱导的 PAN 的环化反应[19]

对于 PAN 的碱性水解，羟基阴离子首先攻击 PAN(1)的腈碳原子，导致 C≡N 键的共轭序列的形成(2)和传播(环化)，可以用水(3)终止。然后，通过异构化在共轭序列(4)的环中产生羰基。接下来，羟基阴离子对羰基碳原子的攻击导致形成羧酸盐基以及在环中具有亚氨基的较短的共轭序列(6)，通过羟基阴离子的作用，共轭序列中的亚氨基可以通过(6)—(7)—(9)的路线转化为酰胺基或通过(6)—(7)—(8)—(10)的路线将亚氨基转化为羧酸盐基。简单地总结，在 PAN 的碱性水解过程中，一些丙烯腈单元转化为丙烯酰胺或丙烯酸单元，伴随形成各种中间体，其主要由短共轭序列单元组成。

另外，腈基的环化也可以通过自由基引发，如图 2.14 所示，这也是被广泛认可的一种机制。

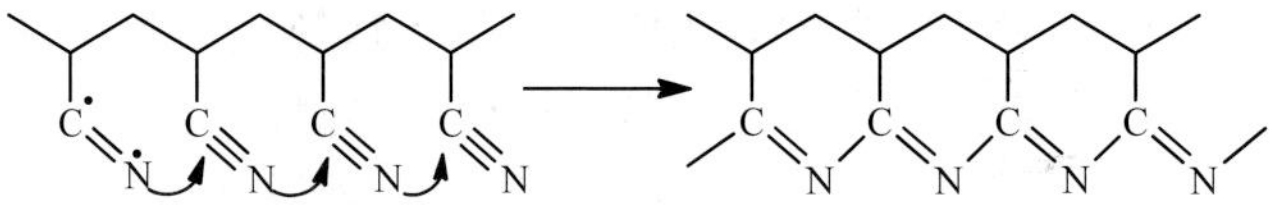

图 2.14　PAN 的自由基环化反应[20]

除上述环化反应外，也发现当腈基单独存在或无规排布时，其往往更容易发生自身的水解反应，而并未出现环化现象。例如，有研究发现，HNBR 中腈基在盐酸水溶液中出现水解，一系列的水解反应使腈基转变成酰胺基和羧基，同时还有酰亚胺结构的形成和氨气的释放。这些反应使得腈基转变为极性较弱的基团，具体反应如图 2.15 所示。

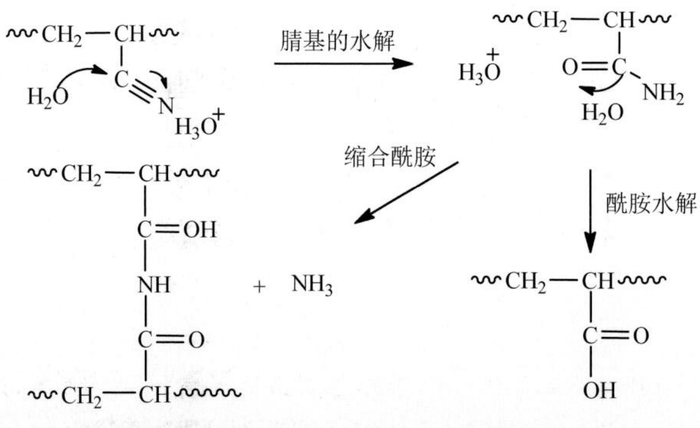

图 2.15　腈基的酸性水解反应[21]

与之相类似，75%～95%硫酸处理时，腈基转化为酰胺、酰亚胺和羧基[22]；腈基在高压下容易与水反应生成聚丙烯酰胺[23]。另外，更重要的是，由于特殊的碳氮三键结构，路易斯酸可以还原腈基得到伯胺(CH$_2$NH$_2$)结构[1]。因此，在一些严苛环境下，腈基也会是 NBR 的薄弱点，并且不同的降解产物出现在各种不同的降解环境中。

2.3.3　交联点的老化降解研究

橡胶硫化后形成的交联点可能作为潜在的薄弱点，其易受环境影响并且易被某些物质侵蚀而发生老化，导致交联的破裂或改性。

在酸性溶液中，硫化胶的硫黄交联点的化学降解发生在橡胶内部，导致 C—S_x—C 交联的破坏。有文献调研了硫黄硫化的 EPDM 在 20% Cr/ H_2SO_4 的酸性溶液条件下的老化降解情况。结果表明，由于酸侵蚀，在 EPDM 表面上形成了几种含氧物质。此外，还发现 EPDM 交联位点易受水解侵蚀，正如交联密度降低所证实，其表面降解程度足以影响整体机械性能，造成弹性模量的降低。然而在降解后期，含氧物种倾向于相互结合，重现产生了新的交联位点[24]，具体反应过程如图 2.16 所示。

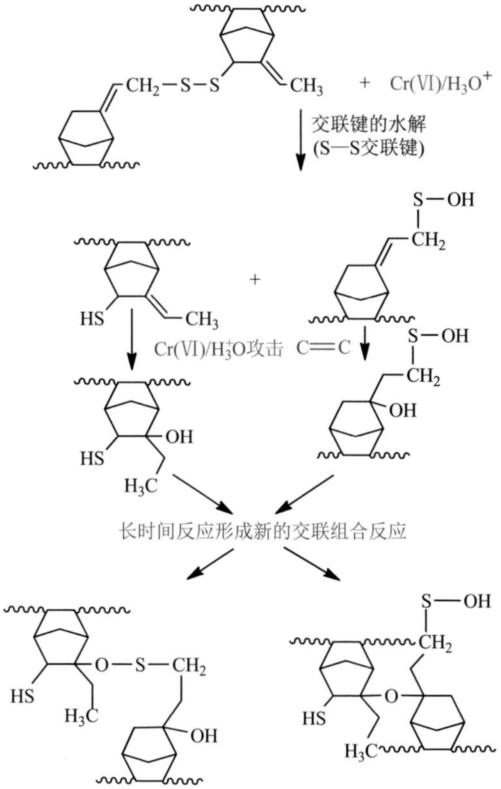

图 2.16　硫黄交联点酸性环境中的降解机理

在过氧化物硫化体系中，活性助交联剂的选择也是影响橡胶化学降解的重要因素。研究发现，过氧化物硫化体系中选用助交联剂 TAIC，会使橡胶在酸性环境中的稳定性大大降低。在酸性溶液中，降解在最薄弱的[N—（C=O）—N]环节处开始，并最终通过 TAIC 位点的水解导致解交联的发生。具体反应过程如图 2.17 所示。另外，在长时间老化后，降解产生的氧化物质会彼此结合并形成酯或醚键形式的新交联，因此，整个降解过程中，解交联和结合反应共存，两者相互竞争[25]。

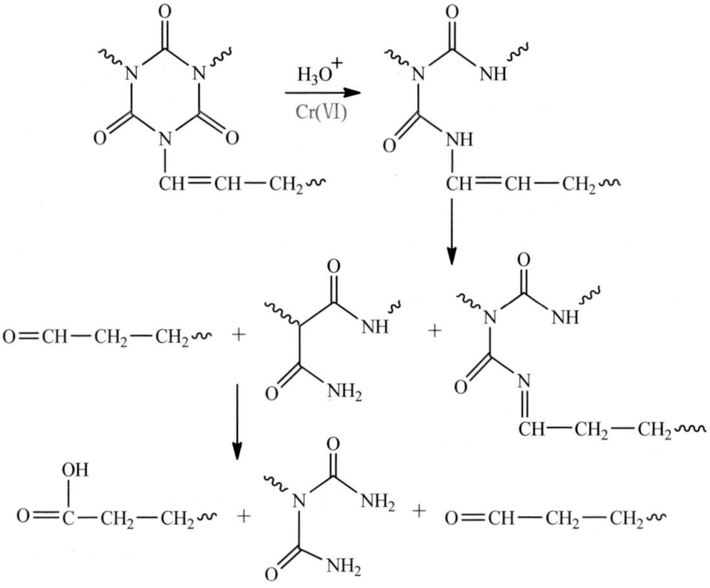

图 2.17　TAIC 交联点酸性环境中的降解机理

与 TAIC 化学结构类似，八乙烯基笼形倍半硅氧烷（OVPOSS）在 DCP 的作用下，其大量的双键可以与橡胶的分子链反应，形成交联结构。这种特殊的 OVPOSS 交联结构比 TAIC 交联结构具有更好的稳定性，因为 OVPOSS 中 Si—O 的键能（460kJ/mol）大于 TAIC 中 C—N 的键能（305kJ/mol）。因此，OVPOSS 可用作助交联剂，来制造出具有耐老化性优异的硫化橡胶。然而，在 OVPOSS 的较高负载下，除了在交联过程中，OVPOSS 可以聚集或结晶。在老化性介质中，交联和聚集结构可能变得不稳定，其结构的变化显著影响材料的稳定性。有文献探究了橡胶/OVPOSS 复合材料在高温盐酸中的稳定性，研究发现，在老化过程中发生两种类型的变化：①OVPOSS 聚集体的晶体结构变得无序；②Si—O—Si 基团转变成 Si—OH 基团，导致交联结构的破坏[26]。因此，交联密度降低，导致机械和热性能的劣化，具体过程如图 2.18 所示。

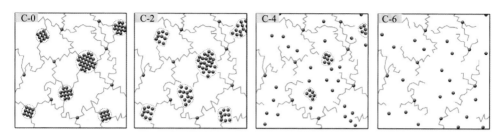

图 2.18　以 OVPOSS 为交联点橡胶的老化过程

C-0～C-6 中的数字代表老化的天数，蓝色实心球代表 OVPOSS

另外，研究表明，过氧化物硫化体系比硫黄硫化体系具有较高的热稳定性[27]，这归因于两种交联体系形成的不同类型的交联键，过氧化物硫化形成的 C—C 键能大于硫黄硫化体系形成的 C—S_x—C 键能，具体如表 2.9 所示，因此表现出不同的热稳定性。同样，硫黄/促进剂用量不同，形成的有效硫化体系(EV)、半有效硫化体系(SEV)和普通硫化体系(CV)也因键能不同而表现出不同热稳定性，具体为 EV>SEV>CV。

表 2.9　交联类型及键能[28]　　　　　　　　　　　　　　（单位：kJ/mol）

交联键类型	硫化体系	键能
—C—C—	过氧化物	351.7
—C—S—C—	有效硫化体系	284.7
—C—S_2—C—	半有效硫化体系	267.9
—C—S_x—C—	普通硫化体系	<267.9

2.4　NBR 活性基团与 H₂S 之间的相互作用

未硫化 NBR 中活性基团包括双键、腈基，首先探讨这两种活性基团与 H₂S 的反应机理，选择的研究对象为未硫化 BR、未硫化 HNBR 和未硫化 NBR（表 2.4）。

2.4.1　试验材料及评价

1）主要原材料及仪器

本试验的主要原材料及设备与仪器如表 2.10、表 2.11 所示。

表 2.10　主要原料

原料	规格型号	生产厂家
丁腈橡胶	DN401	日本瑞翁公司
	DN2850	日本瑞翁公司
	DN3380	日本瑞翁公司
	DN4050	日本瑞翁公司
顺丁橡胶	BR9000	中国石化齐鲁股份有限公司
氢化丁腈橡胶	Therban®T2007	德国朗盛公司
	Therban®3407	德国朗盛公司
	Therban®3907	德国朗盛公司
三氯甲烷	分析纯	北京市化工厂
甲苯	分析纯	北京市化工厂
碘甲烷	分析纯	北京北纳创联生物技术研究院
二硫苏糖醇	分析纯	合肥博美生物科技有限公司
硫氢化钠	70%	北京伊诺凯科技有限公司

表 2.11　试验设备与仪器

仪器	生产厂家
CORTEST 高温高压反应釜	美国 Cortest 公司
DHG-9075A 型电热恒温鼓风干燥箱	北京雅士林试验设备有限公司
JA3003J 型电子天平	上海舜宇恒平科学仪器有限公司
傅里叶变换红外光谱仪(FTIR)	Nicolet 6700
DZF-6050 真空干燥箱	上海一恒科技有限公司
Escalab 250 型 X 射线光电子能谱仪	美国 ThermoFisher Scientific 公司
Vario MACRO cube vario EL CHNSO 元素分析仪	意大利 Costech
JA3003J 固体密度天平	上海舜宇恒平科学仪器有限公司
SK-1608 双辊筒开炼机	上海橡胶机械厂

2)样品的制备与老化试验

将生胶分别裁切为块状样品,置于开口的玻璃瓶中并做好标记,将其放入高温高压反应釜中进行老化试验,选择试验条件为100℃×气相H_2S(1.5MPa)×48h,试验流程如下。

将样品放入反应釜后,拧紧釜盖,注入氮气达 5MPa,试压,确认无气体泄漏后,放气排出氮气,再持续通入氮气除氧,保持气体流量恒定,30min 后停止除氧,注入 H_2S,当 H_2S 压力达到 1.0MPa 左右后,停止气体注入,升温到 100℃,微调 H_2S 注入量使其压力恒定在 1.5MPa,试验进行 48h 后,关闭反应釜加热开关,待温度降低至室温后,进行缓慢排气,使 H_2S 气体排出反应釜,待气体压力下降至恒定不变后,通入部分氮气以除去残余的 H_2S,之后打开釜盖,取出样品,在室温下用真空烘箱抽出残留在样品中的 H_2S,进行下一步微观结构的表征。含18%~40%腈基的 NBR,腐蚀前后分别标记为 N18—N40 和 N18C—N40C;含20%~39%腈基的 HNBR,腐蚀前后分别标记为 HN20—HN39 和 HN20C—HN39C;腐蚀后的 BR 标记为 BRC。

选择老化温度为 100℃ 是根据 NBR 的耐热温度确定的,选择试验压力为1.5MPa 是由于在该压力下 H_2S 可以完全渗透 NBR,提高试验的可靠性,正如文献[28]所述,0.5MPa 的 H_2S 分压可使 NBR 完全丧失橡胶弹性,因此 1.5MPa 的H_2S 已超过 NBR 在含硫环境中使用的上限。

3)结构表征

FTIR 分析:采用德国 Bruker 公司的 Tensor II 红外光谱仪,室温下收集样品的红外吸收信号。波数范围为4000~600cm^{-1};分辨率为4cm^{-1};扫描叠加次数为32 次。本次测试采用衰减全反射(ATR)的测试模式。

元素分析:使用 CHNSO 元素分析仪进行 C、H、N、S 元素分析。测定在 1000℃下进行,样品在氧气气氛中进行催化氧化,经过闪蒸分解。气体产物通过气相色谱分离,使用热导检测器(TCD)检测相应的气体。

交联密度测试:通过平衡溶胀法测定交联密度。将待测样品称重,记为 m_0,然后,将样品于室温下在溶剂中溶胀 48h,而后样品从溶剂中取出,立即干燥表面并称重,记为 m_1,称重后的样品在 80℃真空烘箱中烘 24h,再次称重,记为m_2,以式(2.1)算出溶胀试样橡胶相体积分数(V_r)[29]。

$$V_r = \frac{m_0\Phi(1-\alpha)/\rho_r}{m_0\Phi(1-\alpha)/\rho_r + (m_2-m_1)/\rho_s} \tag{2.1}$$

式中,m_0 为试样原始质量;m_1 为溶胀平衡后试样质量;m_2 为烘干后的试样质量;Φ 为试样中纯橡胶质量分数;α 为硫化胶溶胀过程中的质量损失;ρ_r 为硫化胶密度;ρ_s 为溶剂密度(三氯甲烷 $\rho_s = 1.4840$g/cm^3)。

测试硫化胶总交联密度,以 V_e(单位为 mol/cm^3)表示,以式(2.2)算出[30],

$$V_e = -\frac{\ln(1-V_r) + V_r + \chi V_r^2}{V_s(V_r^{1/3} - V_r/2)} \tag{2.2}$$

式中，V_r 为橡胶相体积分数；V_s 为溶剂摩尔体积（甲苯 $V_s = 106.52\text{cm}^3/\text{mol}$，三氯甲烷 $V_s = 80.48\text{cm}^3/\text{mol}$）；$\chi$ 为橡胶与溶剂相互作用参数，对于不同腈基含量的 NBR，其对应的 χ 是不同的，具体通过式 (2.3) 计算[31]，NBR 与三氯甲烷的 χ 值如表 2.12 所示。

$$\delta = 0.35 + \frac{V_s}{RT}(\delta_r - \delta_s)^2 \tag{2.3}$$

式中，δ_r 为橡胶溶度参数；δ_s 为溶剂溶度参数；V_s 为溶剂摩尔体积。

表 2.12　NBR 与三氯甲烷的溶度参数与 χ 值

NBR	$\delta_r/(\text{cal/cm}^3)^{0.5}$	$\delta_s/(\text{cal/cm}^3)^{0.5}$	χ
N-18	8.70	9.29	0.40
N-28	9.35	9.29	0.35
N-33	9.57	9.29	0.36
N-40	9.87	9.29	0.40

注：N 后的数字表示结合丙烯腈含量。

交联结构测试：化学探针可以选择性地裂解硫交联键，并用于确定单硫键、二硫键和多硫键的相对含量。CH_3I 用作化学探针试剂来检测单硫键。单硫化物基团与 CH_3I 反应（图 2.19 和图 2.20）；

$$R—S—R + CH_3I \longrightarrow R—R + I_2 + (CH_3)_3SI$$

图 2.19　饱和单硫化物与碘甲烷反应[32]

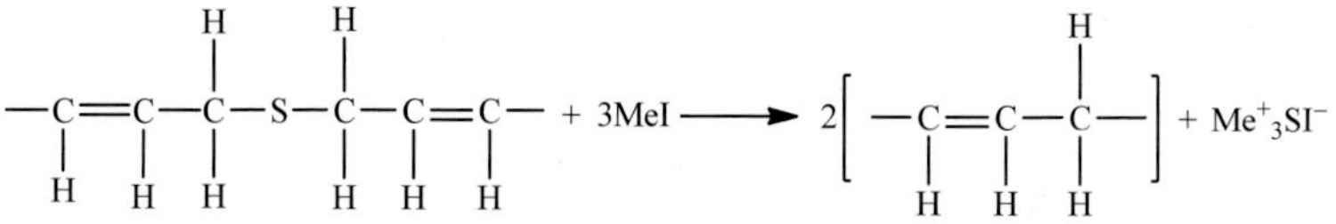

图 2.20　烯丙基硫化物与碘甲烷反应[33]

二硫苏糖醇 (dithiothreitol，简称为 DTT) 可将二硫键分裂成两个硫醇基团[34]，其用作化学探针试剂可以确定二硫键的相对量，反应机理如图 2.21 所示。测试时，为了提高化学探针试剂在橡胶基质中的分散性，先将橡胶样品在甲苯中溶胀 48h，计算橡胶在甲苯中的总交联密度，计算方法如上所述，其中，甲苯 $\rho_s = 0.87\text{g/cm}^3$，甲苯 $V_s = 106.52\text{cm}^3/\text{mol}$，NBR 与甲苯的相互作用参数如表 2.13 所示。然后加入化学探针试剂，其量为总交联键数量的 10 倍。反应在 80℃、黑暗中进行 96h，单硫键和二硫键的数量通过总的交联密度减去分别用 CH_3I 和 DTT 处理后的交联密度来确定。

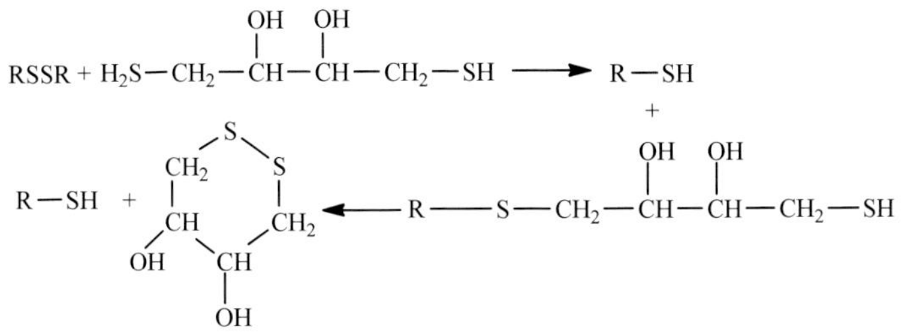

图 2.21　二硫苏糖醇与二硫化合物反应[34]

表 2.13　NBR 与甲苯的 χ 值

NBR	$\delta_r/(\text{cal/cm}^3)^{0.5}$	$\delta_s/(\text{cal/cm}^3)^{0.5}$	χ
N-18	8.70	9.29	0.3568
N-28	9.35	9.29	0.3863
N-33	9.57	9.29	0.4305
N-40	9.87	9.29	0.5217

注：N 后的数字表示结合丙烯腈含量。

XPS 测试在超真空室中进行，其装备同心半球型能量分析仪，使用斑点直径为 400μm 的单色 Al-KαX 射线源(1486.6eV)。在 0～1260eV 结合能范围内，采用通过能为 200eV 扫描，获得 XPS 全谱。C1s、N1s 和 S2p 区域的高分辨率光谱是通过使用 50eV 通过能扫描后获得的。XPS 全谱和高分辨率光谱采用 45° 起飞角，测试时，腔室内的压力保持在 10^{-6}Pa。XPS 光谱分析时采用 Shirley 背景扣除，C1s 上的结合能通过参考 284.8eV 处的烃(C—C/C—H)来校正[35]。C—C/C—H 组分的半高宽保持自由变化，而其他组分则固定与 C—C/C—H 一致。对于 S2p 的拟合，是通过将硫的双峰(S2p3/2 和 S2p1/2)的面积比固定为 2:1，能带偏移固定为 1.2eV 来确定的[24]。

2.4.2　含硫量的变化

使用 CHNSO 元素分析仪进行元素分析，结果如表 2.14 所示。在 H_2S 老化前，NBR 中出现碳、氮、氢和少量硫元素，而在 H_2S 中老化后，硫元素的含量增加一个或两个数量级，因此 H_2S 被 NBR 吸收并发生化学反应。当双键和腈基共存时，NBR 对 H_2S 具有极高的反应活性并且出现较高的 H_2S 吸收；而当双键和腈基单独存在时，对 H_2S 的吸收较低，根据 H_2S 吸收量大小排序为双键＋腈基＞腈基＞双键。随着腈基含量的增加，NBR 的含硫量增大，达到最大值后，吸收 H_2S 的能力下降，这与腈基含量增大使 H_2S 与 NBR 的相容性发生变化有关，H_2S 一部分可溶解在橡胶里，另一部分可与活性基团发生反应，而反应活性的大小与腈基和双键的协同效应有关。

表 2.14 CHNS 元素分析

	N	C	H	S	反应前后 S 的增量
BR 老化前	0	87.525	14.895	0.025	0.24
BR 老化后	0.01	87.09	15.08	0.265	
N-18 老化前	4.625	82.685	10.14	0.47	0.62
N-18 老化后	4.18	82.03	10.35	1.085	
N-28 老化前	7.37	80.665	13.89	0.06	1.93
N-28 老化后	7.285	78.695	19.17	1.99	
N-33 老化前	8.66	79.605	11.795	0.14	1.65
N-33 老化后	8.55	78.105	12.236	1.785	
N-40 老化前	10.23	78.215	9.15	0.92	0.71
N-40 老化后	10.195	76.485	9.145	1.63	
HN-39 老化前	10.14	77.74	14.065	0.155	0.58
HN-39 老化后	10.01	76.605	13.115	0.735	

2.4.3 双键、腈基含量及交联密度变化

H$_2$S 老化前后的各种橡胶的 FTIR 谱图如图 2.22 所示。对于不同腈基含量的 NBR 和 HNBR，其 FTIR 谱图基本完全一致，因此，选择典型的 FTIR 谱图进行分析，NBR 和 HNBR 的典型官能团如图 2.22 所示。

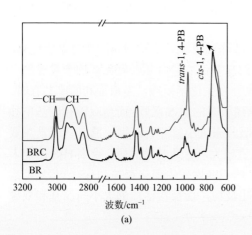

(a)

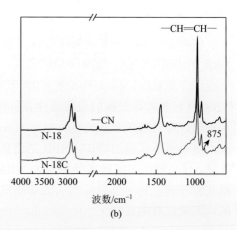

(b)

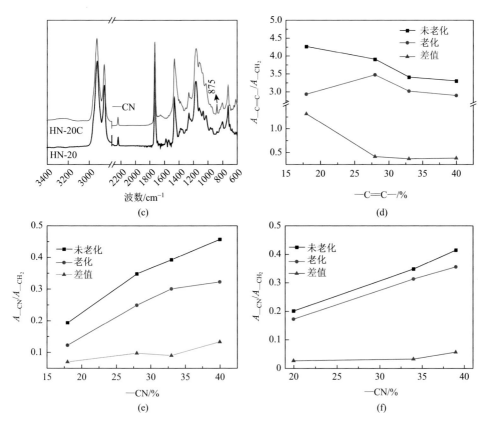

图 2.22　BR(a)、NBR(b) 和 HBNR(c) 的 FTIR 谱图及老化前后 NBR 的双键—C=C—(d) 和腈基—CN(e) 及 HNBR 的腈基(f) 含量变化

2237~2239cm^{-1} 处的吸收带归属于聚合物链中丙烯腈结构单元的 C—N 伸缩振动。此外，2916~2923cm^{-1} 归属于—CH$_2$ 中的 C—H 不对称伸缩振动；2845~2854cm^{-1} 归属于—CH$_2$ 中的 C—H 对称伸缩振动；1437~1461cm^{-1} 归属于—CH$_2$ 中 C—H 弯曲振动；967cm^{-1} 归属于反式—CH=CH—的 C—H 面外弯曲振动[36]。将—CH$_2$ 作为参考峰，选用比强度的方法计算反应前后双键和腈基变化，因为—CH$_2$ 老化后未变化。将双键在 961cm^{-1}、腈基在 2237cm^{-1} 处的峰值分别与—CH$_2$ 峰值相比，来反映出双键和腈基的变化。

NBR 和 HNBR 的腈基在老化后显著减少，且腈基含量越高，下降程度越大。因此，腈基和 H$_2$S 之间必定发生某些未知的反应，造成腈基含量的降低。此外，老化后，FTIR 谱图中 NBR 和 HNBR 在 875cm^{-1} 附近呈现出新的特征吸收峰，该峰归因于硫代酰胺中的 C=S 伸缩振动和—NH$_2$ 的弯曲振动[37]，这种变化表明腈基可以与 H$_2$S 发生反应并产生硫代酰胺结构(>N—C=S)。

NBR 双键的含量在老化后降低，且双键含量越高(腈基含量越低)，其降低程度越大，这表明双键也参与与 H_2S 的反应。BR 的 FTIR 谱图中 3001cm^{-1} 处的吸收峰对应—HC=CH—的 C—H 伸缩振动，964cm^{-1} 处的吸收峰对应反式—HC=CH—的 C—H 面外振动，731cm^{-1} 处的吸收峰对应着顺式—HC=CH—的 C—H 面外振动，显然，BR 在 3001cm^{-1} 处也出现双键含量的下降，同时还出现顺–反异构的转变。

表 2.15 为老化后橡胶的交联密度，腈基含量低、双键减少程度大的 NBR 的交联密度增加较少，说明一部分双键的消失并没有发生交联反应；相反，腈基含量高、双键含量变化小的 NBR 的交联密度显著增加，说明腈基促进交联反应，且反应活性点不是双键。因此，在 H_2S 环境中，BR(单独存在的双键)双键的减少并不是用于交联反应，而是与 H_2S 发生某种类型的反应生成含硫结构；对于 HNBR(腈基单独存在)，其腈基含量的减少主要用于产生>N—C=S 结构；然而，对于 NBR(双键和腈基共存)，可能存在一些腈基主导的协同效应，从而使 NBR 产生内部交联结构，而且这些交联部分已被证实是含硫的交联键，但并未说明是何种交联键，下面将进行具体验证。

表 2.15　老化后 NBR 的交联密度 （单位：10^4mol/cm^3）

样品	交联密度
N-18C	0.59
N-28C	1.52
N-33C	2.30
N-40C	1.81
HN-20C	0
HN-39C	0
N-0C	0

注：N-XC 中数字代表腈基含量。

2.4.4　交联键类型确定

通过使用化学探针试剂可以获得关于交联结构的进一步信息。表 2.16 为老化后 NBR 的交联键类型，可以看出，在 H_2S 老化后，在 NBR 内产生单硫键和二硫键的交联结构，这必定与 NBR 和 H_2S 的反应相关，而剩余的交联键(从总交联密度中减去单硫键和二硫键)被认为是多硫键，它的形成可能与 H_2S 的直接氧化相关[38, 39]。

表 2.16　老化后 NBR 的交联键类型 （单位：10^4mol/cm^3）

样品	交联密度			
	总交联	单硫键	双硫键	多硫键
N-18 老化后	1.061	0.839	0.156	0.066
N-28 老化后	3.365	0.895	1.802	0.668
N-33 老化后	5.787	2.783	0.858	2.146

2.4.5　不同活性基团与 H₂S 反应机理

活性基团双键和腈基分别单独存在时与 H₂S 的反应过程与双键和腈基共存时与 H₂S 的反应过程是不同的,首先分析双键和腈基分别单独存在时,即未硫化的 BR 和 HNBR 与 H₂S 的反应过程,确定反应机制,然后分析双键与腈基共存时,即未硫化的 NBR 与 H₂S 的反应过程,明确双键和腈基与 H₂S 反应之间的协同效应。

1. 活性基团双键与 H₂S 的反应机理

高温、H₂S 环境中 BR 会发生顺反构型的变化,还可以与 H₂S 反应,产生含硫物质,如图 2.23 所示。

图 2.24 显示过氧化物交联 BR 老化前后的 FTIR 谱图,老化后的 BR 在 $1540cm^{-1}$、$1577cm^{-1}$ 处出现新的吸收峰,该峰对应的是噻吩类衍生物结构[40],图 2.25 显示出 BR 老化前后 XPS C1s 光谱,老化后 C1s 官能团的半高宽明显变宽,对 C1s 进行分峰后发现,除 C—C/C—H 的峰外,在高能带位置(比 C—C/C—H 高 1.0eV)出现一个新峰,且其含量为 C1s 官能团含量的 30%左右,该峰为噻吩结构[41],其来源于双键与 H₂S 的反应,具体反应过程可能通过两个路径。

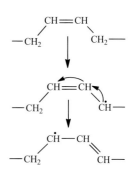

图 2.23　聚丁二烯橡胶顺-反异构化

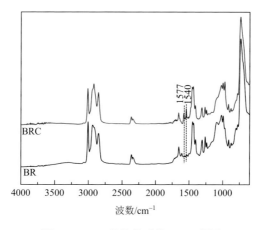

图 2.24　BR 老化前后的 FTIR 谱图

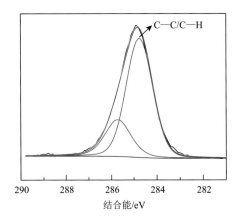
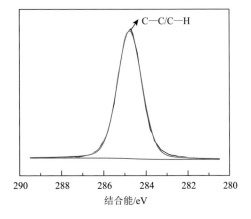

图 2.25   老化前后 BR 的高分辨 XPS C1s 光谱

路径 1：1,4-PB 结构经历脱负氢质子化后与 H₂S 反应，生成不饱和硫醇，随后继续脱负氢、环化，形成四氢噻吩结构，最后继续脱氢，从而产生烷基/烯基噻吩结构，如图 2.26(a)所示。

路径 2：1,4-PB 结构中双键首先发生质子化作用，随后与 H₂S 发生亲核加成反应，产生硫醇中间体，硫醇将与另一质子化的双键结合，产生四氢噻吩结构，最后继续脱氢，从而产生烷基/烯基噻吩结构，如图 2.26(b)所示。

(a)

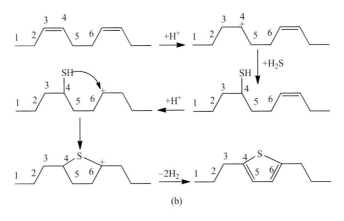

(b)

图 2.26　噻吩类衍生物的形成过程

2. 活性基团腈基与 H₂S 的反应机理

对老化后 HNBR 的 XPS N1s 光谱(图 2.27)进行分峰拟合后发现，其在偏离腈基 1.5eV 处出现了—NH₂ 的新峰。另外，在 XPS S2p 光谱中(图 2.28)，出现在 167.6eV 处的峰是 S=O 或 S—O 结构，其形成是 H₂S 与 HNBR 本身存在的含氧类物质(XPS 检测出大量含氧物质)反应造成的；出现在 162.5eV 处的峰对应着 S/N—C=S 的结构，其源于腈基与 H₂S 之间发生亲核加成反应，为确认这一点，采用 NaHS 来模拟 H₂S 中的 SH⁻，进行此反应的验证。

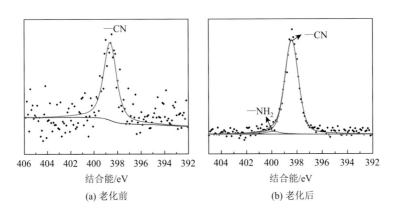

图 2.27　老化前后 HNBR 的高分辨 XPS N1s 光谱

腈基与 H₂S 亲核加成验证：采用共混的方法，选用腈基含量为 39%的 HNBR，在双辊开练机上与 NaHS 进行共混(共混比例为 HNBR：NaHS = 100：4)，待共混均匀后，出料，将样品裁成 2mm 左右的薄片，在 100℃、1.5MPa 的氮气气氛下进行反应，反应时间持续 48h 后，取出样品，进行微观结构分析，如图 2.29 所示。

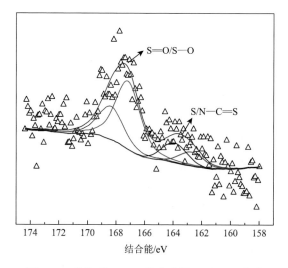

图 2.28   老化后 HNBR 的高分辨 XPS S2p 光谱

从 HNBR 在不同处理条件下 FTIR 谱图可以看出，腈基结构无论在 H$_2$S 环境还是 HS$^-$ 环境，都会出现强度降低，而且在 H$_2$S 和 HS$^-$ 的环境中都出现相同的结构变化：①803cm^{-1}、875cm^{-1} 两处新峰均对应—C＝S—NH$_2$ Ⅳ带；②1280cm^{-1} 处新峰对应—C＝S—NH$_2$ Ⅱ带（C—H 变形、C—N 伸缩、C—C 伸缩、—NH$_2$ 弯曲、C＝S 伸缩振动)[37]，因此这与上述结果是一致的，进一步证实腈基的反应。最后，H$_2$S 与腈基的亲核加成反应机理被提出，如图 2.30 所示。H$_2$S 作为亲核试剂与腈基发生亲核加成反应后产生过渡态物质 HS—C＝N，由于其不稳定并且此后经历硫酮–硫醇互变异构，从而产生硫代酰胺结构，因此该结构可被 FTIR 及 XPS 检测出来。

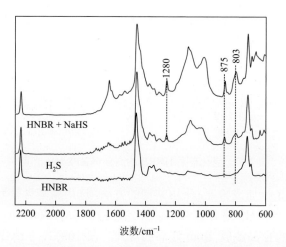

图 2.29   HNBR、HNBR/NaHS 共混物、HNBR 在 H$_2$S 中老化后 FTIR 谱图

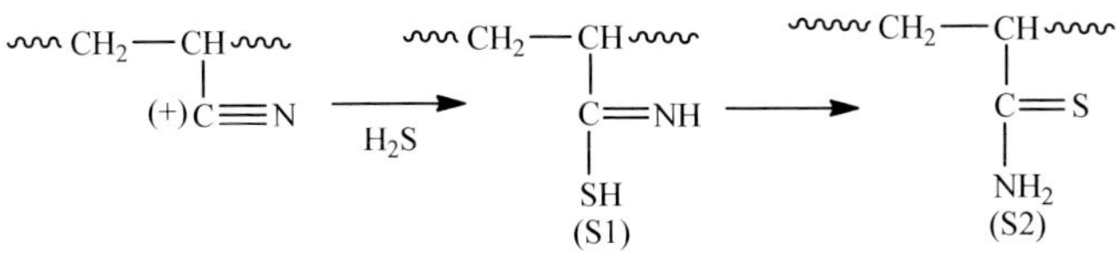

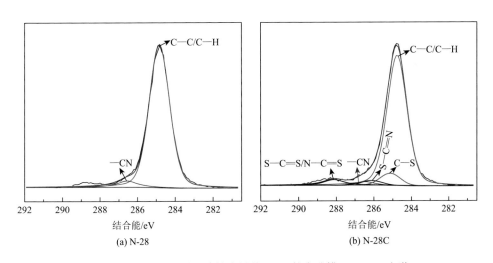

图 2.30　H₂S 与腈基的亲核加成

3. H₂S 与活性基团腈基、双键共存时反应机理

图 2.31 是 NBR 老化前后的 XPS C1s 光谱，老化前 C1s 光谱可在 284.8eV 和 286.54eV 处拟合为两组分，其分别对应 C—C/C—H 和—CN，而在 H₂S 中老化后，观察到碳原子化学官能团发生明显变化：其一，腈基含量的降低，同时伴随着两个新峰出现在 286.1eV 和 288.3eV，其分别归属于 S—C═N 和 S—C═S/N—C═S 结构，而在老化后 NBR 的 XPS N1s 光谱中(图 2.32)同样出现 S—C═N 结构。其二，284.8eV 的 C—C/C—H 强度略微降低，而在 285.17eV 处出现另一新峰，其属于 C—S 基团的峰，该峰的出现归因于 NBR 中双键和烯丙基氢的高反应活性。H₂S 将与质子化双键进行亲核加成反应，产生硫醇中间体。另外，双键的 α 碳原子将经历氢转移反应，失去氢以形成新的烯丙基碳自由基，并且与 H₂S 结合后形成烯丙基硫醇。由于其强电负性，硫醇也易与腈基发生亲核反应，从而产生 N═C—S 结构，具体反应过程如图 2.33 所示。

图 2.31　老化前后不同腈基含量的 NBR 的高分辨 XPS C1s 光谱

表 2.17 显示不同腈基含量的 NBR 老化后 C1s 官能团的含量，随着腈基含量的增加，C—S 基团的含量出现不同程度的降低，其可能是双键含量的下降，造成 H₂S 与双键反应程度降低，因而出现 C—S 基团的含量的下降；而 S—C═N 的含

量随腈基的增加而增大，其可能是腈基含量越高，硫醇类与腈基反应程度越大，因而 S—C≡N 含量越高，这也进一步说明橡胶交联程度的增大，与交联密度测试的结果是基本一致的。

图 2.32   不同腈基含量的 NBR 老化前后的高分辨 XPS N1s 光谱

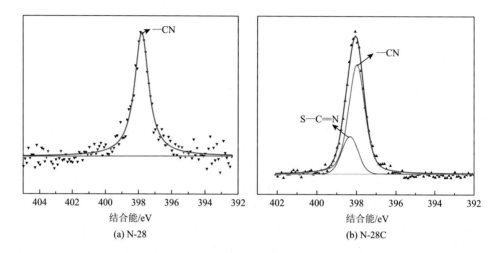

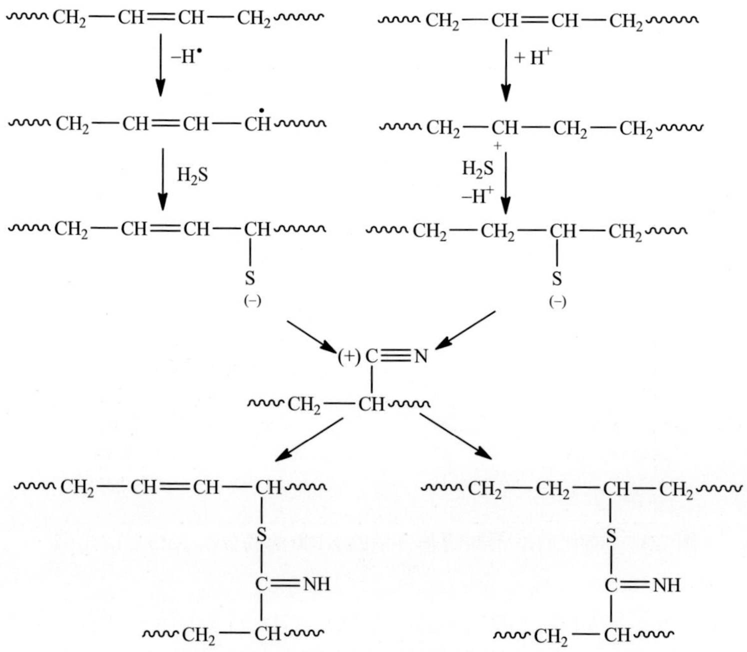

图 2.33   硫醇与腈基的亲核加成反应

表 2.17　不同腈基含量的 NBR 老化后 XPS C1s 官能团的含量　（单位：%）

样品	C1s 含量	
	C—S (285.17eV)	S—C≡N (286.17eV)
N-28C	6.92	2.66
N-33C	2.31	4.19
N-40C	4.33	5.72

图 2.34 显示老化后 NBR 的高分辨 XPS S2p 光谱，除 167.6eV 处的 S═O 或 S—O 结构外，出现在 162.8eV 的峰对应 S—C═S 以及 C—S—S 结构，该峰的出现是与 NBR 的交联相关的。H_2S 与腈基亲核加成后产生的硫代酰胺会发生类似于"水解"反应，脱除部分氨气，从而产生二硫代羧酸(S═C—SH)的结构，因此在 XPS N1s 光谱中并未观察到—NH_2 结构，反应产生的 S═C—SH 可以与烷基/烯丙基硫醇进一步氧化偶联以产生新的二硫化物，从而产生新的硫交联键，具体反应过程如图 2.35 所示。另外，随着腈基含量的增加，交联组分的含量逐渐呈现出增加的趋势，这也与交联密度测试的结果基本一致，进一步说明腈基在交联中起主导作用。

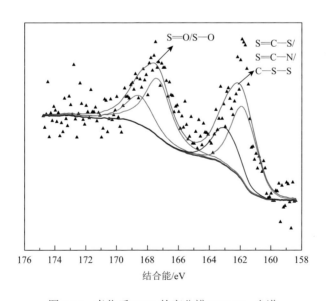

图 2.34　老化后 NBR 的高分辨 XPS S2p 光谱

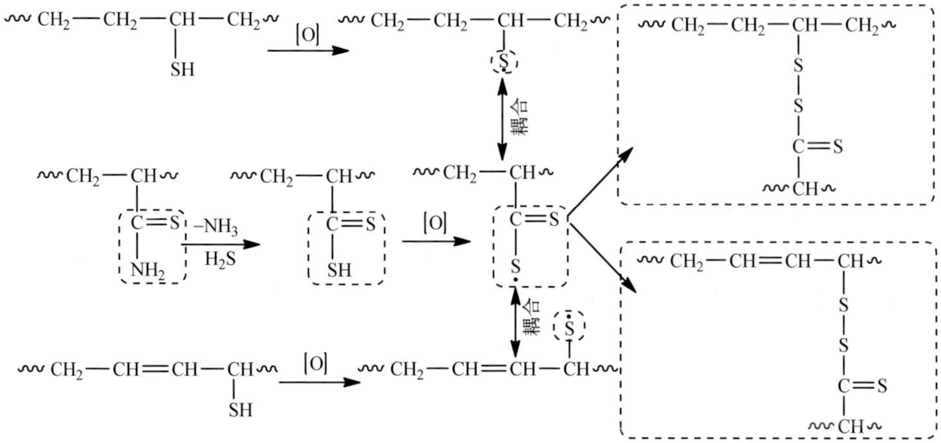

图 2.35 NBR 的氧化偶联产生二硫键

2.4.6 未硫化 NBR 在 H₂S 中老化规律总结

NBR 的腈基和双键在 H_2S 中老化后减少，同时橡胶中硫元素含量增加，当腈基含量为 0%时，单独双键与 H_2S 反应活性非常低，BR 未交联。然而，当腈基与双键共存时，在 H_2S 环境中 NBR 发生明显的交联反应，且随腈基含量增加，交联程度显著增加，这源于 H_2S 环境中腈基和双键存在协同作用：高温环境下，H_2S 能够与双键或烯丙基碳反应形成硫醇中间体，其将进一步与腈基反应产生 S—C=N 交联结构；另外，硫醇还可以与腈基老化产物二硫代羧酸进行氧化偶联以产生二硫键，两个反应互相耦合加速 NBR 的老化，因此，高腈基 NBR 虽然具有较好耐油性能和耐温性能，但是加剧橡胶在 H_2S 环境的老化，所以说在实际的高含硫油气田中应用的 NBR 应具有折中的丙烯腈含量。

2.5 过氧化物交联对 NBR 在 H₂S 环境中老化的影响 ◀◀◀◀

适度交联可以为 NBR 提供必要的强度，NBR 中含有大量的不饱和双键，其硫化可分为过氧化物硫化和硫黄硫化两大类。如表 2.4 所示，通常，过氧化物硫化体系具有较好的耐热、耐老化性能，且相比于硫黄硫化体系，过氧化物硫化体系的硫化结构更为简单，其形成的 C—C 交联网络更为稳定，因此本研究探讨过氧化物交联结构对 NBR 在 H_2S 环境中老化降解的影响，以及不同过氧化物用量对橡胶老化程度的影响，分析双键、α-叔氢和腈基三种活性基团在橡胶老化中发挥的作用。为了使反应能够充分进行，选择老化条件为 100℃×气相 H_2S（1.5MPa）×48h，腐蚀前后的 NBR 硫化胶分别标记为 V-X 和 VC-X，X 表示腈基含量，腐蚀后的生胶标记为 RC。

2.5.1　双键、腈基及 α-叔氢对橡胶老化的影响

1. NBR 性能变化

老化后 NBR 的质量变化率、体积变化率如表 2.18 所示，明显看出，老化后 NBR 的质量、体积均有较大程度的增加，质量变化率与 NBR 吸收 H_2S 有关；体积变化率受两方面因素影响：一方面是吸收的 H_2S 使体积膨胀，另一方面是 H_2S 使 NBR 硬度增加，体积膨胀阻力增大，体积变化减小，两者共作用后存在竞争关系，当腈基含量为 33%、质量变化率为 8.48% 时，体积变化率只有 1.47%，但当腈基含量达到 40% 时，体积变化率显著增加。

表 2.18　老化后 NBR 的质量、体积变化率　　　　（单位：%）

样品	质量变化率	体积变化率
V-18	9.51	3.72
V-28	10.33	3.16
V-33	8.48	1.47
V-40	20.95	7.96

通常，对于含不饱和结构的弹性体，其老化后出现的断链或交联往往会造成硬度、断裂伸长率和拉伸强度的显著变化，表 2.19 显示老化前后 NBR 力学性能变化，显然，老化后的橡胶硬度、拉伸强度呈现增加趋势，而断裂伸长率大幅降低，所以 H_2S 环境中 NBR 呈现典型的变硬、变脆现象，通常这种现象是与交联相关的，额外的硫交联反应被认为是性能变化的原因。此外，力学性能变化率与腈基含量存在关联，即腈基含量越高，力学性能变化越大，尤其反映在硬度和断裂伸长率上。

表 2.19　老化前后 NBR 的硬度、拉伸强度和断裂伸长率

样品	邵 A 硬度		拉伸强度/MPa		断裂伸长率/%	
	前	后	前	后	前	后
V-18	61	71	1.2	2.2	53.0	40.5
V-28	60	82	2.3	4.0	98.9	29.6
V-33	60	83	2.2	1.7	205.0	7.6
V-40	58	98	2.8	24.3	284.1	8.0

2. 硫元素变化

图 2.36 表明过氧化物交联的 NBR 老化后的硫元素含量大幅增加，而 BR 几乎没有变化，腈基含量越高，NBR 的硫元素含量越高，这与腈基主导的协同效应相关，此外，过氧化物交联结构也会影响 NBR 老化，NBR 硫化胶的硫元素增量远超生胶，而 BR 却不受过氧化物交联的影响，因此过氧化物交联结构、腈基是影响 NBR 老化不可缺少的两大因素。

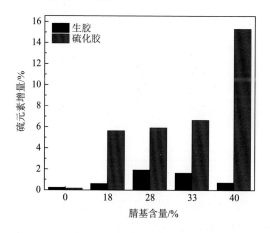

图 2.36   老化后 NBR 生胶和硫化胶的硫元素增量

3. 双键及腈基的变化

过氧化物硫化 NBR 的腈基含量变化如图 2.37(a)所示，老化后腈基含量大幅度下降，腈基含量越高，其降低程度越大，减少的腈基归因于 HS^-(产生于 H_2S 异裂)或硫醇中间产物(产生于 H_2S 与 1,4-PB 结构单元反应)与腈基的亲核加成反应，产生硫代酰胺($S=C-NH_2$)结构，而这一结构并不稳定，其继续与 H_2S 反应，产生二硫代羧酸($S=C-SH$)结构。

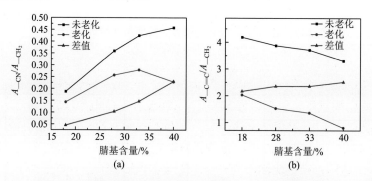

图 2.37   NBR 硫化胶老化前后(a)腈基、(b)双键相应变化

双键的变化如图 2.37(b) 所示，老化后双键的含量大幅度下降，腈基的含量对双键的变化基本无影响。此外，NBR 硫化胶的双键下降程度远高于生胶，如图 2.38 所示，因此，双键的下降与过氧化物交联结构有关。

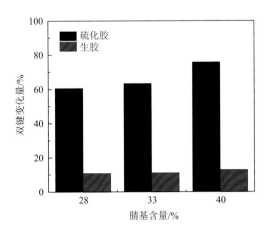

图 2.38　老化后硫化胶双键的减少量

根据过氧化物硫化橡胶机理[42]，过氧化物裂解产生的自由基对烯丙基氢(α-H)具有较高的反应活性，其能较容易地夺取分子主链的 α-H，产生大分子自由基，然后通过自由基偶联形成交联键，具体交联结构如图 2.39 所示。

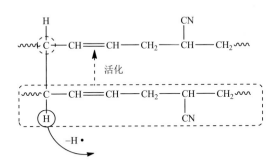

图 2.39　NBR 过氧化物交联结构

硫化后，烯丙基碳(α-C)由仲碳变为叔碳，由于 C—H 键解离能：叔碳＜仲碳，因此，这一结构赋予 α-叔氢以较高的反应活性，其易脱氢形成新的 α-叔碳自由基，p-π 共轭效应及 δ-p 超共轭效应使该自由基具有较高的稳定性，因此反应活性较高。此外，交联结构也增加了双键所连基团的供电效应，供电效应大小：叔碳＞仲碳，因此，这一结构也极大地活化了双键，使硫化胶双键的减少量远大于生胶，而减少的双键主要用于与 H_2S 的加成反应，以产生含硫物质。

4. 交联密度及交联类型测试

表 2.20 为不同腈基含量的 NBR 的交联密度，当腈基含量为 0%（即 BR），无论硫化与否，老化后的 BR 都不会发生额外的交联反应，但当双键和腈基共存时，NBR 生胶和硫化胶在老化后均出现额外的交联反应，并且随着腈基含量的增加，交联密度呈现出增大的趋势。此外，在老化后，NBR 硫化胶的交联密度增量远大于生胶，这可归因于过氧化物交联形成的 α-叔氢结构，为了表征 α-叔氢对交联的贡献，如式 (2.4) 所示：

$$CD_{\alpha\text{-}叔氢} = CD_{VC} - CD_V - CD_{RC} \tag{2.4}$$

式中，CD 为 NBR 的交联密度。

表 2.20　不同腈基含量的 NBR 的交联密度　　　　（单位：$10^4 mol/cm^3$）

项目	腈基含量				
	0%	18%	28%	33%	40%
生胶老化后	0	0.59	1.52	2.1	1.81
硫化胶老化前	3.40	2.79	2.56	2.36	1.63
硫化胶老化后	3.31	5.1	7.08	6.88	18.75
α-叔碳对交联贡献	−0.09	1.72	3	2.22	15.32

可以看出，α-叔氢对交联的贡献随着腈基含量的增加而增加，这归因于过氧化物交联结构对双键和 α-H 的活化作用，允许更多 1,4-PB 结构单元与 H_2S 反应，然后与腈基进一步反应，形成交联。因此，可以得出结论，α-叔氢的存在极大地促进 NBR 中双键和腈基在 H_2S 环境中的协同交联。

通过使用化学探针可以获得交联结构的具体信息，表 2.21 表明老化后的 NBR 内部出现单硫键、二硫键和多硫键，其中多硫键的形成归因于 H_2S 的直接氧化。除去单硫键和二硫键的贡献，老化后的 NBR 硫化胶基本恢复初始硫化时的交联密度。因此，在 H_2S 环境中，过氧化物硫化 NBR 主要由单硫键和二硫键组成。

表 2.21　不同腈基含量的 NBR 的交联结构　　　　（单位：%）

交联键分布	腈基含量		
	18%	28%	33%
C—C 键	54.23	46.31	50.00
二硫键	21.42	23.09	19.16

续表

交联键分布	腈基含量		
	18%	28%	33%
单硫键	5.85	25.45	31.93
多硫键	18.50	5.15	−1.05

反应机理：①H$_2$S 攻击腈基，产生 S=C—NH$_2$ 结构，反应进一步进行，产生 S—C=S 结构；②硫化后，产生 α-叔碳结构，极大地活化双键和 α-H，促使更多的 1,4-PB 结构单元与 H$_2$S 反应，因此老化后会产生大量的硫元素；③1,4-PB 结构单元与 H$_2$S 反应产生大量硫醇，其与腈基发生亲核加成反应，产生 S—C=N 单硫键或与 S—C=S 氧化偶联，产生二硫键，所以老化后 NBR 硫化胶内部出现额外的硫交联，整个交联过程如图 2.40 所示。

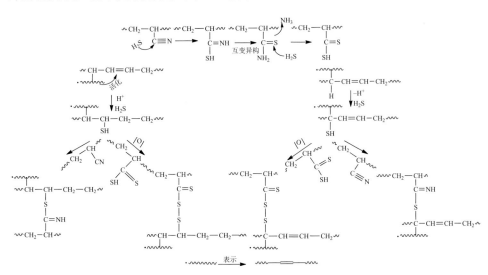

图 2.40　过氧化物硫化 NBR 在 H$_2$S 中硫交联反应

2.5.2　硫化程度对橡胶老化的影响

过氧化物交联极大地促进 NBR 中双键和腈基的协同交联，降低过氧化物交联程度将减少橡胶的老化程度，图 2.41(a)显示低交联度的 NBR(1 份 DCP 用量)的硫元素增量远远低于高交联度的 NBR(4 份 DCP 用量)，尤其对于低丙烯腈含量的 NBR，其老化后硫元素增量接近 0，另外，低交联度的 NBR 的双键减少量远低于高交联度的 NBR，如图 2.41(b)所示，因此，通过降低过氧化物交联程度大大降低 NBR 与 H$_2$S 反应程度，这也在很大程度上减少 NBR 在 H$_2$S 中的老化。

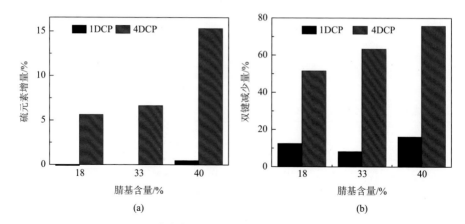

图 2.41   (a)不同交联度的 NBR 的硫元素增量、(b)不同交联度的 NBR 的双键减少量

2.5.3   过氧化物交联 NBR 在 H₂S 中老化规律总结

过氧化物交联 NBR 在 H₂S 中老化后变硬变脆，交联密度大幅度增加，且随着腈基含量的增加，力学性能明显下降，这与 NBR 中腈基主导的协同交联效应相关。另外，过氧化物交联 NBR 硫化胶比生胶更容易受到 H₂S 的影响，其老化程度远远大于生胶：老化后硫化胶中硫元素增量远远大于生胶，双键的减少量远大于生胶，这归因于过氧化物交联产生的 α-叔氢结构。

过氧化物交联结构极大地活化 NBR 中的双键和 α-H，从而促进更多的 1,4-PB 结构单元与 H₂S 反应，生成硫醇中间体，然后与腈基进行亲核加成以产生单硫键或与二硫代羧酸氧化偶联产生二硫键，而 H₂S 的直接氧化也是导致 NBR 中产生多硫键的来源，所以 NBR 内部形成大量的硫交联。因此，α-叔氢的存在加剧 NBR 的老化，极大地促进 NBR 中双键和腈基的协同交联效应，导致其力学性能严重下降。另外，降低过氧化物交联程度将大幅度减少 NBR 的老化程度，因此，交联体系的合理设计是获得 H₂S 环境中高稳定性的橡胶的重要因素。

2.6   硫黄交联对 NBR 在 H₂S 环境中老化的影响 ◄◄◄

硫黄硫化体系是二烯烃类弹性体常用硫化体系，其通常由硫化剂、促进剂、活性剂等组成完整的硫化体系，并最终在硫化后的橡胶内部产生含硫交联键。

根据促进剂和硫黄用量比例的变化，硫黄硫化体系又可分为 CV、EV 和 SEV，其分别对应着不同类型的硫交联结构，从而赋予橡胶不同的表观性能。CV 以多硫键为主，单硫键、双硫键较少，具有优秀的动态、静态性能，但不耐热氧老化；EV 以单硫键和双硫键交联为主，具有较好的耐热氧老化性能，但初始动态性能较差；SEV 介于 CV 和 EV 之间，硫化体系中以多硫键为主，又有相当数量的单硫键和双硫键，其硫化胶兼具耐热、耐疲劳和抗硫化返原等多种综合性能。

通过改变促进剂/硫黄用量比例，分别设计出 CV、SEV、EV 三种硫黄硫化体系，具体配方如表 2.22 所示，并对三种硫黄硫化体系的 NBR 在 H_2S 环境中的老化行为进行研究。CV/EV/SEV-X 表示不同硫黄硫化体系的 NBR，X 表示腈基含量，CV/EV/SEV-XC 表示老化后的不同硫黄硫化体系的 NBR。

表 2.22　橡胶配方

组成	质量/phr		
	CV	EV	SEV
NBR	100	100	100
S	2	0.6	1.5
ZnO	5	5	5
SA	1	1	1
DM	0.75	1	—
TMTD	0.25	2.4	—
CZ	—	—	1.5

注：—表示未添加。

2.6.1　力学性能及交联密度变化

不同于过氧化物交联产生 C—C 交联结构，硫黄硫化体系产生 C*—S$_x$—C(*C 表示 α-仲碳)交联结构，如图 2.42 所示，其中由于"—S$_x$—"作为"桥梁"连接两条分子链，其会增加 α-仲碳的供电效应，使双键活化，从而增加双键的反应程度，另外，在 H_2S 环境中，腈基被不断消耗，双键和腈基的协同交联效应使 NBR 的交联密度不断增大，如表 2.23 所示，造成老化后 NBR 的硬度增加，拉伸强度增加，断裂伸长率下降，橡胶变硬、变脆，如表 2.24 所示。

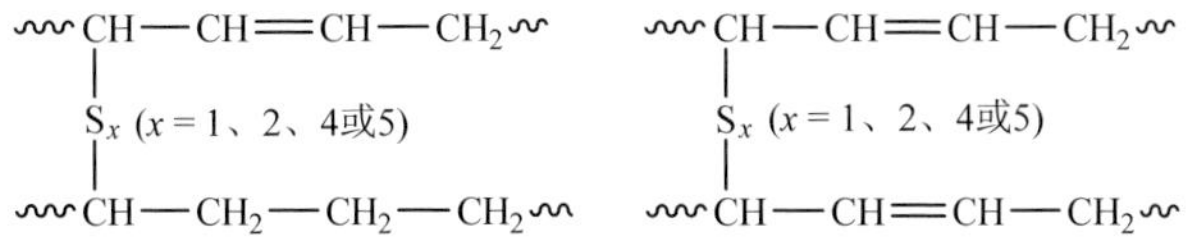

图 2.42　NBR 过氧化物交联结构

表 2.23 不同腈基含量的 NBR 的交联密度 （单位：10^4mol/cm^3）

交联体系	交联密度	
	老化前	老化后
CV-0	1.86	1.86
CV-18	1.1	5.06
CV-28	2.17	10.05
CV-33	3	15.63
CV-40	3.57	94.88
EV-0	2.29	2.19
EV-18	1.42	12.56
EV28	2.49	18.83
EV-33	2.23	24.71
EV-40	3.25	128.85
SEV-0	1.93	1.78
SEV-18	1.26	5.26
SEV-28	2.12	9.24
SEV-33	2.75	15.3
SEV-40	2.62	146.03

表 2.24 硫黄硫化 NBR 的硬度、拉伸强度和断裂伸长率

硫化体系	腈基含量/%	邵 A 硬度		拉伸强度/MPa		断裂伸长率/%	
		老化前	老化后	老化前	老化后	老化前	老化后
SEV	18	50	65	1.5	3.0	312.7	160.8
	28	54	70	1.9	5.1	399.4	164.6
	33	56	74	2.7	10.0	500.6	166.7
	40	54	93	3.8	30.6	587.0	5.4
CV	18	50	65	1.4	2.0	227.4	115.0
	28	55	70	2.0	4.1	379.9	147.7
	33	58	74	2.8	7.2	423.0	155.5
	40	59	97	3.8	21.6	458.3	65.2
EV	18	52	64	1.6	4.2	259.5	194.6
	28	53	68	1.8	11.0	293.9	41.6
	33	55	93	2.1	15.6	338.8	137.6
	40	56	99	2.5	64.9	391.2	9.7

2.6.2 交联结构的变化

H$_2$S 会改变硫交联结构的组成，对腈基含量为 40% 的 NBR 进行 XPS S2p 分析，结果如图 2.43 所示。老化前，CV 和 SEV 交联的 NBR 出现不同的硫交联结

构，包括—S—、—SS—、—S$_x$—，其中—S—、—SS—的能带相互重合而呈现一峰，出现的 S=O、S—O 则可能产生于高温硫化时硫黄与 O$_2$ 的反应；而 EV 硫化的 NBR 仅出现—S—、—SS—的交联结构，归因于其"高促低硫"的硫化体系。

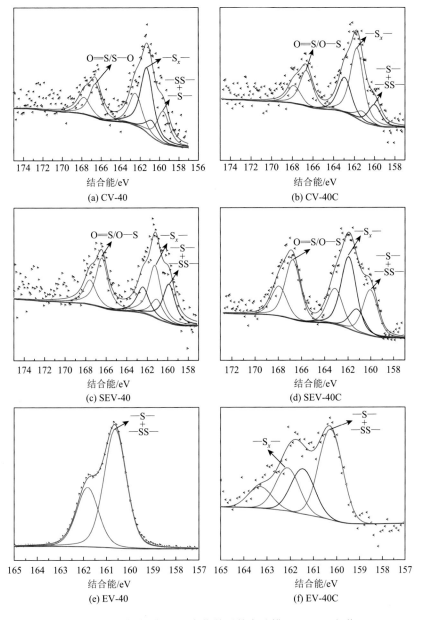

图 2.43　硫黄交联 NBR 老化前后的高分辨 XPS S2p 光谱

老化后 EV 体系的 NBR 出现—S_x—结构，而 CV、SEV 体系变化不明显。根据相关参考文献，对不同结构的 S2p3/2 进行面积百分比计算，用来反映硫交联键的含量，如表 2.25 所示。由表 2.25 可得，老化后硫交联结构的组分发生变化，—S—、—SS—组分占比出现不同程度的降低，而—S_x—组分占比升高，最为明显的变化出现在 EV 交联体系，其在老化后出现 32.3%的—S_x—交联结构。另外，采用化学探针试剂 CH_3I、DTT，对 EV 交联体系的 NBR 进行老化前后的交联结构的测试，如表 2.26 所示，EV 硫化体系的 NBR 老化后的交联结构发生较大变化，其—S—或—SS—占比存在不同程度的下降，而—S_x—占比大幅度升高，这归因于硫化体系中 ZnO 的作用。

表 2.25　NBR 老化后 XPS S2p 官能团的含量　　　　(单位：%)

交联体系	S2p 官能团含量	
	—S_x—	—S—/—SS—
CV-40	67.1	32.9
CV-40C	77.3	22.7
SEV-40	57.5	42.5
SEV-40C	61.1	38.9
EV-40	0	100
EV-40C	32.3	67.7

表 2.26　NBR 交联结构的分布　　　　(单位：%)

交联体系	交联键分布		
	—S—	—SS—	—S_x—
EV-18	68.3	16.2	15.5
EV-18C	6.1	23.2	70.4
EV-28	27.7	64.7	7.6
EV-28C	21.4	26.6	51.9

在橡胶硫黄硫化过程中，ZnO 和硬脂酸可形成一种可溶性的 Zn^{2+}，其能够保护弱键，改变硫黄键的裂解位置，从而使橡胶产生较短的交联键，作者认为 ZnO 不仅能够促进硫交联键的断裂，而且还能够进一步促使 H_2S 与断键部分反应，以形成新的—S_x—($x = 2$、5 或 6)的交联结构，具体示意图如图 2.44 所示。因此，硫黄硫化的 NBR 在 H_2S 中老化后，理论上应该生成大量的—S—、—SS—交联结构，其在锌盐的作用下，大部分转化为—S_x—($x = 2$、5 或 6)的结构，这就解释硫黄硫化 NBR 老化后交联结构组成的变化。

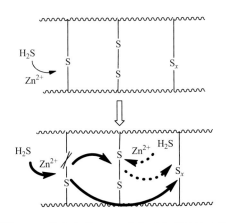

图 2.44　硫黄交联 NBR 老化后交联键的变化

2.6.3　硫黄交联 NBR 在 H₂S 中老化规律总结

硫黄硫化后形成的 $R-S_x-R(x=1、2、5$ 或 6) 交联结构可作为"桥梁"连接两条分子链，从而活化双键，增加双键的反应程度，因此在 H₂S 中老化后，硫黄硫化的 NBR 的力学性能损失严重，橡胶变得硬而脆，并且随着腈基含量的增加，力学性能变化率逐渐增大。消耗的双键和腈基主要用于参与交联反应，生成含硫的交联结构，且由于活化剂 ZnO 的作用，其形成的 Zn^{2+} 可能会加速—S—、—SS—交联结构的裂解，从而继续与 H₂S 反应，产生 $-S_x-(x=2、5$ 或 6) 的交联结构，因而极大地改变 NBR 交联结构的组分。

综上，从 NBR 生胶、过氧化物交联的 NBR 及硫黄交联的 NBR 这三种不同体系的橡胶在 H₂S 环境中的老化研究可以得出以下结果。

(1) 在 H₂S 环境中，未硫化的 NBR 及 HNBR、BR 都发生降解，伴随着腈基和双键含量的减少，以及硫元素的大幅度增加。当腈基和双键单独存在时，HNBR 和 BR 并未出现交联。然而，当两者共存时，由于腈基和双键的协同作用，NBR 中出现交联。交联的产生是由于 H₂S 与双键或烯丙基碳反应后形成的硫醇中间体，其将与腈基亲核加成产生 S—C≡N 交联结构；另外，其还可以与二硫代羧酸(腈基老化产物)氧化偶联产生二硫键，从而解释 NBR 中硫交联的来源。而对于 HNBR、BR，H₂S 吸收分别用于不同的反应。HNBR 中腈基倾向于与 H₂S 发生亲核加成反应，产生硫代酰胺结构；而 BR 中不饱和双键则可能会与 H₂S 反应形成噻吩类物质。

(2) 过氧化物交联的 NBR 硫化胶比生胶更容易受到 H₂S 的影响，老化后的硫化胶中硫元素增量远远大于生胶，双键减少量远远大于生胶；另外，通过降低过氧化物交联程度也大幅度降低 NBR 的老化程度，这些现象的产生可归因于过氧化物交联产生的 α-叔碳结构，α-叔碳极大地活化 NBR 中的双键和 α-H，从而促进更多的 1,4-PB 结构单元与 H$_2$S 反应,反应后生成的硫醇中间体能够与腈基进行亲核加成或与二硫代羧酸氧化偶联,从而在 NBR 内部形成大量的硫交联结构,因而老化后的 NBR 硫化胶变硬、变脆,交联密度大幅度增加,并且随着腈基含量的增加,力学性能保持率变得越来越差,因此,α-叔碳的存在加剧 NBR 的老化,极大地促进 NBR 中双键和腈基的协同交联效应。

(3)硫黄交联后形成的 R—S$_x$—R(x = 1、2、5 或 6)交联结构作为桥梁连接两条分子链,从而活化双键,增加双键的反应程度。消耗的双键和腈基参与与 H$_2$S 的反应,最终在 NBR 内部产生大量的含硫交联结构,因而老化后的 NBR 硫化胶中硫元素含量增加,交联密度增大。由于活化剂 ZnO 的作用,其所形成的可溶性锌盐可能会加速—S—、—SS—交联结构的裂解,从而继续与 H$_2$S 反应,产生—S$_x$—(x = 2、5 或 6)交联结构,因而极大地改变 NBR 交联结构的组成。

如果能减少不饱和双键含量,将有效解决 NBR 在含硫油气服役老化问题,第 4 章将介绍 HNBR 在 H$_2$S 环境下的失效规律及应用案例。

参 考 文 献

[1] Hertz Jr D L, Bussem H, Ray T W. Nitrile rubber—past, present and future[J]. Rubber Chemistry and Technology, 1995, 68(3): 540-546.

[2] Sanglar C, Quoc H N, Grenier-Loustalot M F. Studies on thermal degradation of 1-4 and 1-2 polybutadienes in inert atmosphere[J]. Polymer Degradation and Stability, 2010, 95(9): 1870-1876.

[3] Golub M A. Thermal rearrangements of polybutadienes with different vinyl contents[J]. Journal of Polymer Science: Polymer Chemistry Edition, 1981, 19(5): 1073-1083.

[4] Ronagh-Baghbani M, Ziaee F, Bouhendi H, et al. Crosslinking investigation of polybutadiene thermal degradation by carbon-13 nuclear magnetic resonance[J]. Polymer degradation and stability, 2011, 96(10): 1805-1811.

[5] Doskočilová D, Straka J, Schneider B. Study of thermal degradation of polybutadiene in inert atmosphere: 2. Characterization of thermal crosslinking in polybutadiene by high resolution solid state 13C and 1H magic angle spinning nmr spectroscopy[J]. Polymer, 1993, 34(2): 437-439.

[6] Zeng X R, Ko T M. Thermal crosslinking of cis–1, 4–polybutadiene at ultrahigh pressures[J]. Journal of Applied Polymer Science, 1998, 67(13): 2131-2140.

[7] Jiang D D, Levchik G F, Levchik S V, et al. Thermal decomposition of cross-linked polybutadiene and its copolymers[J]. Polymer degradation and stability, 1999, 65(3): 387-394.

[8] Zhao J, Yang R, Iervolino R, et al. Changes of chemical structure and mechanical property levels during thermo-oxidative aging of NBR[J]. Rubber Chemistry and Technology, 2013, 86(4): 591-603.

[9] Zhao J, Yang R, Iervolino R, et al. Investigation of crosslinking in the thermooxidative aging of nitrile–butadiene rubber[J]. Journal of Applied Polymer Science, 2015, 132(3).

[10] Kawashima T, Ogawa T. Prediction of the lifetime of nitrile-butadiene rubber by FT-IR[J]. Analytical sciences, 2005, 21(12): 1475-1478.

[11] Liu J, Li X, Xu L, et al. Investigation of aging behavior and mechanism of nitrile-butadiene rubber(NBR) in the accelerated thermal aging environment[J]. Polymer testing, 2016, 54: 59-66.

[12] Delor-Jestin F, Barrois-Oudin N, Cardinet C, et al. Thermal ageing of acrylonitrile-butadiene copolymer[J]. Polymer degradation and stability, 2000, 70(1): 1-4.

[13] 李昂. 橡胶的老化与寿命估算[J]. 橡胶参考资料, 2009(3): 2-77.

[14] Adam C, Lacoste J, Lemaire J. Photo-oxidation of elastomeric materials. Part 1-Photo-oxidation of polybutadienes[J]. Polymer Degradation and Stability, 1989, 24(3): 185-200.

[15] Adam C, Lacoste J, Lemaire J. Photo-oxidation of elastomeric materials: Part II-Photo-oxidation of styrene-butadiene copolymer[J]. Polymer Degradation and Stability, 1989, 26(3): 269-284.

[16] Adam C, Lacoste J, Lemaire J. Photo-oxidation of elastomeric materials: Part 3—Photo-oxidation of acrylonitrile-butadiene copolymer[J]. Polymer Degradation and Stability, 1990, 27(1): 85-97.

[17] Cheng R, Zhou Y, Wang J, et al. High char-yield in an-am copolymer by acidic hydrolysis of homopolyacrylonitrile[J]. Carbon Letters, 2013, 14(1): 34-39.

[18] Ju A, Guang S, Xu H. Effect of comonomer structure on the stabilization and spinnability of polyacrylonitrile copolymers[J]. Carbon, 2013, 54: 323-335.

[19] Zhang Y, Wu Q, Zhang H, et al. Intelligent hydrophilic nanoparticles fabricated via alkaline hydrolysis of crosslinked polyacrylonitrile nanoparticles[J]. Journal of Nanoparticle Research, 2013, 15(7): 1800.

[20] Zeng Z, Shao Z, Xiao R, et al. Structure evolution mechanism of poly(acrylonitrile/itaconic acid/acrylamide) during thermal oxidative stabilization process[J]. Chinese Journal of Polymer Science, 2017, 35(8): 1020-1034.

[21] 丛川波, 邹功文, 孟晓宇, 等. 氢化丁腈橡胶在高温盐酸中的老化过程[J]. 高分子材料科学与工程, 2016, 32(3): 118-123.

[22] Zil'berman E N. The reactions of nitrile-containing polymers[J]. Russian Chemical Reviews, 1986, 55(1): 39.

[23] Prince M, Hornyak J. High-pressure reactions. Ⅲ. Hydrolysis of polyacrylonitrile[J]. Journal of Polymer Science Part A-1: Polymer Chemistry, 1967, 5(1): 161-169.

[24] Mitra S, Ghanbari-Siahkali A, Kingshott P, et al. Chemical degradation of crosslinked ethylene-propylene-diene rubber in an acidic environment. Part I. Effect on accelerated sulphur crosslinks[J]. Polymer Degradation and Stability, 2006, 91(1): 69-80.

[25] Mitra S, Ghanbari-Siahkali A, Kingshott P, et al. Chemical degradation of crosslinked ethylene-propylene-diene rubber in an acidic environment. Part II. Effect of peroxide crosslinking in the presence of a coagent[J]. Polymer Degradation and Stability, 2006, 91(1): 81-93.

[26] Cong C, Cui C, Meng X, et al. Stability of POSS crosslinks and aggregates in tetrafluoroethylene-propylene elastomers/OVPOSS composites exposed to hydrochloric acid solution[J]. Polymer Degradation and Stability, 2014, 100: 29-36.

[27] Basfar A A, Abdel-Aziz M M, Mofti S. Influence of different curing systems on the physico-mechanical properties and stability of SBR and NR rubbers[J]. Radiation Physics and Chemistry, 2002, 63(1): 81-87.

[28] 王勇, 周琦, 高新文, 等. 硫化体系对 NBR 胶料性能的影响[J]. 橡胶工业, 2008, (1): 3.

[29] Flory P J, Rehner Jr J. Statistical mechanics of cross-linked polymer networks I. Rubberlike elasticity[J]. The Journal of Chemical Physics, 1943, 11(11): 512-520.

[30] Guo B, Lei Y, Chen F, et al. Styrene–butadiene rubber/halloysite nanotubes nanocomposites modified by methacrylic acid[J]. Applied Surface Science, 2008, 255(5): 2715-2722.

[31] Rodriguez F, Cohen C, Ober C K, et al. Principles of polymer systems[M]. Boca Raton: CRC Press, 2014.

[32] Meyer K H, Hohenemser W. Contribution to the study of the vulcanization reaction[J]. Rubber Chemistry and Technology, 1936, 9(2): 201-205.

[33] Rajan V V, Dierkes W K, Joseph R, et al. Science and technology of rubber reclamation with special attention to NR-based waste latex products[J]. Progress in polymer science, 2006, 31(9): 811-834.

[34] Konigsberg W. Reduction of disulfide bonds in proteins with dithiothreitol[J]. Methods enzymol, 25: 185-188.

[35] Sang J, Aisawa S, Hirahara H, et al. Primary process to fabricate functional groups on acrylonitrile-butadiene rubber surface during peroxide curing[J]. Chemical Engineering Journal, 2016, 287: 657-664.

[36] Bajaj P, Srreekumar T V, Sen K. Effect of reaction medium on radical copolymerization of acrylonitrile with vinyl acids[J]. Journal of Applied Polymer Science, 2001, 79(9): 1640-1652.

[37] Rao C N R, Venkataraghavan R, Kasturi T R. Contribution to the infrared spectra of organosulphur compounds[J]. Canadian Journal of Chemistry, 1964, 42(1): 36-42.

[38] 王荫丹. H_2S 直接氧化法制硫技术进展概况[J]. 石油与天然气化工, 1997, 26(3): 175-178.

[39] Eow J S. Recovery of sulfur from sour acid gas: a review of the technology[J]. Environmental Progress, 2002, 21(3): 143-162.

[40] 宋薇娜, 司马义, 努尔拉. 新型含噻吩类衍生物的合成与光谱特性[J]. 化学世界, 2007, 48(3): 161-165.

[41] 唐津莲, 许友好, 徐莉, 等. 庚烯与 H_2S 在酸性催化剂上的反应机理: II. 噻吩类化合物生成机理[J]. 石油学报(石油加工), 2008, 24(3): 243-250.

[42] 杨清芝. 现代橡胶工艺学[M]. 北京: 中国石化出版社. 2007: 116-122.

第3章

四丙氟橡胶老化机理

四丙氟橡胶概况 <<<

从第 2 章 NBR 老化机理分析可知，在 H_2S 环境中，NBR 中双键与腈基协同效应导致其耐 H_2S 性能较差，尤其是硫黄硫化产生的碳硫键与腈基的协同作用，进一步加剧 NBR 耐硫性能的恶化。非硫黄硫化 HNBR 橡胶，可以避免双键、腈基及巯基的协同作用，耐 H_2S 性能较好，但最高服役温度不超过 125℃，无法满足日益恶劣与复杂的井下工况环境，如高温、高压，高含 H_2S、CO_2、胺类防腐剂及含酸性介质的钻井液等[1]，尤其是具有强腐蚀性的 H_2S 与 CO_2、CH_4 等气体共存时，对油气田用橡胶密封材料提出了更高的要求[2]。

四丙氟橡胶是四氟乙烯与丙烯单体通过乳液聚合生成的共聚物[3, 4]，由于其具有优异的耐老化性能[5-7]而广泛应用于各种苛刻油田环境[8, 9]，尤其是高温高压含 H_2S 的环境中。众所周知，H_2S 是一种剧毒和具有强烈腐蚀作用的气体，有关橡胶耐 H_2S 老化的研究报道甚少，张汝义[10]报道了低压 H_2S(0.5MPa) 条件下丁腈类橡胶和四丙氟橡胶(如 TP-2) 的耐 H_2S 老化性能，发现 HNBR 和 TP-2 具有较好的耐 H_2S 性能。尽管四丙氟橡胶在油田中的应用已十分普遍，而关于高温条件下，四丙氟橡胶耐 H_2S 老化性能则尚未报道。因此开展高温 H_2S 中四丙氟橡胶的老化行为及机理研究，对开发耐高温高压 H_2S/CO_2 四丙氟橡胶密封材料具有十分重要的意义。

四丙氟橡胶老化研究 <<<

橡胶、塑料、纤维三大类材料在加工、储存或者使用的过程中，受内部或者外部的综合作用，引起高分子材料组成或者结构上的变化，导致物理机械性能逐渐变差，以致最后性能完全丧失，这种现象称为老化[11]。

3.2.1　橡胶的老化特征

聚合物材料使用时遇到的条件不尽相同，且材料的品种多样，因此引起的老化现象和材料表现出来的老化特征也各种各样。就橡胶材料来说，一般会引起以下的变化。

(1)外观形貌上的变化，橡胶材料老化后会出现变硬发脆或者变软发黏，出现龟裂，表面产生裂纹或裂缝甚至产生气泡或者分层、出现喷霜等现象。

(2)物理性能上的变化，老化会引起橡胶溶胀性能和交联密度的变化、影响玻璃化温度，从而导致材料耐寒性能变化，此外还会影响材料的耐介质性能。

(3)机械性能的变化，材料在老化的过程中，一般都会导致其在力学性能上的改变如硬度、拉伸强度、断裂伸长率、永久变形以及定伸应力的变化。

(4)耐电性能的变化，如引起材料的介电常数和体积电阻率等发生变化[12]。

3.2.2　影响橡胶老化的因素

影响橡胶材料老化的因素，一般分为内在因素和外在因素。内在因素指橡胶分子链本身的结构和组成体系里各物质的配比及其物化特性等，若分子链上含有不饱和键，存在一些活性点或者弱键，在外在环境的作用下，这些因素的存在很容易引起橡胶在老化性能上的变化。外在因素指橡胶一般所处的外部环境，包括太阳光、热源、辐射作用和周期性应力等物理方面的因素；氧气、臭氧、酸、碱、盐水、水和 NH_3、H_2S、HCl 等具有强烈腐蚀性气体的化学因素[13]；另外还包括微生物等其他因素。橡胶的老化作用通常由内在因素引起，然后导致分子结构的变化，进一步引起橡胶性能的变化，而外在因素是促使内在因素发生老化反应的必要客观因素。

3.2.3　橡胶老化机理的研究进展

在一般环境(热氧、氧、紫外线等)下，橡胶的老化被认为是自由基反应，且这方面的研究相对较多[14-26]。此外，对亲电试剂、亲核试剂在橡胶老化过程中作用机理的研究也开展得较多。但以上研究一般针对的是通用橡胶，如 FKM 和氟硅橡胶等，对四丙氟橡胶在含硫环境中的老化机理的研究报道较少，且仅局限于研究其在介质环境中物理性能的变化。

张汝义[10]研究了 150℃、0.5MPa H_2S 条件下 NBR、HNBR、TP-2 三种硫化胶老化 8h 和 24h 后的性能变化(表 3.1)。

表 3.1　NBR、HNBR、TP-2 耐 H_2S 老化性能

性能	NBR	HNBR	TP-2
邵 A 硬度	69	76	45
拉伸强度/MPa	14.2	23.3	12.9
断裂伸长率/%	488.0	364.0	184.0
永久变形/%	5	6	8

续表

性能	NBR	HNBR	TP-2
H$_2$S 150℃×8h 后			
邵 A 硬度	84	81	76
拉伸强度/MPa	4.6	27.3	11.5
断裂伸长率/%	112.0	220.0	196.0
永久变形/%	4	4	8
H$_2$S 150℃×24h 后			
邵 A 硬度	90	89	84
拉伸强度/MPa	2.5	27.5	10.7
断裂伸长率/%	91.0	186.0	266.0
永久变形/%	2	4	8

从表 3.1 可以看出，TP-2 具有较综合的耐 H$_2$S 性能，HNBR 次之，NBR 在 H$_2$S 老化后性能基本丧失。分析认为，在 150℃高温的环境下，H$_2$S 可能与 NBR 主链上含有的不饱和双键和侧基腈基发生反应，从而导致 NBR 性能大幅度下降。HNBR 是通过 NBR 加氢制得的，郝凤岭[27]的研究结果表明，当 NBR 的总氢化率在 70%以上时，顺式-1,4-丁二烯单元已基本氢化，当氢化率达到 85%以上时，1,2-丁二烯单元完全氢化。通过对比 HNBR 与 NBR 耐 H$_2$S 性能可知分子结构中不饱和双键的存在是引起 H$_2$S 腐蚀的重要因素。而四丙氟橡胶分子链饱和且不含活泼腈基，因此在三者之中具有较好的耐 H$_2$S 性能。

魏伯荣和蓝立文[28]研究了水蒸气对四丙氟橡胶物理机械性能的影响。DCP/TAIC 硫化的 TP-2 在 280℃水蒸气老化 480h 后物理性能变化见图 3.1。

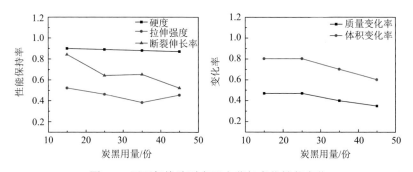

图 3.1 四丙氟橡胶耐高温水蒸气老化性能变化

从图 3.1 可以看出，四丙氟橡胶高温水蒸气老化后，硬度保持率相对较高，拉伸强度和断裂伸长率保持率较低。当体系中炭黑用量较少时，硫化胶的性能保持率较高，但质量变化率和体积变化率较大，这可能是由于橡胶与炭黑的结合强度较高；炭黑用量较多时，硫化胶的性能保持率低，而质量变化率和体积变化率较小，说明炭黑用量的增加可以提高橡胶对高温水蒸气的阻隔性。

在油气田复杂苛刻的环境中，高温含水条件下，H_2S 气体分解产生高活性的 $HS\cdot$ 和 $H\cdot$，另外 H_2S 还会溶解在水中，生成高浓度的 H^+ 和 SH^-。目前，对 SH^- 和 $HS\cdot$ 这两种活性基团与橡胶的反应机理尚未报道，但对橡胶在酸性介质(亲电试剂)、碱性介质(亲核试剂)、热氧或者紫外光氧及辐射(自由基作用)环境下老化机理的研究则有许多报道。

1)亲电试剂的作用机理

Mitra 等[29, 30]首先研究了常温环境下不同摩尔质量和支链长度的三元乙丙生胶 E-1 和 E-2 在 20% Cr(VI)/H_2SO_4 和 20% H_2SO_4 中老化 12 周后橡胶表面产生的化学变化，采用 X 射线光电子能谱法(XPS)和衰减全反射-傅里叶变换红外光谱仪(ATR-FTIR)对老化后的橡胶进行了分析，分别如图 3.2 和图 3.3 所示。

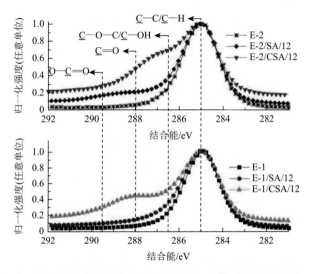

图 3.2 E-1 和 E-2 原始试样与相应介质老化 12 周后的高分辨 C1s 谱图

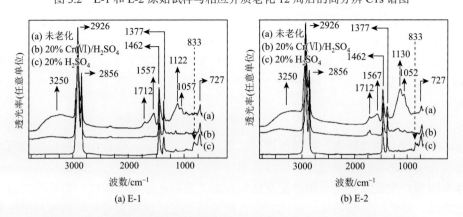

(a) E-1

(b) E-2

图 3.3 E-1 和 E-2 原始试样与相应介质老化 12 周后的 ATR-FTIR 谱图

E-1 和 E-2 在 CSA 与 SA 中老化 12 周后的红外谱图基本一样，且谱图中的吸收峰峰值都发生变化，20% Cr(VI)/H$_2$SO$_4$ 老化后的谱图变化更明显，3250cm^{-1} 是—OH 的吸收峰，1712cm^{-1} 是 C=O 的吸收峰，1557cm^{-1}/1567cm^{-1} 是 COO$^-$ 振动峰，1122cm^{-1}/1130cm^{-1} 和 1057cm^{-1}/1052cm^{-1} 分别代表 C—O—C 和 HSO$_4^-$ (S—O/S=O) 吸收峰。可以从图 3.3 清晰地看出橡胶老化 12 周后 833cm^{-1} 处 ENB 上 C=C 的振动峰消失了。综合 XPS 和 ATR-FTIR 等分析结果，认为乙丙橡胶上的 ENB 结构单元中 C=C 最容易受到攻击，此外，20% Cr(VI)/H$_2$SO$_4$ 还会攻击 ENB 中烯丙基上的 C—H 键，引起的化学变化较 20% H$_2$SO$_4$ 程度更大，摩尔质量和支链长度对乙丙橡胶的耐酸性无明显影响。具体反应见图 3.4 和图 3.5。

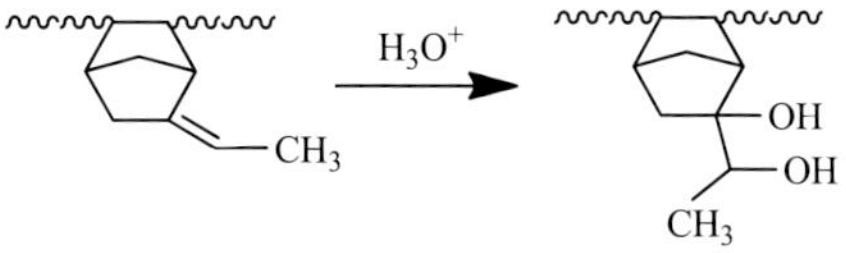

图 3.4　H$_3$O$^+$ 与 ENB 结构单元中双键反应

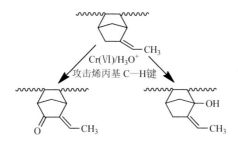

图 3.5　H$_3$O$^+$ 与 ENB 结构单元烯丙基上的 C—H 键反应

Mitra 等[31-38]继而研究了硫黄硫化体系和 DCP/TAIC 硫化体系硫化的不同摩尔质量与支链长度的三元乙丙橡胶 E-1 及 E-2 在常温环境下 20% Cr(VI)/H$_2$SO$_4$ 中老化 12 周后产生的化学变化。对老化后的橡胶进行了 XPS、ATR-FTIR 分析和交联密度测试，研究者认为除了乙丙橡胶上的 ENB 结构单元中 C=C 和烯丙基上的 C—H 键容易受到攻击，最主要的还是 20% Cr(VI)/H$_2$SO$_4$ 引起的硫黄硫化体系中 C—S、C—S—S—C 键的降解和 DCP/TAIC 硫化体系中 EPDM 与 TAIC 形成的交联键降解。初期降解占主要作用，后期降解产物发生再交联。且摩尔质量越高，支链数目越多，生成的交联点越多，硫化胶降解程度也越大。

过氧化物硫化的乙丙橡胶 E-1P 和 E-2P 在 20% Cr(VI)/H$_2$SO$_4$ 中老化 12 周后橡胶表面都发生降解反应，老化后的 C1s 谱图发生明显的变化，出现了 C=O(287.7~287.9eV)、O—C=O(289.2~289.4eV) 的 C1s 峰(图 3.6)。

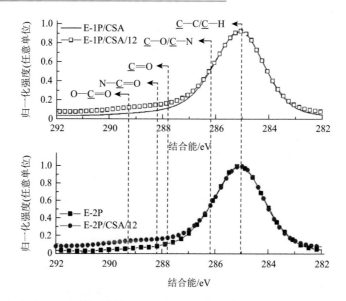

图 3.6   E-1P 和 E-2P 原始试样与 20% Cr(Ⅵ)/H₂SO₄ 老化 12 周后的高分辨 C1s 谱图

E-1P 和 E-2P 在 CSA 老化 12 周后的 ATR-FTIR 谱差谱图基本一样(图 3.7),谱图中的吸收峰峰值发生变化,1735cm⁻¹ 是 C=O 的吸收峰,1714cm⁻¹ 是与—NH₂ 相连的 C=O 的吸收峰,1624cm⁻¹ 是—NH₂ 的变形振动,1550cm⁻¹ 是 COO⁻或者 C—N—H 的振动峰,1363cm⁻¹ 是 O—H 的振动,1203cm⁻¹/1114cm⁻¹ 和 1071cm⁻¹/1020cm⁻¹ 代表 C—O—C 吸收峰,875cm⁻¹ 处的振动峰较弱是由交联键 N—(C=O)—N 降解引起的。

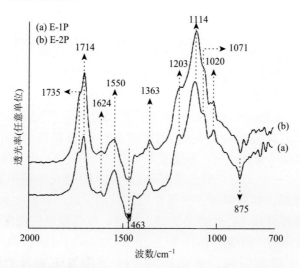

图 3.7   E-1P 和 E-2P 20% Cr(Ⅵ)/H₂SO₄ 老化 12 周后的 ATR-FTIR 谱图

H₃O⁺/Cr(Ⅵ)使 TAIC 为中心形成的交联点发生降解反应，如图 3.8 所示。四丙氟橡胶一般采用 TAIC 作为助交联剂进行硫化，所以在高温酸性环境下，四丙氟橡胶可能存在与 H₃O⁺的反应。

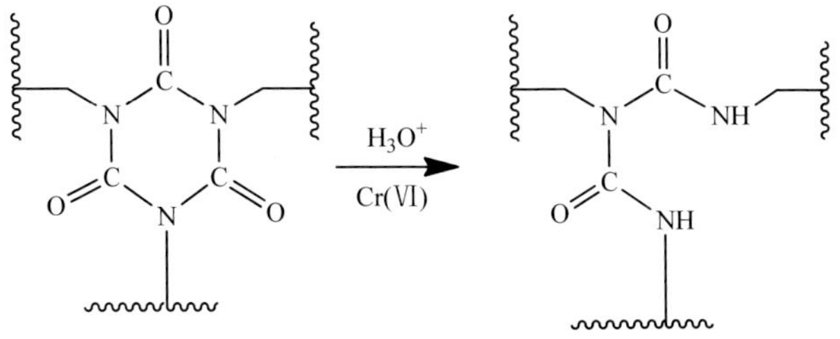

图 3.8　TAIC 交联点上发生的降解反应

2）亲核试剂的作用机理

Mitra 等[39, 40]研究了 Viton A 氟橡胶生胶和硫化胶在 80℃条件下 10% NaOH 中的化学降解机理，对老化后的橡胶进行了 XPS、ATR-FTIR 分析。

生胶老化后的 C1s 谱图出现 C—O—C/C—OH(286.9eV)、C=O(288.3eV)、O—C=O(289.6eV)的 C1s 峰。老化后 ATR-FTIR 谱图变化非常明显，产生了 3340cm⁻¹ 处—OH 吸收峰，1733cm⁻¹ 处 C=O 的吸收峰，1575cm⁻¹ 处 COO⁻振动峰和 1003cm⁻¹ 处 C—O—C 吸收峰，1439cm⁻¹CH₂吸收峰有所增强，从 2925cm⁻¹ 和 2854cm⁻¹ 振动峰的出现也可得到印证，1397cm⁻¹ 处 CF 的变形振动峰和 1195cm⁻¹ 处 CF₂的吸收峰逐渐减弱，ATR-FTIR 谱图中吸收峰的变化随着老化时间的延长越来越显著(图 3.9)。

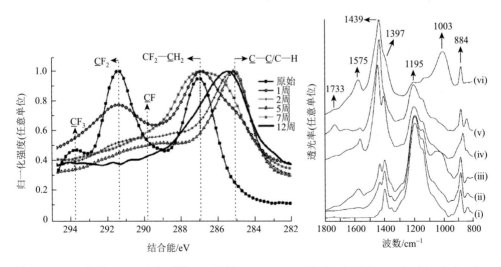

图 3.9　FKM 生胶 NaOH 老化后的 C1s 谱图和 ATR-FTIR 谱图：(i)原始；(ii)1 周；(iii)2 周；(iv)5 周；(v)7 周；(vi)12 周

研究者认为 Viton A 氟橡胶生胶老化过程中分子主链会脱氟形成双键，从而会被亲核性的 OH⁻进攻，引发一些极性基团的产生，并最终导致分子主链的断裂。具体反应见图 3.10。

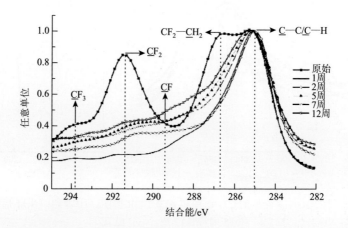

图 3.10　OH⁻与 Viton A 氟橡胶主链脱氟形成双键的反应

硫化胶老化后的 C1s 谱图也出现 $\underline{C}$—O—$\underline{C}$/$\underline{C}$—OH（286.4eV）、$\underline{C}$=O（287.9eV）、O—$\underline{C}$=O（289.3eV）的 C1s 峰。如图 3.11 所示，老化后 ATR-FTIR 谱图也发生一系列变化，随着老化时间的延长，$1272\sim1103\text{cm}^{-1}$ 处 CF_2 的吸收峰急剧减弱，$1463\sim1327\text{cm}^{-1}$ 处 F—CH_2 的振动峰、912cm^{-1} 处 CF_3 的吸收峰也发生类似的变化，而产生 $3500\sim3000\text{cm}^{-1}$ 处 OH 或 NH 吸收峰，$1750\sim1550\text{cm}^{-1}$ 处 C=O 或 COO⁻振动峰和 $1105\sim960\text{cm}^{-1}$ 处 C—O—C 吸收峰。此外，Viton A 硫化胶的凝胶系数和交联密度随着老化时间的延长不断减小。

作者认为 Viton A 氟橡胶硫化胶在老化过程中，一方面，亲核性的 OH⁻会进攻分子主链脱氟形成的双键，引起分子主链的断裂；另一方面，氟橡胶在二元胺处的交联点也能够被具有亲核性的 OH⁻进攻，致使交联点上碳氮键断裂（图 3.12）。

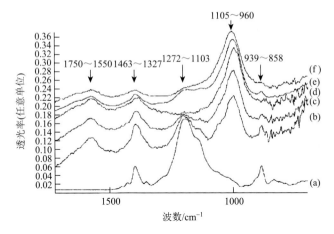

图 3.11　FKM 硫化胶 NaOH 老化后的 C1s 谱图和 ATR-FTIR 谱图：(a)原始；(b)1 周；(c)2 周；
(d)5 周；(e)7 周；(f)12 周

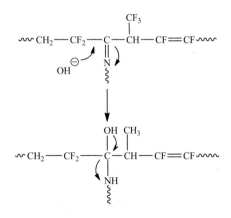

图 3.12　OH⁻ 对交联键上的 C=N 键反应

3)自由基的作用机理

橡胶在热、紫外线、辐射作用下的老化一般均是自由基反应过程，分子链裂解产生自由基，进而产生断裂或者交联，在氧气存在的情况下，会与氧气反应而引起一系列化学变化。Maiti 等[41]及 Banik 等[42]在文章中提到，在高温条件下，Viton A 氟橡胶(偏氟类橡胶)主链可以裂解产生自由基，或者脱氟形成双键(图 3.13)。Kader 和 Bhowmick[43]研究了氟橡胶 246 热氧老化降解过程，在氧气存在的条件下，氟橡胶 246 可与氧气发生自由基氧化反应(图 3.14)。Banik 等[44]还研究了电子束对氟橡胶 246 链结构的影响，电子束既可导致分子主链也可以使侧基裂解产生自由基(图 3.15)。在高温条件下，H_2S 裂解产生 H· 和 HS· 活性基团，可以与四丙氟橡胶主链裂解产生的自由基反应，从而在四丙氟橡胶分子链上引入 HS· 或者 C—S 键。

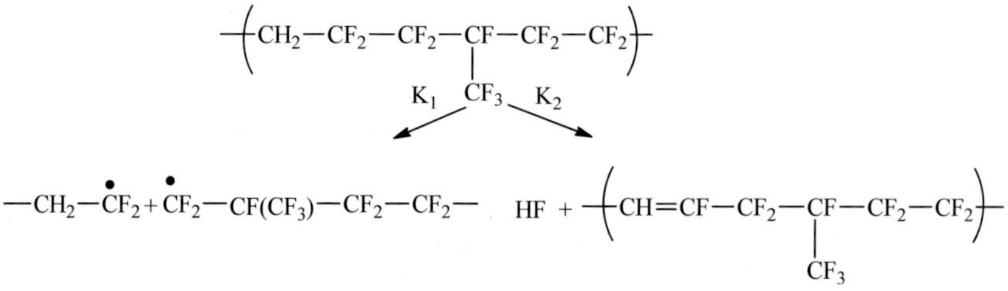

图 3.13　氟橡胶的降解机理

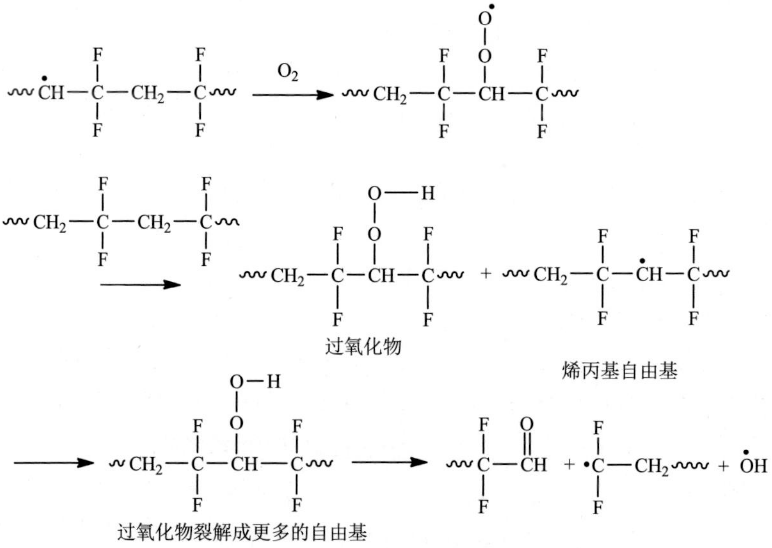

图 3.14　氟橡胶的热氧降解反应

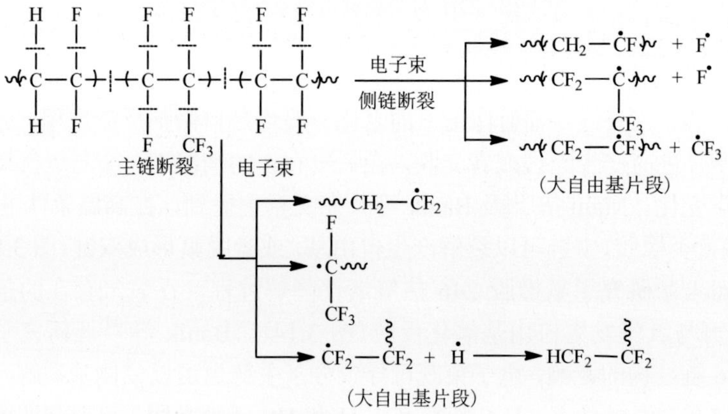

图 3.15　氟橡胶分子主链和侧链在电子束作用下裂解产生自由基

3.3 高含硫油田中四丙氟橡胶老化机理研究思路 ◂◂◂

高温 H_2S 油气田开发工程需要使用大量橡胶密封材料，这些密封制品往往是油气装备的核心部件。在众多的橡胶密封材料中，四丙氟橡胶具有较好的耐热、耐 H_2S 性能，通常作为高含硫油气田井下装备的密封材料。目前，国内外对四丙氟橡胶在高温 H_2S 环境下的老化机理研究较少，使得高温高含 H_2S 工况下橡胶密封材料的老化问题非常突出，其已经成为制约含硫油气藏开发的技术瓶颈之一。

高温含水条件下，H_2S 气体分解产生高活性的 $HS\cdot$ 和 $H\cdot$，另外 H_2S 还会溶解在水中，生成高浓度的 H^+ 和 SH^-。同时，在高温条件下，四丙氟橡胶主链可能裂解产生自由基，形成反应活性点，交联键可能也会受到这些活性基团和离子的攻击。从而使得四丙氟橡胶在高温 H_2S 环境下可能同时存在亲电试剂作用机理、亲核试剂作用机理和自由基作用机理。而明确在高温 H_2S 环境下四丙氟橡胶的老化作用机理，对开发耐高温抗硫橡胶密封材料具有十分重要的意义。

本节为明确四丙氟橡胶在高含硫复杂环境中的老化机理，首先阐述高温高压水溶液对四丙氟橡胶耐老化性能的影响，之后阐述高温下四丙氟橡胶生胶和硫化胶在 HCl 水溶液、NaHS 水溶液、纯 H_2S 气体、H_2S 水溶液中老化后主链和交联点的变化，获得了多重因素耦合条件下四丙氟橡胶的老化机理。

具体内容如下：①高温高压水溶液环境中四丙氟橡胶耐老化性能的研究；②高温 HCl 水溶液中四丙氟橡胶耐老化性能的研究；③高温 NaHS 水溶液中四丙氟橡胶耐老化性能的研究；④高温含 H_2S 环境中四丙氟橡胶耐老化性能的研究。

3.4 高温高压水溶液中四丙氟橡胶耐老化性能的研究 ◂◂◂

在油气田开发中，井下温度有时高达 200℃，压力则高达上百兆帕，橡胶部件处于一种非常复杂且苛刻的环境中。如果油田介质中含有水，还会形成高温高压水蒸气，势必会对橡胶部件的性能产生一定的影响。Hull 等[45, 46]在文献中提到四丙氟橡胶具有耐蒸汽性能，魏伯荣和蓝立文[28]具体研究了水蒸气对四丙氟橡胶物理机械性能的影响，而高温高压条件下，四丙氟橡胶在水存在环境下的物理性能变化和老化机理尚未见到显著报道。

高温高压水溶液中四丙氟橡胶老化试验：将一组 1#和 2#试样（表 3.2）浸在盛有去离子水的高温高压反应釜中，一组试样挂于釜中，除氧后把釜升温至 100℃，往釜内充入气体甲烷，加压至 30MPa，放置 96h 后取出。

表 3.2   配方表   (单位：%)

原料	1#	2#
Aflas 100S	100	100
DCP	0	5
TAIC	0	1.5

四丙氟橡胶的分子结构如图 3.16 所示。

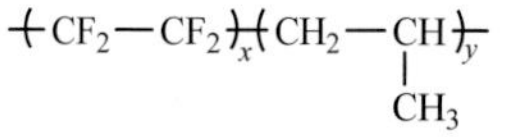

$$\text{+}CF_2\text{—}CF_2\text{)}_x\text{(}CH_2\text{—}CH\text{)}_y$$
$$\quad\quad\quad\quad\quad\quad\quad\quad | $$
$$\quad\quad\quad\quad\quad\quad\quad\quad CH_3$$

图 3.16   四丙氟橡胶的分子结构

试验采用的是日本旭硝子公司生产的四丙氟橡胶，牌号为 Aflas 100S。Aflas 100S 是四氟乙烯单体和丙烯单体高度交替排列的二元共聚物，所有的 C_3H_6 链段都位于相邻的 C_2F_4 链段之间。

四丙氟橡胶硫化过程如图 3.17 所示，DCP 作为硫化剂，TAIC 作为助交联剂[47]。过氧化物 DCP 首先分解产生起始自由基，然后攻击四丙氟橡胶主链中丙烯结构上的叔碳原子，叔碳原子脱氢后形成聚合物自由基，聚合物自由基继而攻击助交联剂 TAIC 上的双键形成加合物自由基，该加合物自由基与聚合物链反应形成新的聚合物自由基和加合的 TAIC，它们继续反应并通过 TAIC 形成交联键，反应如此反复进行。

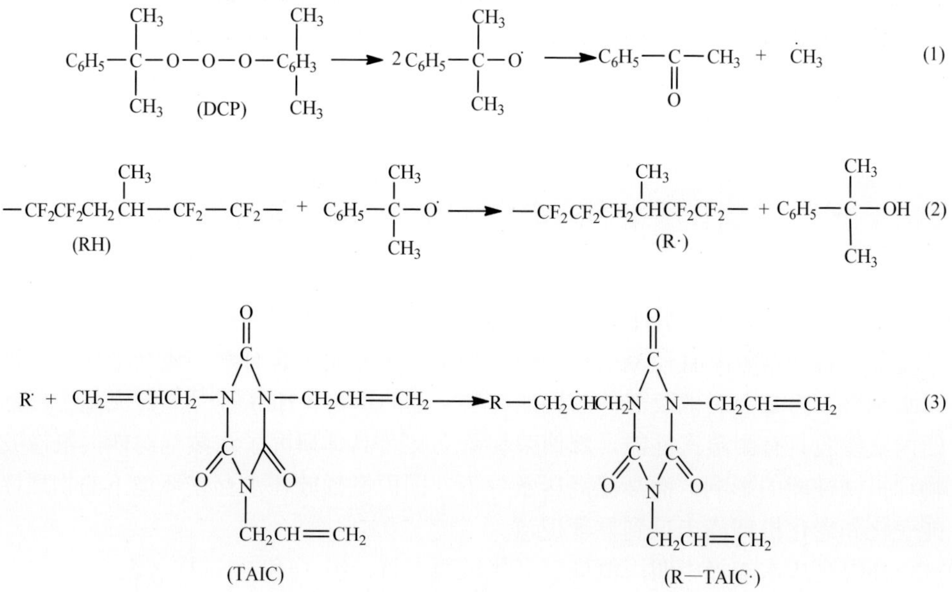

(1)

(2)

(3)

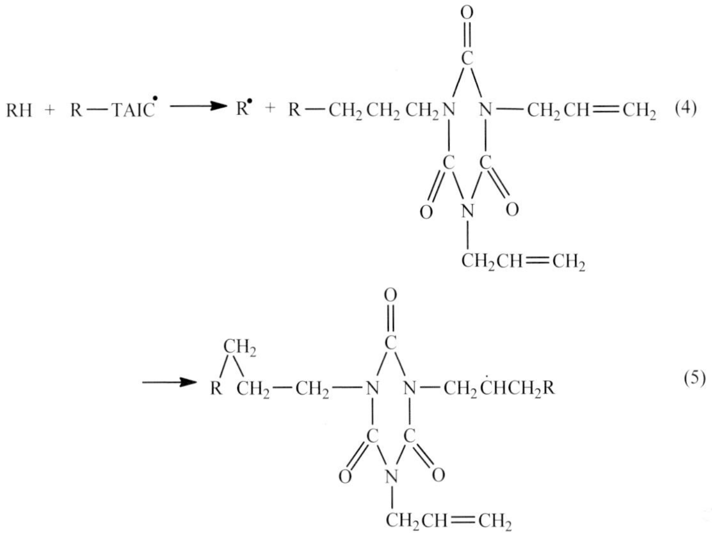

RH + R—TAIC˙ ⟶ R˙ + R—CH₂CH₂CH₂N N—CH₂CH═CH₂ (4)
O
C
C C
O N O
CH₂CH═CH₂
CH₂
R CH₂—CH₂—N N—CH₂ĊHCH₂R
(5)

图 3.17　四丙氟橡胶的硫化机理

3.4.1　高温高压水溶液中四丙氟橡胶的老化机理

本研究采用 ATR-FTIR 对老化前后的四丙氟生胶(1#胶)、四丙氟硫化胶(2#胶)进行了表征，探讨了高温高压水溶液中(100℃/30MPa CH_4/96h)四丙氟橡胶主链和交联键结构的变化，ATR-FTIR 谱图如图 3.18 和图 3.19 所示。

(a) 原始
(b) 气相老化
(c) 液相老化
(c)
(b)
(a)
透光率(任意单位)
3500
3000
2500
2000
1500
1000
波数/cm⁻¹

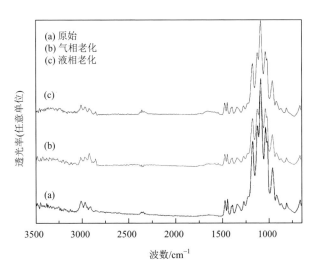

图 3.18　1#胶老化前后 ATR-FTIR 谱图

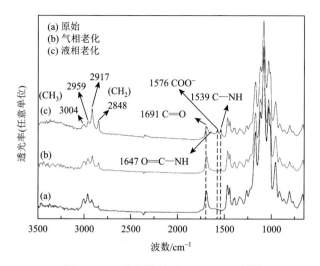

图 3.19   2#胶老化前后 ATR-FTIR 谱图

表 3.3 对四丙氟橡胶高温高压水溶液中老化前后红外谱图中主要的红外吸收峰峰值及其对应的基团进行说明。

表 3.3   四丙氟橡胶老化前后红外谱图分析

谱带峰值/cm⁻¹	说明
3370	NH 伸缩振动
3004，2959	CH₃ 伸缩振动
2917，2848	CH₂ 伸缩振动
1691	C=O 伸缩振动
1647	O=C—NH 振动
1576	COO⁻ 振动
1539	C—NH 的变形振动
1467	CH₂ 变形振动
1443	C—H 变形振动
1401~1390	CF 变形振动
1338	C—N 伸缩振动
1260	CH₃ 伸缩振动
1172~1084	CF₂ 伸缩振动
957	CH₂ 变形振动
914~860	CF₂ 振动
763	—N—(C=O)—N—的特征吸收峰
663	CF₂ 变形振动

从图 3.18 可以看出，四丙氟生胶(1#胶)老化后的红外谱图中吸收峰的位置无明显变化。说明四丙氟生胶在老化过程中，橡胶分子主链与水并未发生化学反应。在四丙氟硫化胶(2#胶)老化前的红外谱图中[图 3.19(a)]，3004cm^{-1}、2959cm^{-1} 处是 CH$_3$ 伸缩振动峰，2917cm^{-1}、2848cm^{-1} 处是 CH$_2$ 伸缩振动峰，1691cm^{-1} 处是聚合物与 TAIC 形成的交联键上的 C═O 吸收峰，1467cm^{-1} 处是 CH$_2$ 变形振动峰，1443cm^{-1} 处是 C—H 变形振动峰，1401～1390cm^{-1} 处是 CF 变形振动峰，1338cm^{-1} 处是 C—N 伸缩振动峰，1172～1084cm^{-1} 处是 CF$_2$ 伸缩振动峰，763cm^{-1} 处是—N—(C═O)—N—的特征吸收峰，663cm^{-1} 处是 CF$_2$ 变形振动峰。从图 3.19(b)和图 3.19(c)可以看出，对于四丙氟硫化胶(2#胶)，不论是处在气相还是液相老化环境中，老化后的红外谱图中都出现相同的新吸收峰，且液相条件下的吸收峰峰值较气相下显著——1576cm^{-1} 处是 COO$^-$ 振动峰，1539cm^{-1} 处是 C—NH 的变形振动谱带，液相老化后，还出现 1647cm^{-1} 处 O═C—NH 的吸收峰，3370cm^{-1} 处是 NH 伸缩振动峰。其他位置的吸收峰无明显变化。说明在老化过程中，聚合物与 TAIC 形成的交联键发生水解作用，生成 NH 基和 COO$^-$。四丙氟硫化胶交联键发生的反应可能如图 3.20 所示。

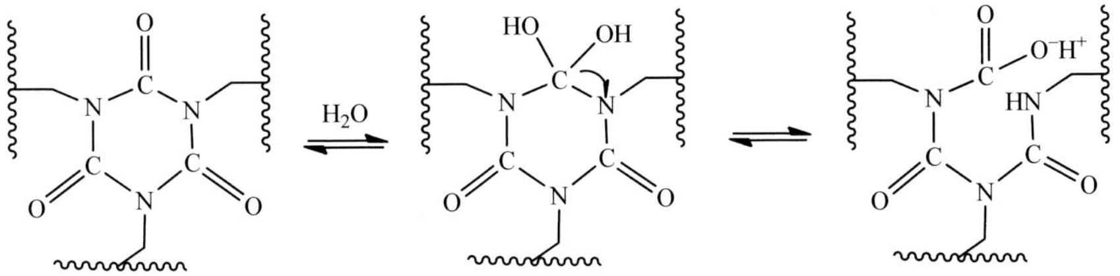

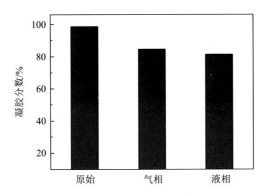

图 3.20　四丙氟硫化胶交联键的水解反应

3.4.2　凝胶分数的变化

图 3.21 显示高温高压水溶液中四丙氟硫化胶(2#胶)气相和液相老化前后凝胶分数的变化。

图 3.21　四丙氟硫化胶气相和液相老化前后凝胶分数的变化

从图 3.21 可以看出，与老化前比较，不论是气相或者液相环境中，老化后的凝胶分数都有所减小，且液相条件下要比气相条件下减小得多。因为在液相条件下，四丙氟硫化胶的交联键发生水解，且水解程度较气相条件下大。

3.4.3　物理机械性能的变化

经过高温高压水溶液（100℃/30MPa CH$_4$/96h）的作用后，四丙氟橡胶的物理机械性能变化见表 3.4。

表 3.4　高温高压水溶液中四丙氟橡胶的物理机械性能变化

	处理	邵 A 硬度	拉伸强度/MPa	断裂伸长率/%	弹性模量/MPa	体积变化率/%
1#	气相老化	—	—	—	—	13.0
	液相老化	—	—	—	—	15.8
2#	原始性能	49	9.3	419.7	2.5	
	气相老化	28	6.5	196.0	3.1	57.5
	液相老化	37	5.4	170.3	2.7	62.5

橡胶的耐水性能与橡胶分子主链结构、交联键的结构和数量有关。若分子链上有极性基团或者含不饱和部分，在高温高压水环境中，易为水分子所侵蚀而发生化学反应，进一步引起橡胶物理机械性能的变化。

通过图 3.22 可以得出，与气相条件下相比，液相条件下四丙氟橡胶生胶（1#胶）和硫化胶（2#胶）的体积变化率较大，且不论是气相还是液相环境中，硫化胶体积变化率较生胶大很多，这是由硫化胶交联键水解生成亲水性基团引起的。

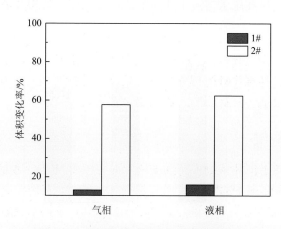

图 3.22　四丙氟橡胶老化后的体积变化率

四丙氟硫化胶(2#胶)在高温高压水溶液中的物理机械性能变化详见图 3.23 和图 3.24。从图 3.23 和图 3.24 可以看出，与老化前比较，硫化胶的硬度降低，拉伸强度和断裂伸长率都减小，且液相条件下的拉伸强度和断裂伸长率比气相条件下减小得多。

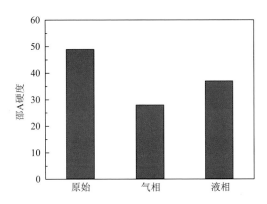

图 3.23　2#胶老化前后硬度的变化

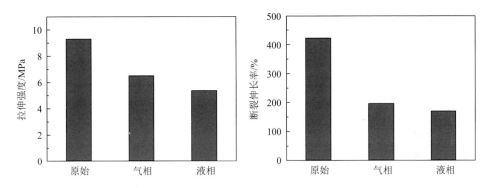

图 3.24　2#胶老化前后拉伸强度和断裂伸长率的变化

结合前面的 ATR-FTIR 分析和交联密度测试结果可以得知，在高温高压条件下，水分子与四丙氟硫化胶交联键发生化学反应，引起交联点的断裂，促使硫化胶的硬度降低，拉伸强度和断裂伸长率都减小，且在液相条件下的水解反应程度更大，硫化胶的性能下降更显著，体积变化率更大。

3.4.4　表面形貌变化

图 3.25 是四丙氟硫化胶拉伸断面微观形貌的扫描电子显微镜(SEM)照片，可以看出四丙氟硫化胶老化前的断面微观形貌非常平整、光滑，无任何缺陷；经过高温高压水溶液液相老化后，硫化胶交联键被破坏，导致硫化胶的力学性能损失严重，硫化胶的拉伸断面产生深而宽的裂沟，且其数目较多。

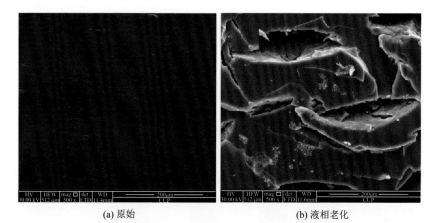

(a) 原始   (b) 液相老化

图 3.25　四丙氟硫化胶拉伸断面微观形貌的扫描电子显微镜(SEM)照片

3.5　高温 HCl 水溶液中四丙氟橡胶耐老化性能的研究 ◀◀◀

  Mitra 等[31, 35]研究了 EPDM 生胶和分别采用硫黄硫化体系、DCP/TAIC 硫化体系硫化的 EPDM 硫化胶在 20% Cr(VI)/H_2SO_4 中老化前后化学结构的变化。研究发现乙丙橡胶上的 ENB 结构单元中 C=C 和烯丙基上的 C—H 键容易受到攻击，但 20% Cr(VI)/H_2SO_4 引起的硫黄硫化体系中 C—S、C—S—S—C 键的降解和 DCP/TAIC 硫化体系中 EPDM 与 TAIC 形成的交联键降解占主要作用。

  油气田开发中使用的橡胶制品通常要接触到 pH 较高的流体，在含硫油田中，H_2S 会部分溶解在水中，形成酸性环境。四丙氟橡胶一般采用 TAIC 作为助交联剂进行硫化，在高温酸性环境下，四丙氟橡胶可能存在与 H_3O^+ 的反应。

  试验配方见表 3.5，以质量分数表示。高温 HCl 水溶液条件下橡胶老化试验方案见表 3.6。

表 3.5　试验配方　　　　　　　　　　(单位：%)

原料	1#	2#
Aflas 100S	100	100
DCP	0	3
TAIC	0	6

表 3.6　老化试验方案

胶料	老化条件		
1#	10% HCl 水溶液	150℃	2d
	去离子水		

续表

胶料	老化条件		
2#	10% HCl 水溶液	150℃	2d，7d
	pH = 1 HCl 溶液，KCl 溶液，去离子水，纯热		2d

3.5.1　高温 HCl 水溶液中四丙氟橡胶的老化机理

为了研究高温 HCl 水溶液中四丙氟橡胶主链和交联键结构的变化，本研究采用 FTIR 对老化前后的四丙氟生胶(1#胶)、四丙氟硫化胶(2#胶)进行了表征，FTIR 谱图如图 3.26 和图 3.27 所示。

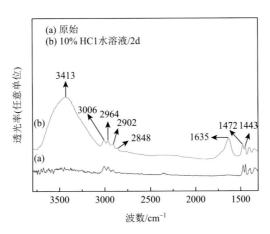

图 3.26　1#胶老化前后 FTIR 谱图

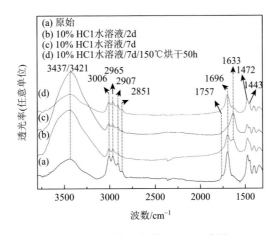

图 3.27　2#胶老化前后 FTIR 谱图

表 3.7 对高温 HCl 水溶液中四丙氟生胶(1#胶)老化前后 FTIR 谱图(图 3.26)中主要的红外吸收峰峰值及其对应的基团进行说明。

表 3.7　1#胶老化前后 FTIR 谱图分析

谱带峰值/cm^{-1}	说明
3413	OH 伸缩振动
3006，2964	CH$_3$ 伸缩振动
2902，2848	CH$_2$ 伸缩振动
1635	H$_2$O 的变形振动
1472	CH$_2$ 变形振动
1443	C—H 变形振动

从图 3.26 可以看出，四丙氟生胶(1#胶)老化后的 FTIR 谱图中出现新的吸收振动峰，3413cm^{-1} 处是 H$_2$O 上的—OH 的伸缩振动谱带，1635cm^{-1} 处是 H$_2$O 的变形振动谱带，而其他位置的吸收峰无明显变化。说明四丙氟生胶在老化过程中，橡胶分子主链并未发生化学变化，老化后红外谱图中 H$_2$O 的吸收峰的出现是由物理作用引起的。

表 3.8 对高温 HCl 水溶液中四丙氟硫化胶(2#胶)老化前后 FTIR 谱图(图 3.27)中主要的红外吸收峰峰值及其对应的基团进行说明。

表 3.8　2#胶老化前后 FTIR 谱图分析

谱带峰值/cm^{-1}	说明
3437，3421	OH 或 NH 伸缩振动
3006，2965	CH$_3$ 伸缩振动
2907，2851	CH$_2$ 伸缩振动
1757，1696	C=O 伸缩振动
1633	NH 的伸缩振动或 H$_2$O 的变形振动
1472	CH$_2$ 变形振动
1443	C—H 变形振动

从图 3.27 可以看出，在四丙氟硫化胶(2#胶)老化前的 FTIR 谱图中[图 3.27(a)]，3437cm^{-1} 处是由四丙氟橡胶硫化过程中 DCP 分解产生的自由基与聚合物反应所生成的 OH 的吸收峰，1757cm^{-1}、1696cm^{-1} 处是聚合物与 TAIC 形成的交联键上的 N—(C=O)—N 吸收峰，也可能是硫化过程中 DCP 分解产生的 C=O 伸缩振动峰，3006cm^{-1}、2965cm^{-1} 处是 CH$_3$ 伸缩振动峰，2907cm^{-1}、2851cm^{-1} 处是 CH$_2$ 伸缩振动峰，1472cm^{-1} 处是 CH$_2$ 摇摆振动峰，1443cm^{-1} 处是 C—H 吸收峰。四丙氟硫化胶(2#胶)10% HCl/2d 老化后，FTIR 谱图中出现新的吸收峰，1633cm^{-1} 处是 NH

的伸缩振动或 H_2O 的变形振动谱带，3421cm^{-1} 处是 NH 伸缩振动峰，而 1757cm^{-1}、1696cm^{-1} 处 C=O 的吸收峰峰值有所减弱[图 3.27(b)]，这是由聚合物与 TAIC 形成的交联键 N—(C=O)—N 断裂引起的。四丙氟硫化胶(2#胶)10% HCl 水溶液/7d 老化后，1696cm^{-1} 处 C=O 的吸收峰值进一步减弱，而 1633cm^{-1} 处 NH 的变形振动或 H_2O 的变形振动谱带增强，说明四丙氟硫化胶随着老化时间的延长，交联键破坏程度逐渐增大。四丙氟硫化胶(2#胶)10% HCl 水溶液/7d/150℃烘干 50h 后，红外谱图中 1633cm^{-1} 处 NH 的伸缩振动或 H_2O 的变形振动谱带减弱，而 1696cm^{-1} 处 C=O 的吸收峰有所增强，说明 10% HCl 水溶液/7d 老化后的四丙氟硫化胶烘干后，发生缩合反应重新形成 N—(C=O)—N 键。四丙氟硫化胶交联键发生的反应可能如图 3.28 所示。

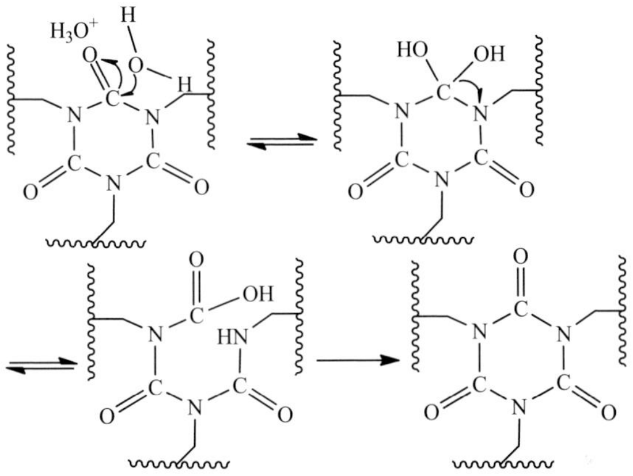

图 3.28　四丙氟硫化胶交联键的化学反应

3.5.2　凝胶分数的变化

由于高温使四丙氟硫化胶未交联的部分充分交联，热量引起的硫化胶性能变化起主要作用，四丙氟硫化胶在纯热、纯水、KCl 水溶液、pH = 1 HCl 水溶液中老化后的凝胶分数比老化前略有增大。而在 10% HCl 水溶液老化后，硫化胶的凝胶分数明显较小，老化 7d 后凝胶分数减小 10%，H$^+$引起的交联键断裂占主要作用。

3.5.3　物理机械性能的变化

为了研究高温 HCl 水溶液中四丙氟橡胶的物理机械性能变化，本研究对比四丙氟橡胶在纯热、纯水、KCl 水溶液、pH = 1 HCl 水溶液、10% HCl 水溶液/7d 环境中老化后的物理机械性能变化。

从表 3.9 中的数据可以得出，四丙氟生胶(1#胶)在纯水和 10% HCl 水溶液老化后，质量变化率和体积变化率增大，且 10% HCl 水溶液中比纯水中大很多，在高温情况下，橡胶分子链运动加剧，水分子运动也加剧，水分子渗透到橡胶分子内部，使得橡胶质量和体积增大。

表 3.9　高温 HCl 水溶液中四丙氟生胶的物理变化　　　　（单位：%）

	老化条件	质量变化率	体积变化率
1#	纯水/2d	6.8	12.5
	10% HCl 水溶液/2d	20.3	29.9

　　四丙氟硫化胶（2#胶）在高温不同环境中的物理机械性能变化详见图 3.29，可以看出，四丙氟硫化胶在纯热、纯水、KCl 水溶液、pH = 1 的 HCl 水溶液中老化后，硫化胶的硬度升高，拉伸强度增大，断裂伸长率减小，质量变化率和体积变化率较小，这主要是高温使四丙氟硫化胶未交联的部分充分交联，硫化胶性能的变化是由热量引起的。而在 10% HCl 水溶液老化后，四丙氟硫化胶的硬度降低，拉伸强度减小，断裂伸长率减小，质量变化率和体积变化率较大，并且随着时间的延长和 HCl 浓度的增加，硫化胶的硬度、拉伸强度和断裂伸长率有逐渐下降的趋势，质量变化率和体积变化率不断增大。

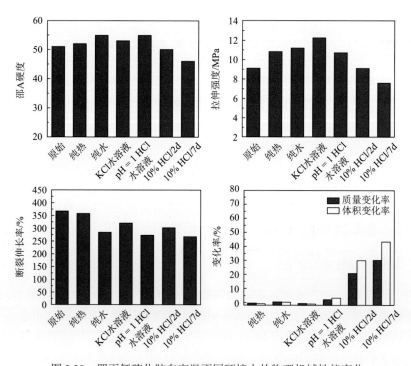

图 3.29　四丙氟硫化胶在高温不同环境中的物理机械性能变化

结合前面的分析结果可以得知，在高温条件下，H^+与四丙氟硫化胶交联键发生化学反应，引起交联点断裂，同时生成亲水性基团，与热量引起的交联反应形成竞争作用。在 H^+ 浓度较低和时间较短的情况下，热量引起的交联起主要作用，随着时间延长和 H^+ 浓度增加，H^+ 引起的交联键断裂起主要作用。

3.6　高温 NaHS 水溶液中四丙氟橡胶耐老化性能的研究 ◂◂◂

Mitra 等[39, 40]研究了 Viton A 氟橡胶的生胶和硫化胶在 80℃ 条件下 10% NaOH 中的化学降解机理，Viton A 氟橡胶在老化过程中，一方面，亲核性的 OH^- 会进攻分子主链脱氟形成的双键，引起分子主链的断裂；另一方面，氟橡胶在二元胺处的交联点也能够被具有亲核性的 OH^- 进攻，致使交联点上碳氮键断裂。

在水存在的条件下，H_2S 部分溶解在水中，生成高浓度的 H^+ 和 SH^-，可以将 SH^- 看作类似于 OH^- 的亲核试剂，在高温条件下，SH^- 可能会与四丙氟橡胶主链或者交联键发生反应。表 3.10 显示高温 NaHS 水溶液中四丙氟橡胶的物理机械性能变化，对比研究四丙氟橡胶在纯热、纯水环境中老化后的物理机械性能变化，老化温度为 150℃，时间为 2d。

表 3.10　高温 NaHS 水溶液中四丙氟橡胶的物理机械性能变化

	老化条件	邵 A 硬度	拉伸强度/MPa	断裂伸长率/%	100%定伸强度/MPa	质量变化率/%	体积变化率/%
1#	纯水	—	—	—	—	6.8	12.5
	10% NaHS 水溶液	—	—	—	—	0	−2.5
2#	原始	51	9.1	367.0	1.2		
	纯热	52	10.8	357.0	1.3	−0.3	−0.9
	纯水	55	11.2	285.0	2.0	0.5	0.3
	10% NaHS 水溶液	47	9.8	370.0	1.1	−0.4	−0.7

从表 3.10 中的数据可以得出，四丙氟生胶(1#胶)在纯水中的质量变化率和体积变化率较大，而在 10% NaHS 水溶液中比纯水中小很多，基本上无变化，这可能是受盐溶液中水的活度的影响。

四丙氟硫化胶(2#胶)在高温 NaHS 水溶液中的物理机械性能变化详见图 3.30，四丙氟硫化胶在纯热、纯水中老化后的性能变化 3.4 节已讨论，硫化胶性能的变化主要是由热量引起的。在 10% NaHS 水溶液老化后，四丙氟硫化胶的硬度降低，拉伸强度和断裂伸长率变化不大，质量变化率和体积变化率很小，接近 0，说明高温 NaHS 水溶液对四丙氟硫化胶的性能无明显影响。

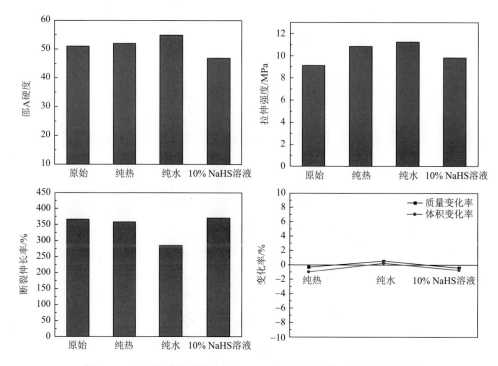

图 3.30　四丙氟硫化胶在高温 NaHS 水溶液中的物理机械性能变化

3.7　高温含 H_2S 环境中四丙氟橡胶耐老化性能的研究 ◄◄◄

高温含水条件下，H_2S 气体分解产生高活性的 HS· 和 H·，H_2S 还会溶解在水中，生成高浓度的 H^+ 和 SH^-。同时，在高温条件下，四丙氟橡胶主链可能裂解产生自由基，形成反应活性点，交联键可能也会受到这些活性基团和离子的攻击，从而使得四丙氟橡胶在高温 H_2S 环境下可能同时存在亲电试剂作用机理、亲核试剂作用机理和自由基作用机理。3.5 节和 3.6 节阐述四丙氟橡胶在 HCl 水溶液、NaHS 水溶液中的老化机理，本节阐述纯 H_2S 气体中四丙氟橡胶的老化机理，对比高温 H_2S 水溶液中(多种基团并存)氟橡胶的主链和交联键的化学结构变化，提出高温 H_2S 环境下四丙氟橡胶主链和交联键的老化机理。

高温含 H_2S 环境中四丙氟橡胶老化试验方案如表 3.11 所示。

表 3.11　老化试验方案

胶料	老化条件		
1#，2#	2.5MPa 纯 H_2S 气体	175℃	2d
	1.2MPa H_2S 水溶液		

3.7.1 高温 H₂S 环境中四丙氟橡胶的老化机理

高分辨 XPS 分析能够获得四丙氟硫化胶(2#胶)在纯 H₂S 气体和 H₂S 水溶液环境中老化后分子链或交联点产生的化学反应，四丙氟硫化胶(2#胶)在纯 H₂S 气体和 H₂S 水溶液环境中老化前后 C 的高分辨 C1s 谱图如图 3.31 所示。高分辨 C1s谱图经过分峰拟合的结果列于表 3.12。

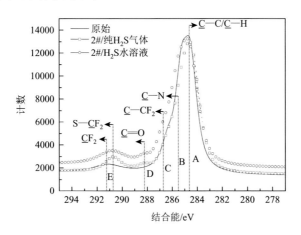

图 3.31　2#胶在纯 H₂S 气体和 H₂S 水溶液环境中老化前后的高分辨 C1s 谱图

表 3.12　2#胶在纯 H₂S 气体和 H₂S 水溶液环境中老化前后的高分辨 C1s 谱图拟合后的 XPS 谱图分析

样品	A/eV	结构	B/eV	结构	C/eV	结构	D/eV	结构	E/eV	结构
原始	284.5	$\underline{C}—C/\underline{C}—H$	285.5	$C—N\!\!<$	286.4	$\underline{C}—CF_2$	288.3	$\underline{C}=O/$ $N—\underline{C}=O$	291.2	$\underline{C}F_2$
2#/纯 H₂S 气体	284.4	$\underline{C}—C/\underline{C}—H$	285.2	$C—N\!\!<$	286.3	$\underline{C}—CF_2$	288.2	$\underline{C}=O/$ $N—\underline{C}=O$	291.2 / 290.7	$\underline{C}F_2$ / $S—\underline{C}F_2$
2#/H₂S 水溶液	284.6	$\underline{C}—C/\underline{C}—H$	285.5	$C—N\!\!<$	286.6	$\underline{C}—CF_2$	288.3	$\underline{C}=O/$ $N—\underline{C}=O$	291.2 / 290.8	$\underline{C}F_2$ / $S—\underline{C}F_2$

四丙氟硫化胶原始试样的 C1s 谱图可以拟合为 5 个不同的子峰(A、B、C、D和 E)，每个子峰对应硫化胶中 C5 种不同的化学环境，也即不同的含碳基团。拟合峰的 C1s 结合能分别为 284.5eV、285.5eV、286.4eV、288.3eV、291.2eV，它们依次对应于 $\underline{C}—C/\underline{C}—H$、$C—N\!\!<$、$\underline{C}—CF_2$、$\underline{C}=O/N—\underline{C}=O$、$\underline{C}F_2$ 中的 C1s 峰，这与四丙氟硫化胶的结构相符合。从图 3.32 和表 3.12 可以看出，四丙氟硫化胶经过纯 H₂S 气体和 H₂S 水溶液老化后，在 288eV 附近的 $\underline{C}=O/N—\underline{C}=O$ 对应的特征峰峰高明显变高，表明老化后的四丙氟硫化胶表面 C=O 对应的物质增加，这是在高

温条件下，H₂S 会与四丙氟硫化胶交联键 N—(C=O)—N 反应，交联点断裂引起的。另外，在 H₂S 水溶液中，不仅会发生 H₂S 与四丙氟硫化胶交联键 N—(C=O)—N 的反应，H₂S 还会溶解在水中形成酸性环境，H₃O⁺也会引起交联键 N—(C=O)—N 的断裂。从图 3.32 还可以看出一个明显的变化，四丙氟硫化胶在纯 H₂S 气体和 H₂S 水溶液环境中老化后的 C1s 谱图中左侧 290.7eV 处出现新的特征峰，这对应的 S—CF₂ 的 C1s 峰，由于在高温下，H₂S 分解产生高活性的 HS·和 H·，四丙氟橡胶主链也裂解产生聚合物链自由基，自由基之间发生反应形成 S—CF₂ 键。

如图 3.32 所示，四丙氟橡胶原始 ^{13}C-NMR 谱图中，化学位移值 13.3 是四丙氟橡胶主链上次甲基的峰，19.3、19.9、30.8 是主链上亚甲基的峰，22.1、43.1 是交联键上亚甲基的峰，119.4、122.6、126.6、134.7 是主链上—C̲F₂—C̲F₂ 的峰，83.1 和 126.6、149.8 是交联剂 DCP 上—(CH₃)₂C̲—O—和苯环的峰，化学位移值 149.8 还可能是 C̲=O 的峰。高温 H₂S 和 H₂S 水溶液老化后，化学位移值 18.2、33.2、134.5、141 分别对应的是 H₂S 分解产生的 HS·与四丙氟橡胶主链裂解产生的聚合物链自由基反应后分子链上的次甲基、—C̲H₂—S—S—C̲H₂—、—C̲F₂—S—C̲F₂、—C̲F₂—SH 的峰；化学位移值 42.6，45.9，47，51.4，164，192，175 分别对应的是 H₂S 与交联键 N—(C=O)—N 反应后形成的—C̲H₂—NH—、—C̲H₂—N(R₂)、—(C̲=O)—SH、—(C̲=S)—OH、N—(C̲=S)—N 的峰。此外，高温 H₂S 水溶液老化后，化学位移值 44.2、155 分别对应的是 H₃O⁺与交联键 N—(C=O)—N 反应后—C̲H₂—N(R₂)、—(C̲=O)—OH 的峰。综合 XPS 和 NMR 分析结果，四丙氟硫化胶在高温 H₂S 和 H₂S 水溶液老化后都会发生图 3.33 中的(a)和(b)反应，在 H₂S 水溶液中可能还会发生(c)反应。

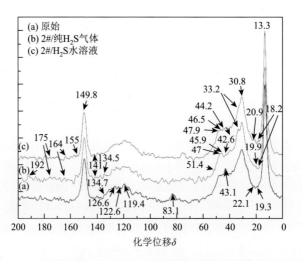

图 3.32　2#胶在高温 H₂S 和 H₂S 水溶液中老化前后 ^{13}C-NMR 谱图

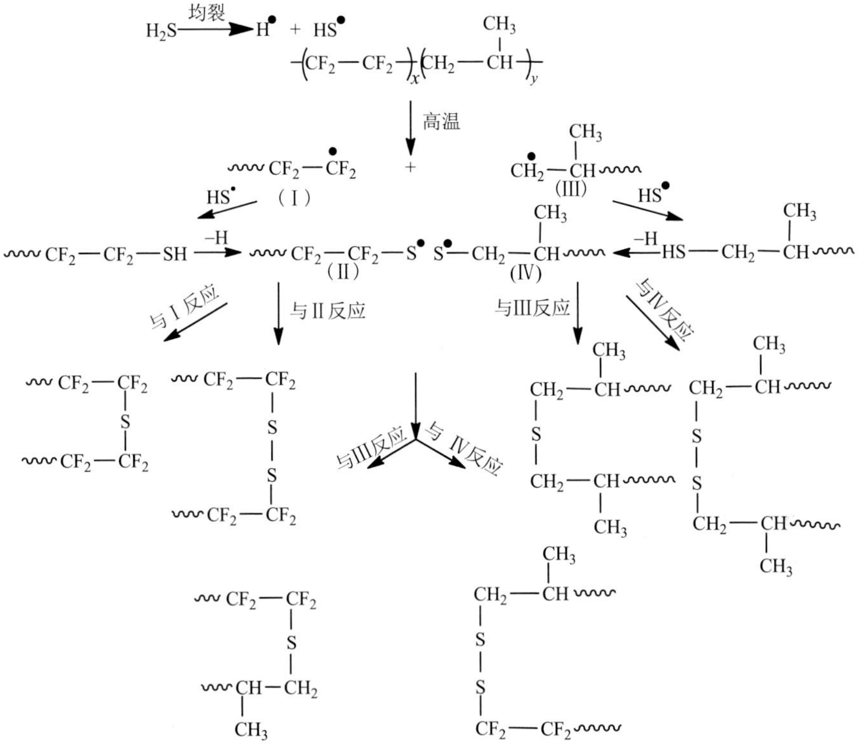

(a)

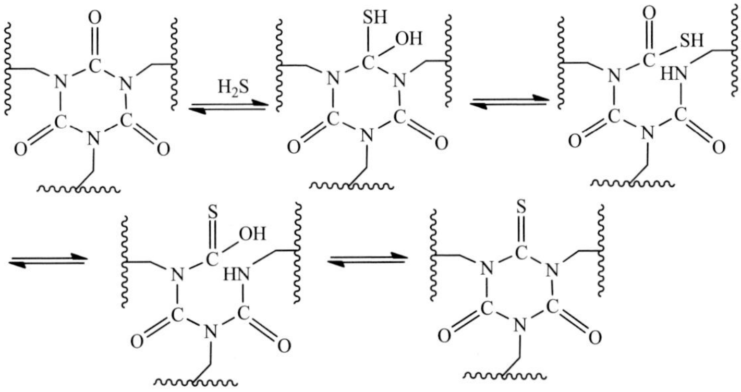

(b)

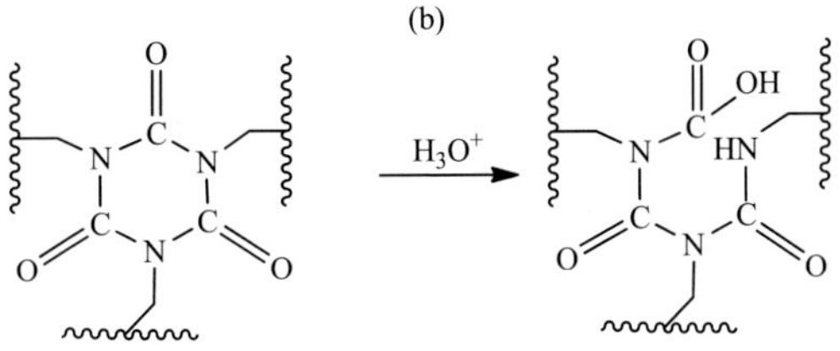

(c)

图 3.33　2#橡胶在高温 H₂S 和 H₂S 水溶液中的化学反应

3.7.2 凝胶分数的变化

从图 3.34 可以看出，四丙氟硫化胶(2#胶)在高温含 H_2S 环境老化后，凝胶分数有所增大，原因是高温使四丙氟硫化胶未交联的部分充分交联，H_2S 与四丙氟橡胶主链反应形成交联键。但在高温 H_2S 水溶液中老化后，凝胶分数比在纯 H_2S 气体中老化后小，这是由于 H_2S 溶解在水中形成的 H_3O^+ 会引起四丙氟橡胶交联键 N—(C=O)—N 的断裂。

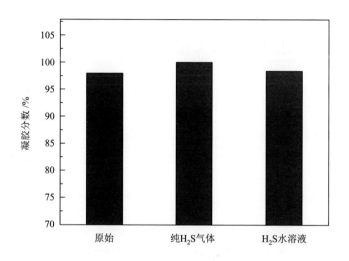

图 3.34   2#橡胶在高温 H_2S 气体和 H_2S 水溶液中的凝胶分数变化

3.7.3 物理机械性能的变化

四丙氟硫化胶在高温 H_2S 气体和 H_2S 水溶液中老化后的物理机械性能变化见图 3.35。

从图 3.35 可以看出，四丙氟硫化胶(2#胶)在高温 H_2S 中老化后，硫化胶的硬度变化不大，拉伸强度增大，断裂伸长率减小，质量变化率基本为 0%。在高温 H_2S 水溶液老化后，硫化胶硬度升高，拉伸强度和断裂伸长率的变化趋势与高温 H_2S 中老化一样，但都比高温 H_2S 中小，质量变化率和体积变化率稍大。在高温条件下，四丙氟硫化胶未交联的部分充分交联，并且 H_2S 会与四丙氟橡胶主链反应形成交联键，硫化胶性能的变化主要由这两个因素引起。而在 H_2S 水溶液中，H_2S 溶解在水中形成的 H_3O^+ 会引起四丙氟橡胶交联键 N—(C=O)—N 的断裂，使得力学性能有一定程度的损失。

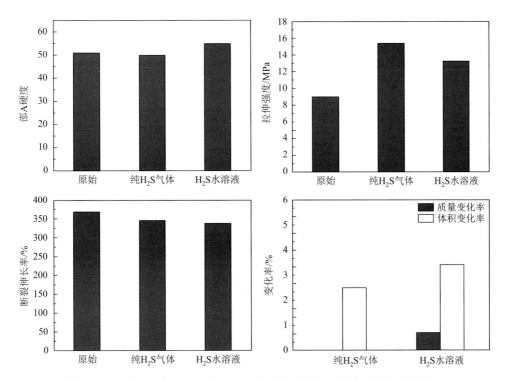

图 3.35　2#胶在高温 H_2S 气体和 H_2S 水溶液中老化后的物理机械性能变化

本章阐述四丙氟橡胶在高温高压水溶液、高温 HCl 水溶液、NaHS 水溶液、纯 H_2S 气体和 H_2S 水溶液中的老化行为及机理，得到以下结论。

(1) 在高温高压水溶液老化过程中，四丙氟硫化胶交联键 N—(C=O)—N 发生水解作用，生成 NH 和 COO⁻，硫化胶体积变化率增大，机械性能下降，凝胶分数减小，拉伸断面产生数目较多的深而宽的裂沟，且在液相条件下的变化比气相下更显著，而未发现分子主链与水发生化学反应。

(2) 在高温 HCl 水溶液老化过程中，未发现橡胶分子主链产生化学变化；而硫化胶交联键 N—(C=O)—N 与 H⁺发生化学反应，引起交联键断裂，生成亲水性基团，与热量引起的交联反应形成竞争作用。在 H⁺浓度较低和时间较短的情况下，热量引起的交联呈主要作用，随着时间延长和 H⁺浓度增加，H⁺引起的交联键断裂占主要作用。

(3) 四丙氟生胶(1#胶)在纯水中的质量变化率和体积变化率较大，而在 NaHS 水溶液中比纯水中小很多，基本上无变化。高温 NaHS 水溶液老化对四丙氟硫化胶的性能无明显影响。

(4) 高温下 H_2S 分解产生高活性的 HS·与四丙氟橡胶主链裂解产生的聚合物链自由基发生反应，形成 C—S 键；H_2S 还与四丙氟硫化胶交联键 N—(C=O)—N 反应，引起交联键断裂。而在 H_2S 水溶液中，H_2S 溶解在水中形成的 H_3O^+ 也会引起交联键的断裂。

参 考 文 献

[1]　林原. 氟橡胶及其在冶金、汽车和油田橡胶密封中的应用现状及前景[J]. 润滑与密封, 2000 (2): 62-64.

[2]　张汝义. 高含硫油气田橡胶的选用[J]. 特种橡胶制品, 1995, 16 (1): 29-31.

[3]　Kuroki S. A F-19 NMR Signal Assignment and a Detailed Structural Study of Alternating Tetrafluoroethylene-Propylene Copolymer by High Resolution F-19 NMR Spectroscopy and Computational Chemistry [J]. Polymer Journal, 2009, 41 (5): 449-454.

[4]　Kakigi T, Oshima A, Miyoshi N, et al. Study on chemical structures of poly (tetrafluoroethylene-co-perfluoroalkylvinylether) by soft-EB irradiation in solid and molten state[J]. Nuclear Instruments & Methods in Physics Research Section B-Beam Interactions with Materials and Atoms, 2007, 265 (1): 118-124.

[5]　吴德全. 板式换热器用氟橡胶和 EPDM 密封垫[J]. 合成橡胶工业, 1996 (2): 117.

[6]　刘吉昌, 郑华. TP-2 四丙氟橡胶应用研究[J]. 特种橡胶制品, 1981 (4): 6-13.

[7]　李妍, 李振环, 法锡涵, 等. 四丙氟橡胶的性能及应用[J]. 特种橡胶制品, 2005 (4): 30-32.

[8]　王敏. 石油工业用橡胶[J]. 石油化工腐蚀与防护, 2003 (2): 63-64.

[9]　李黎. 四丙氟橡胶的应用[J]. 中国橡胶, 1995 (19): 11.

[10]　张汝义. 油田用橡胶耐 H_2S 性能的研究[J]. 天津橡胶, 1994 (2): 1-3.

[11]　袁立明, 顾伯勤, 陈晔. 应用老化损伤因子评估纤维增强橡胶基密封材料的寿命[J]. 合成材料老化与应用, 2004, 33 (4): 24-26.

[12]　任圣平, 张立. 高分子材料老化机理初探[J]. 信息记录材料, 2004, 5 (4): 57-60.

[13]　王思静. 溴化丁基橡胶的老化行为及机理研究[D]. 北京: 北京化工大学. 2010.

[14]　李昂. 第一章 橡胶的老化机理[J]. 橡胶参考资料, 2009, 30 (5): 56-57.

[15]　王思静, 左禹. 橡胶老化机理与研究方法进展[J]. 弹性体, 2009, 38 (2): 23-33.

[16]　张录平, 刘亚平, 孙岩. 橡胶材料老化试验的研究现状及发展趋势[J]. 弹性体, 2009, 19 (4): 60-63.

[17]　王思静, 左禹. 橡胶老化老化特征及防护技术研究进展[J]. 合成材料老化与应用, 2009, 38 (3): 41-46.

[18]　肖琰, 刘郁杨, 宫大军. 橡胶老化机研究的方法[J]. 合成材料老化与应用, 2007, 36 (4): 34-38.

[19]　范刚. 车用橡胶制品老化问题研究[J]. 汽车科技, 2003 (1): 16-17.

[20]　朱绪飞, 文威, 贾红兵, 等. 电容器密封橡胶及其老化机理[J]. 弹性体, 2002, 12 (1): 58-62.

[21]　Patel M, Skinner A R. Ther mal ageing studies on room-temperature vulcanised polysiloxane rubbers[J]. Polymer Degradation and Stability, 2001, 73 (3): 399-402.

[22]　Kader M A, Bhowmick A K. Thermal aging, degradation and swelling of acrylate rubber, fluororubber and their blends containing polyfunctional acrylates[J]. Polymer Degradation and Stability, 2003, 79 (2): 283-295.

[23]　金冰, 胡小锋, 魏伯荣, 等. 天然橡胶的热氧老化研究[J]. 广州化工, 2006, 34 (6): 32-33.

[24]　付秋兰, 吴向荣, 温茂添. 缩合型室温硫化硅橡胶耐热性的研究进展[J]. 有机硅材料, 2003, 17 (1): 28-31.

[25]　Goga N O, Demco D E. Surface UV ageing of elast omers investigaed with microscopic resolution by single-sided NMR[J]. Journal of Magnetic Resonance, 2008, 192 (1): 1-7.

[26]　齐藤孝臣. 各种橡胶的老化机理[J]. 橡胶参考资料, 1996, 26 (6): 9-20.

[27]　郝凤岭. 丁腈橡胶氢化反应过程中微观结构变化的红外光谱分析[J]. 弹性体, 1997, 7 (3): 332-351.

[28]　魏伯荣, 蓝立文. 水蒸汽对四丙氟橡胶性能的影响[J]. 特种橡胶制品. 1994, 15 (2): 14-17.

[29] Mitra S, Ghanbari-Siahkali A, Kingshott P, et al. Surface characterisation of ethylene-propylene-diene rubber upon exposure to aqueous acidic solution[J]. Applied Surface Science, 2006, 252(18): 6280-6288.

[30] Mitra S, Ghanbari-Siahkali A, Kingshott P, et al. An investigation on changes in chemical properties of pure ethylene-propylene-diene rubber in aqueous acidic environments[J]. Materials Chemistry and Physics, 2006, 98(23): 248-255.

[31] Mitra S, Ghanbari-Siahkali A, Kingshott P, et al. Chemical degradation of crosslinked ethylene-propylene-diene rubber in an acidic environment. Part I. Effect on accelerated sulphur crosslinks[J]. Polymer Degradation and Stability, 2006, 91(1): 69-80.

[32] Wang X, Zhang H, Wang Z, et al. In situ epoxidation of ethylene propylene diene rubber by performic acid[J]. Polymer, 1997, 38: 5407-5410.

[33] Akiba M, Hashim A S. Vulcanization and crosslinking inelastomers[J]. Progress in Polymer Science, 1997, 22: 475-521.

[34] Winters R, Heinen W, Verbruggen M A L, et al. Solid-state ^{13}CNMR study of accelerated-sulfur-vulcanized ^{13}C-labeled ENB-EPDM[J]. Macro-molecules, 2002, 35: 1958-1966.

[35] Mitra S, Ghanbari-Siahkali A, Kingshott P, et al. Chemical degradation of crosslinked ethylene-propylene-diene rubber in an acidic environment. Part II. Effect of peroxide crosslinking in the presence of a coagent[J]. Polymer Degradation and Stability, 2006, 91(1): 81-93.

[36] Mitra S, Ghanbari-Siahkali A, Almdal K. A novel method for monitoring chemical degradation of crosslinked rubber by stress relaxation under tension[J]. Polymer Degradation and Stability, 2006, 91(10): 2520-2526.

[37] Ameduri B, Boutevin B, Kostov G. Fluoroelastomers: synthesis, properties, applications[J]. Progress in Polymer Science, 2001, 125: 105-187.

[38] Landi V R, Easterbrook E K. Scission and crosslinking during oxidation of peroxide cured EPDM[J]. Polymer Engineering and Science, 1978, 18: 1135-1143.

[39] Mitra S, Ghanbari-Siahkali A, Kingshott P, et al. Chemical degradation of an uncrosslinked pure fluororubber in an alkaline environment[J]. Journal of Polymer Science Part A Polymer Chemistry, 2004, 42(24): 6216-6229.

[40] Mitra S, Ghanbari-Siahkali A, Kingshott P, et al. Chemical degradation of fluoroelastomer in an alkaline environment[J]. Polymer Degradation and Stability, 2004, 83(2): 195-206.

[41] Maiti M, Mitra S, Bhowmick A K. Effect of nanoclays on high and low temperature degradation of fluoroelastomers[J]. Polymer Degradation and Stability, 2008, 93(1): 188-200.

[42] Banik I, Anil K Bhowmicka, S V, et al. Thermal degradation studies of electron beam cured terpolymeric fluorocarbon rubbers[J]. Polymer Degradation and Stability, 1999, 63(3): 413-421.

[43] Kader M A, Bhowmick A K. Thermal ageing, degradation and swelling of acrylate rubber, fluororubber and their blends containing polyfunctional acrylates[J]. Polymer Degradation and Stability, 2003, 79(2): 283-295.

[44] Banik I, Dutta S K, Chaki T K, et al. Electron beam induced structural modification of a fluorocarbon elastomer in the presence of polyfunctional monomers[J]. Polymer, 1999, 40(2): 447-458.

[45] Hull D E, 毕志英. 四氟乙烯—丙烯共聚物(Aflas)新技术和新用途[J]. 橡胶参考资料, 1985(6): 24-29.

[46] Hull D E, 王瑞芝. 一种新型的氟橡胶: 四氟乙烯丙烯共聚物(Aflas)[J]. 橡胶参考资料, 1985(12): 28, 43-49.

[47] 小岛弦, 刘吉昌. 四丙氟橡胶的硫化[J]. 橡胶参考资料, 1979(7): 17-24.

第4章

抗硫永久式封隔器的开发

 4.1 **永久式封隔器的结构与技术现状** ◀◀◀

抗硫橡胶材料的开发是油气密封装备的基础,装备的密封性能还取决于密封结构设计与密封件的加工,以下分别介绍永久式封隔器、过油管封隔器及深水防喷器等核心装备相关密封的开发过程。

"封隔器"指利用弹性密封元件,用以封隔油管与油气井套管或裸眼井壁环形空间,隔绝产层,以控制产(注)液,保护套管的井下工具。封隔器作为石油勘探开发中的主要工具之一,被广泛应用于石油开采技术的各个领域,其工作性能的好坏直接影响着生产成本和企业的经济效益。目前,按照封隔器的工作原理可以分成:压缩式封隔器、扩张式封隔器、自封式封隔器和组合式封隔器;按照取出特点可分成可取式封隔器和永久式封隔器。

永久式封隔器具有工作压力大、拓展性能较强、可长期密封等优点,适用于酸化、压裂、采油、注水及替代桥塞等作业。虽然永久式封隔器不可回收,只能依靠钻除等破坏性方式取出,但是其结构简单,价格低廉,并且与可取式压缩式封隔器相比,永久式封隔器不用考虑解封过程,因此可以承受更大的坐封力和工作载荷。

4.1.1 永久式封隔器结构

封隔器主要由密封机构、坐封机构、锚定机构等组成,密封机构由胶筒、防凸垫、流体通道等组成、坐封机构由活塞和液缸等组成、锚定机构由卡瓦和锥体等组成,如图4.1所示[1]。

永久式封隔器上下连接油管,随完井管柱下井到设计位置。从油管加压后,压力通过中心连接管下端的传压孔作用在坐封活塞上。在活塞力作用下,坐封活塞推动锁环、锁套、下卡瓦和下锥体上行,剪断下锥体上的剪钉,胶筒开始压缩并施力于上锥体和上卡瓦。作用力达到上卡瓦断裂力时,卡瓦断裂并发生径向扩张。继续加压,上下卡瓦、开口涨环、膨胀环、胶筒直径开始扩大,紧贴在套管内壁上，同时锁环上的锯齿形螺纹与中心连接管的锯齿形螺纹咬合锁紧，保持封隔器的密封状态。继续加压到封隔器的坐封压力，胶筒封隔油套环空，卡瓦实现锚定，完成封隔器的坐封过程。由于上卡瓦和下卡瓦将胶筒卡死在坐封位置而不发生位移，封隔器得以实现长期有效密封[2-4]。

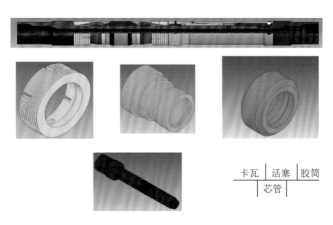

卡瓦｜活塞｜胶筒
芯管

图 4.1　永久式封隔器结构图

根据油气井的坐封需要的不同，完井封隔器的组成也有一定差异。下面分别介绍其中关键的五个组成部分。

(1)锚定部分也称为"支撑部分"，它的作用是将完井封隔器固定支撑在生产套管壁上，防止封隔器在部分作业中发生纵向移动，从而影响封隔器的密封性能，主要部件是水力锚和卡瓦等。早期的封隔器由于入井深度较浅，承受压力小，卡瓦用得不多，到 1934 年才开始应用单卡瓦。20 世纪 70 年代贝克休斯公司研制出能承受双向压差的整体卡瓦，在高温高压深井作业中用于防止封隔器的纵向移动，较多采用正、反多级卡瓦，增加封隔器的支撑能力。

(2)密封部分主要由弹性密封元件、钢碗、挡圈和防止密封元件发生"肩突"的部件组成。在机械力或液压力的作用下，发生一系列变化，最终密封环形间隙，防止流体通过。密封元件是其中至关重要的核心部分，通常制成圆筒状，所以也俗称胶筒。在实际作业中，根据要求有时也会制成 V 状和盘状。自封隔器问世以来，人们就对密封元件(尤其是实现外密封的胶筒)进行了大量全方位的深入研究，进而推动整个封隔器行业。

(3)扶正部分通常由一些扶正弹簧和扶正器组成，在转动管柱坐封封隔器时，扶正弹簧片对套管壁产生足够的摩擦力，防止封隔器壳体随管柱转动，起到扶正密封元件的作用，尤其在井身条件不好的井中同时也起到初卡作用，便于封隔器坐封。

(4)坐封部分包括坐封活塞，中心管，上、下接头和滑环套等，是使封隔器坐封于目的层层段后保持密封状态即工作状态的构件。坐封部分工作时，主要起到两个作用：一是推动椎体，使卡瓦张开，并贴在套管壁上；二是压缩弹性密封元件，使之胀大而密封。

(5) 锁紧部分通常由外中心管、销钉和各种内锁紧机构组成。封隔器一旦坐封后，锁紧部分会使之固定于坐封状态。该部分对封隔器的可取性具有很大的影响，是可取式封隔器的重要研究部分。

4.1.2　永久式封隔器技术现状

随着人们对石油储量勘探的需求增加，不得不在越来越恶劣的高温、高压等复杂的环境下进行钻井和完井作业。油气田中封隔器失效导致的失封、漏封、错封等事故时有发生，甚至导致油气井的早期报废，造成巨大的经济损失。因此，油气生产对封隔器的性能及适应性也提出了更高的要求，各国也一直着力研发高性能的封隔器适应越来越苛刻的服役环境[5-10]。目前，能够研制永久式封隔器并在市场上得到广泛应用的主要厂家包括贝克休斯公司、哈里伯顿公司、斯伦贝谢公司及威德福油田服务有限公司等。下面将分别介绍各个厂家生产的永久式封隔器的特点、性能参数以及适用场合。

1. 贝克休斯(Baker Hughes)公司

贝克休斯公司成立于 1987 年，是美国一家为全球石油开发和加工工业提供产品与服务的大型服务公司，是全球油田服务行业的领先者。贝克休斯公司的永久封隔器种类很多，其中，SAB-3 型永久式封隔器是最为广泛应用的产品之一，这里以其为例介绍贝克永久式封隔器的基本性能(https://www.bakerhughes.com/integrated-well-services/integrated-well-construction/completions/packers/permanent-production-packers/hydraulic-and-hydrostatic-set-permanent-production-packers)。

SAB-3 型永久式封隔器采用液压坐封方式坐封。当封隔器下入井内时，K 型或 KC 型锚定管柱密封器连接导管柱上，使其更适用于海洋的大位移井。与早期产品相比，SAB-3 具有坚固细长的结构和防挤出胶筒，这种结构使得作业时间减少，不用担心冲击损坏或者中途坐封，同时一旦坐封即能够达到安全和永久的要求；双向整体式高强度卡瓦确保坐封后封隔器不会沿井筒移动；独特的内部锁定、可膨胀金属挡圈与套管接触，阻止胶筒的突出；可以在坐封之前更换油管；SAB-3 的工作压差高达 10000psi(约 68MPa)；产品结构示意图和封隔器技术规格如图 4.2 和表 4.1 所示。

图 4.2　SAB-3 型封隔器结构示意图

表 4.1　SAB-3 型封隔器技术规格

套管			封隔器			封隔器封孔									
OD		质量	尺寸	最大通径 D		顶层					底层				
						密封孔		密封组件尺寸	最小过油密封孔径		密封孔		密封组件尺寸	最小过油密封孔径	
in①	mm	lb②/ft③		in	mm	in	mm		in	mm	in	mm		in	mm
5	127.0	15~21	32SAB30×19	3.968	100.7	3.000	76.2	20FA30	2.390	60.7	1.968	49.9	20-19	0.984	24.9
5-1/2	139.7	13~17	44SAB32×25	4.500	114.3	3.250	82.5	40DA32	2.500	63.5	2.500	63.5	21-19	1.312	33.3
6-5/8	168.2	17~32	82SAB40×32	5.468	138.8	4.000	101.3	80DA40	3.250	82.5	3.250	82.5	20-25	1.865	47.3
6-5/8	168.2	17~20	84SAB40×32	5.687	144.4								80-32	2.406	61.1
7	177.8	32~44	82SAB40×32	5.468	138.8	4.000	101.3	80DA40	3.250	82.5	3.250	82.5	80-32	2.406	61.1
7	177.8	20~32	84SAB40×32	5.687	144.4										
7	177.8	17~20	88SAB40×32	6.187	157.1	4.000	101.3	80DA40	3.250	82.5	3.250	82.5	80-32	2.406	61.1
7-5/8	193.6	33.7~39	88SAB40×32	6.187	157.1										
7-5/8	193.6	24~39	92SAB40×32	6.375	161.9	4.000	101.3	80DA40	3.250	82.5	3.250	82.5	80-32	2.406	61.1
7-3/4	196.9	46.1~48.6	88SAB40	6.187	157.1										
8-5/8	219.0	24~30	128SAB47×40	7.500	190.5	4.750	120.6	81FA47	3.875	98.4	4.000	101.6	80/120-40	3.000	76.2

① 1in = 2.54cm。
② 1lb = 0.453592kg。
③ 1ft = 3.048×10^{-1} m。

续表

套管 OD		质量	封隔器 尺寸	最大通径 D		封隔器封孔									
						顶层					底层				
						密封孔		密封组件尺寸	最小过油密封孔径		密封孔		密封组件尺寸	最小过油密封孔径	
in	mm	lb/ft		in	mm	in	mm		in	mm	in	mm		in	mm
9-5/8	244.4	32.3~58.4	194SAB60×47	8.125	206.3	6.000	152.4	190DA60	4.875	123.8	4.750	120.6	191-47	2.500	63.5
													190-47	3.000	76.2
			194SAB60×48								4.895	124.3	192-47	3.875	98.4
9-7/8	250.1	62.8	194SAB60×47	8.125	206.3	6.000	152.4	190DA60	4.875	123.8	4.750	120.6	191-47	2.500	63.5
													190-47	3.000	76.2
			194SAB60×48								4.895	124.3	192-47	3.875	98.4

注：OD 表示外径。

对于不同工况，除了封隔器主体金属材料的选择，还需要对封隔器胶筒密封材料的种类及硬度进行合理选型，以确保封隔器与其工况应用的温度与化学适应性。对于"D""DA""F-l""FA-1"等型号封隔器胶筒，可参考表 4.2 来选择橡胶密封材料的种类与胶料硬度。

表 4.2　"D""DA""F-l""FA-1"型封隔器胶筒密封件选型表

封隔器尺寸/mm	温度范围/℃	封隔器密封胶料
25～19 至 85～40	室温至 135 121～149 149 以上	70 硬度丁腈橡胶 90 硬度丁腈橡胶 Aflas 氟橡胶
86～32 至 128～40	室温至 149 135～149 149 以上	70 硬度丁腈橡胶 90 硬度丁腈橡胶 Aflas 氟橡胶
192～60 至 194～60	室温至 135 135～149 149 以上	70 硬度丁腈橡胶 80 硬度丁腈橡胶 Aflas 氟橡胶
212～32 至 240～93	室温至 149 149 以上	70 硬度丁腈橡胶 Aflas 氟橡胶

2. 哈里伯顿（Halliburton）公司

哈里伯顿公司成立于 1919 年，是世界上最大的为能源行业提供产品及服务的供应商之一。公司总部位于阿联酋第二大城市迪拜，在全球七十多个国家拥有超过五万五千名员工，为一百多个国家的国家石油公司、跨国石油公司和服务公司提供钻井、完井设备，井下和地面各种生产设备，油田建设、地层评价和增产服务。一百多年来，哈里伯顿公司在设计、制造和供应可靠的产品与能源服务方面一直居于工业界的领先地位。目前哈里伯顿公司是中国石油和天然气行业最大的设备与服务提供商之一。

哈里伯顿的液压坐封 Perma-Series®封隔器是一种一次起下作业的可磨铣永久式封隔器，这种封隔器包括整体式芯管和密封胶筒，消除了潜在的泄漏途径，是大斜度井和/或一次起下作业生产与注水作业的理想选择（https://www.halliburton.com/en-US/ps/completions/well-completions/production-packers/permanent/wireline-set-perma-series-packers.html）。表面较光滑的轮廓和较大的下入间隙有助于减少大斜度井和水平井下入时发生事故，金属对金属的螺纹连接增加封隔器的可靠性。这种封隔器采用具有发明专利的筒状卡瓦和先进的破裂盘技术，能够承受封隔器上下两端更大的压差，增加可靠性，同时其还具备内置防预先坐封的特性，能够在大相对密度的完井液或钻井液里坐封，降低坐封成本，减少作业时间。Perma-Series®封隔器结构示意图如图 4.3 所示，详细技术规格如表 4.3 所示。

图 4.3　Perma-Series®封隔器结构示意图

表 4.3　Perma-Series®封隔器结构技术规格

套管尺寸		质量范围		OD 最大值		ID 最小值	
in	mm	lb/ft	kg/m	in	mm	in	mm
7	177.80	29～32	43.15～47.62	5.90	149.86	3.87	98.29
7	177.80	32～35	47.62～52.08	5.80	147.32	3.83	97.28
7 5/8	193.68	33.7～39	50.15～58.04	6.37	161.93	3.87	98.29
9 5/8	244.50	43.5～53.5	64.73～79.62	8.31	211.07	4.85	123.18
9 5/8	244.50	43.5～47	64.73～69.94	8.42	213.37	6.00	152.39
9 5/8	244.50	53.5	79.62	8.33	211.58	6.00	152.39
9 7/8	250.83	62.7～68	93.30～101.18	8.31	211.07	4.46	113.28

注：OD 表示外径；ID 表示内径。

图 4.4　三重密封多硬度
胶筒密封结构示意图

哈里伯顿公司的 Perma-Series®封隔器胶筒密封件为三重密封多硬度胶筒密封结构，其两端胶筒硬度较高且内部含有自动回缩弹簧，中间胶筒则较软，以应对套管不规则形状并承受低压，其典型结构示意图如图 4.4 所示。

3. 斯伦贝谢(Schlumberger)公司

斯伦贝谢公司是全球最大的油田技术服务公司，公司总部位于休斯顿、巴黎和海牙，在全球 140 多个国家设有分支机构。公司成立于 1927 年，现有员工 130000 多名，2006 年公司收入为 192.3 亿美元，是世界 500 强企业。斯伦贝谢科技服务公司(SIS)属于斯伦贝谢油田服务部，是石油天然气行业公认的最好软件和服务供应商。

斯伦贝谢的 QLH 型液压坐封永久式封隔器是一种广泛应用的生产型封隔器，与 QUANTUM 型封隔器具有同样的上锁定外形，可以可靠且快速安装(https://www.slb.com/completions/well-completions/packers/qlh-production-packer)。集成在下卡瓦下端的坐封油缸提供使整体式卡瓦坐封和挤压橡胶筒所需作用力。QLH 可以在管柱就位和井口安装好后坐封。这种封隔器适用于常规和含 H$_2$S 的工作环境，并且可以用标准的磨铣工具磨铣并回收，按 ISO 14310 V3 级设计并测试。应用场合：垂直井、斜井和水平井；永久性井筒生产或隔离封隔器。优点：下入速度快，节省安装和坐封的时间；封隔器很容易被磨铣；从设计角度保证快速和可靠的安装。特点：双向整体式卡瓦；360°金属防挤出系统；附件容易连接。该型号封隔器结构示意图如图 4.5 所示，主要技术规格见表 4.4。

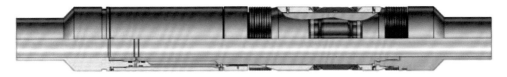

图 4.5　QLH 型液压坐封永久式封隔器结构示意图

表 4.4　QLH 型液压坐封永久式封隔器结构技术规格

套管尺寸 /in[mm]	套管质量范围 /(lb/ft)[kg/m]	油管尺寸/in[mm]	最高工作温度/°F[℃]	差压值/psi[MPa]
9.625[244.5]	36～47[53.57～69.94]	5.5[163.7]	325[163]	10000[69]
9.625[244.5]	47～58.4[69.94～86.91]	7[177.8]	300[149]	10000[69]

近年来，斯伦贝谢公司开发的 BluePack Ultra PH 型超高压永久液压定型封隔器通过了 ISO 14310 和 API Spec 11D1 V0 认证，最高工作温度达 177℃，耐受压力达 103MPa（https://www.slb.com/completions/well-completions/packers/bluepack-ultra-ph-packer）。其结构示意图如图 4.6 所示，详细技术规格如表 4.5 所示。

图 4.6　BluePack Ultra PH 型超高压永久液压定型封隔器结构示意图

表 4.5　BluePack Ultra PH 型超高压永久液压定型封隔器结构技术规格

套管尺寸/in[mm]	套管质量范围 /(lbm/ft)[kg/m]	油管尺寸 /in[mm]	最高工作温度/°F[℃]	差压值/psi[MPa]
7[177.8]	32～35[47.6～52.1]	4½[114.3]	350[177]	15000[103]

高性能密封胶筒能够为封隔器和生产管道之间提供有效的密封（https://www.slb.com/completions/well-completions/packers）。斯伦贝谢封隔器的标准密封系统

由黏接型丁腈橡胶胶筒组成。黏接型的氟橡胶 Viton® 和 Aflas® 密封胶筒作为高级密封单元，用于更加苛刻的工况环境。此类黏接型密封胶筒件能够抵抗碎屑、管道运动以及解封对胶筒造成的破坏，其结构示意图如图 4.7(a)所示。V 型密封系统可选用 Viton®、Teflon®、Ryton® 和 Aflas® 材料作为密封单元，如图 4.7(b)所示。斯伦贝谢密封系统的适用温度范围为 24～177℃，额定压力可达 10000psi(69MPa)。

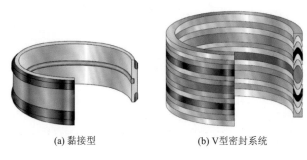

(a) 黏接型　　　　　　　　　　(b) V型密封系统

图 4.7　BluePack Ultra PH 型超高压永久液压定型封隔器

4. 威德福(Weatherford)油田服务有限公司

威德福油田服务有限公司为世界知名专业石油机械生产供应商，业务遍布 100 多个国家，为 200 多个地点提供油田设备服务，年营业额超过 120 亿美元，全球雇有 60000 多人，为世界三大石油设备厂商之一。40 余年来，威德福一直致力于全世界范围内制造和安装封隔器，UltraPak 系列封隔器及其附加工具是其典型的封隔器产品(https://www.weatherford.com/en/products-and-services/completions/production-packers)。其封隔器端和下端的螺纹设计为直接可以和管柱连接，不再使用螺纹锁定锚，为下一次起下作业、高压差单产层或多产层并适用于直井或大斜度井而设计，适用场合高压生产或测井过程、压裂过程、单井应用。

UltraPak TH 型封隔器结构示意图如图 4.8 所示，技术规格与胶筒密封材料选型如表 4.6 所示。该类型封隔器优点：整体式芯管结构减少泄漏点，增加可靠性；液压坐封节省作业时间；液压坐封系统双密封圈设计减少泄漏；较大的封隔器内孔减少对大流量的限制。

图 4.8　UltraPak TH 型封隔器结构示意图

表 4.6　UltraPak TH 型封隔器技术规格及胶筒密封材料选型

| 套管 | | | | 封隔器 | | | | |
OD/(in, mm)	质量/(lb/ft, kg/m)	ID/(in, mm) 最大值	ID/(in, mm) 最小值	OD 最大值/(in, mm)	OD 最小值/(in, mm)	标准 Box-and-Pin 连接	合成橡胶	产品
4 1/2″ 114.3	15.1~16.6 22.5~24.7	3.826 97.18	3.754 95.35	3.584 91.03	1.970 50.04	2 3/8″-in.EUE[1] Atlas Bradford@ 2 3/8″-in.EUE 8 RD[2]	Nitrile	726019
5 1/2″ 6-139.7	14.0~17.0 20.8~25.3	5.012 127.30	4.892 124.26	4.605 116.97	2.421 61.49	2 7/8″-in.，6.4-lb Atlas Bradford TCII™ pin and pin	HNBR[3]	823932
7 177.8	23.0~32.0 34.2~47.6	6.366 161.70	6.094 154.79	5.875 149.23	2.421 61.49	2 7/8″-in.，6.4-lb Atlas	HNBR	823526
					2.967 75.36	3 1/2″-in.，9.2-lb NEW VAM@	HNBR	732158
						4 1/2″-in.，13.5-lb NEW VAM	HNBR	787136
					3.895 98.93	4 1/2″-in.，12.6-lb NS CT@ 5-in.，18-lb NEW VAM box	HNBR	745403
9 5/8″ 244.5	40.0~53.5 59.5~79.6	8.835 224.41	8.535 216.79	8.125 206.36	4.758 120.85	5 1/2″-in.，20-lb VAM@ TOP@ 5 1/2-in.，20-lb NEW VAM	Aflas@	173307
				8.130 205.50	3.915 99.44	4 1/2″-in.，13.5-lb NEW VAM	HNBR	720359
				8.255 209.66	5.995 152.27	7-in.，29-lb VAM TOP	HNBR	909223

注：1-向外锻粗锻件；2-轮；3-氢化丁腈橡胶。

从上述组成和技术规格看，封隔器的承压能力、耐热温度及耐介质性能决定封隔器技术水平等级，封隔器胶筒是影响上述性能的核心部件。封隔器胶筒是由特定结构及橡胶材料制成的，其橡胶材料的性能决定封隔器密封性能的好坏。

国内封隔器生产厂家众多，但基本局限于常规封隔器的生产，技术水平落后于国外同类产品。例如，华北石油管理局石油机械厂生产 Y441-113 封隔器，河南濮阳市康威石油机械制造有限公司生产 ZYM444 水力锚、Y221-144 封隔器、51/2(7) 皮碗封隔器、Y341-114(755-1) 封隔器，盐城彩阳电器阀门有限公司生产 Y341-114 封隔器、51/2(7) 皮碗封隔器、Y221-144 封隔器，濮阳市天宏石油机械科技有限公司生产 K341-56~K341-195 封隔器等承压温度及压力均不及国外，尤其是耐 H_2S 封隔器未见报道。

综上，国内目前对永久式封隔器的研究很少，无论是封隔器的基础理论研究还是研发均处于较落后状态，对苛刻环境下使用的永久式封隔器的研究鲜有报道。

4.2　需求及目标 ◀◀◀

我国川东北地区天然气资源丰富，其中普光、元坝、罗家寨等都是特大型气田，是我国能源规划"川气东送"的气源地。但是川东北地区天然气高含 H_2S/CO_2、硫沉积、水合物生成、腐蚀等问题直接威胁到国家能源战略安全、人民生命财产安全以及高含硫气田的开发效益。

以耐高含硫介质的金属材料和耐高含 H_2S 介质的弹性密封材料的研制为重要基础，研制高含硫气田井下作业工具的配套胶筒。一方面将提高酸性气田开发水平、降低风险，增加开发安全；另一方面可大量减少和有效避免因腐蚀产生的经济损失，保障高含硫气田生产系统安全高效开发，为川东北地区普光等高含硫气田开发提供技术支撑，保障 100 亿 m^3 产能的顺利实现。促进相关材料的国产化进程，降低投资成本，提升国内材料制造水平。

目前，大多高含 H_2S、CO_2 工况用永久式封隔器过度依赖进口，价格高昂，根据国内高含硫气田的需求，提出技术水平指标如下。

(1)研制的金属材料和弹性密封材料达到耐 H_2S 分压 10MPa、CO_2 分压 10MPa 的要求；

(2)研制的永久式封隔器达到耐温 150℃、耐压差 50MPa 的要求；

(3)研制的永久式封隔器有效期达到 10 年以上；

(4)研制的永久式封隔器可以用磨铣的方式取出。

针对高含 H_2S/CO_2 油田封隔器的制备要求，对抗硫橡胶材料进行不同条件下的腐蚀试验，发现橡胶的腐蚀规律，探求橡胶的腐蚀失效机理，从主链结构选择、交联体系优化、封堵缺陷三方面提高橡胶抗硫性能。

4.3　高抗硫胶筒材料优选 ◀◀◀

随着高含硫酸性油气田的出现，H_2S 气体不仅对金属材料，而且对高分子材料造成严重的腐蚀。高温高压酸性油气田工况苛刻复杂，给抗 H_2S 腐蚀橡胶的开发带来很大的困难。H^+ 的酸性以及沉积的单质硫的氧化性使得橡胶发硬变脆，导致密封失效。由于高分子材料内部宏观缺陷，填料与大分子间结合力弱。在恶劣工况下，交联网络容易破坏，甚至主链发生断裂，材料性能恶化，为缓解材料老化，国内外开展了大量机制研究。加拿大等国家早在 20 世纪 80 年代有相应的产品问世，但一直处于技术保密状态。我国近年才开始开发高酸性油、气田，耐 H_2S 腐蚀密封产品目前完全依赖进口。

　　高含硫气藏的复杂性在于：①CO_2 和 H_2S 并存，在有水和无水的条件下分别形成水电解液和非水电解液；②在特定的分压下，处于高于超临界温度的气体会变为超临界溶剂，对弹性体材料具有很强的溶胀能力；③由于压力或温度的变化产生的爆炸减压能够导致密封材料灾难性地破裂；④人为加入的酸(HCl 和 HF)、碱(缓蚀剂)、完井液(金属卤化物，金属碳酸盐等)以及气体(CO_2 和 N_2)使服役环境更加复杂化。在此苛刻环境下服役的弹性体密封材料面临着爆炸减压、硬化、化学降解以及过度溶胀的问题。众所周知，CH_4、CO_2 和 H_2S 分别是八极、四极和偶极分子，其中 CH_4 是非极性的，CO_2 是电子对受体，H_2S 是电子对给体，它们的共存构成典型的混合溶剂体系，对弹性体具有很强的渗透作用，能够导致弹性体的过度溶胀。溶胀程度主要取决于特定气体对聚合物单体的物理吸引作用，而吸引程度又依赖于气体浓度。气体浓度随压力的增大而增大，所以高压下该问题更加突出，会导致爆炸减压现象。C_2 和更高级的烃类对橡胶同样具有溶胀作用，也可产生类似的爆炸减压问题。对于 CO_2 和 H_2S 气体，当处于临界状态且有平衡液相存在时，此时的混合物具有巨大的抽提能力，可以抽提弹性体密封材料中的增塑剂、防老剂、抗降解剂和低分子量未交联弹性链，从而使得密封材料体积减小，导致密封材料收缩，密封失效。

　　另外，人为加入的缓蚀剂、压裂液、酸处理液、脱蜡溶剂等井液也对弹性体密封材料构成威胁。其中，缓蚀剂的加入是为了缓解 CO_2、H_2S 和不可避免存在的水组成的侵蚀性很强的腐蚀介质对金属材料的侵蚀。典型地，缓蚀剂为长链含氮化合物，主要是胺类，属于碱性介质。压裂液中包括碳酸钾和氯化钾，氯化钾的水溶液 pH 约为 7，对弹性体影响小；碳酸钾的水溶液 pH 为 11.6，是强碱性介质，足以对除 FEPM 外的所有弹性体起到破坏作用。酸处理过程中加入的 HCl 和 HF 主要起到酸催化作用，能够促进 NBR 和 HNBR 弹性体的反应，导致常规硫化的氟弹性体如 Viton 和 Fluorel(FKM)过度溶胀，但是对组成合理的 AFLAS(FEPM)没有作用。脱蜡剂为典型的芳烃，如二甲苯。FKM 是唯一的低溶胀品种，NBR、HNBR 以及 FEPM 都具有高的溶胀趋势，但是除去溶剂后弹性体不会破坏。

　　基于上述酸性油气田对弹性体密封材料的影响和要求分析，结合国内外弹性体密封材料实际工矿应用实践，认为能够在高温高压酸性油气田环境中长期服役的弹性体的单体必须为非取代或者全部取代的烃类。其中，氟原子取代得到的氟橡胶通常具有优异的耐热性、耐油性、耐化学品性和低气体透过率。这是因为氟原子的电负性极高，使得 C—F 键键能较大(大约 110kJ/mol)，同时促使 C—C 主链键能提高(97kJ/mol)，并在 C—F—H—C 之间利用强范德华力形成氢键，且其原子半径(0.064mm)相当于 C—C 键的一半，因此能够紧密地排列在碳原子周围，对聚合物 C—C 主链产生很强的屏蔽作用，从而赋予含氟高聚物高度稳定性。国外著名的杜邦公司、3M 公司以及 Precision Polymer Engineering 公司的研究和应用实践充分说明氟橡胶是高含硫气藏密封材料的最佳选择。

4.3.1 基体橡胶材料优选

胶筒是封隔器关键密封元件，在高温高压、酸性介质中，弹性体复合材料会发生油溶胀、老化、过度交联等结构的变化。弹性体在 H_2S/CO_2 高温腐蚀环境下，硫化胶的性能受控于高分子主链 C—C 共价键以及分子链之间、填料与分子键之间的相互作用力。同时在特定的分压下，处于高压超临界温度的气体会变成超临界溶剂，对弹性体材料具有很强的溶胀能力，导致材料硬度上升、强度和弹性下降，致使封隔器胶筒易发生早期破坏，封隔器失效。表 4.7 为常用橡胶耐介质性能对比表。

表 4.7   常用橡胶耐介质性能对比表

材料名称	耐干 CO_2	耐湿 CO_2	耐 H_2S	耐 CH_4	最低温度/℃	最高温度/℃	断裂伸长率/%
全氟醚橡胶	1	1	1	1	−15	330	低
丁腈橡胶	1	1	4	1	−50	125	高
氟橡胶	2	2	3	1	−40	275	中
氢化丁腈橡胶	1	1	3	1	−30	175	高
四丙氟橡胶	1	1	1	2	−25	290	中

注：1-优；2-良；3-中；4-差/不适用。

由表 4.7 可以看出，全氟醚橡胶和四丙氟橡胶都具有较好的耐 H_2S 性能，全氟醚橡胶抗 H_2S/CO_2 性能最好，但其价格较高及伸长率较低，不宜作为胶筒基础胶料，可将其作为工具用 "O" 形密封圈材料，胶筒基础胶料则选择四丙氟橡胶。

四丙氟橡胶是一种新型含氟高聚物，它是以四氟乙烯和丙烯为原料，以过硫酸盐为引发剂，以全氟辛酸盐为乳化剂，以水为介质，在高压反应釜中交替共聚进行乳液聚合，形成聚合物乳液，然后经过凝聚、洗涤、干燥、热处理、扎片而得到的氟弹性体。目前主要有两种型号，即四氟乙烯（TFE）与丙烯（P）的二元共聚物（国外牌号为 TFE/P，国内称 TP）和再引入第三单体氟乙烯类的三元共聚物（TFE/P/T），其中二元共聚物的分子结构式如图 4.9 所示。

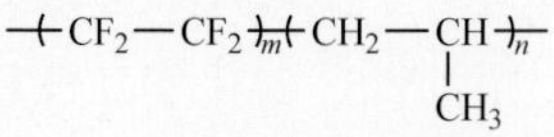

$$-\!\!\left[CF_2\!-\!CF_2\right]_{\!m}\!\!\left[CH_2\!-\!\underset{\underset{CH_3}{|}}{CH}\right]_{\!n}\!\!-$$

图 4.9   二元共聚物的分子结构式

二元共聚的四丙氟橡胶是两单体高度交替排列的共聚物，即每个 C_2F_4 链段和 C_3H_6 链段都被交替断开。从分子结构上可以看出，丙烯单体中体积较小的氢原子被四氟乙烯中电负性极强、体积较大的氟原子屏蔽。同时，丙烯中的甲基破坏分子排列的结晶性和规整性，使得四丙氟橡胶既具有一般氟橡胶的耐化学介质性和老化性等优良性能，又同时具备类似乙丙橡胶的耐低温性和弹性，并使弹性体具有热交联点，可采用常规的方法进行硫化。

国产的二元共聚物 TP-2 型四丙氟橡胶相当于国外的 Aflas150 型，分子量为 6 万～10 万，密度为 1.5～1.6g/cm³，含氟量为 54%～58%，热分解温度超过 400℃，硫化性能和工艺性能均较好。一般认为四丙氟生胶(基胶)尽管具有较好的耐 H_2S 性能，但在高温腐蚀环境下发生明显的腐蚀行为，腐蚀微观形貌见图 4.10。

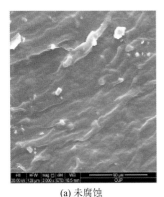 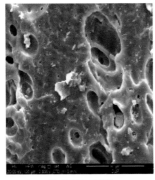 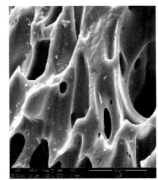

(a) 未腐蚀　　　　　　　　(b) 气相H_2S腐蚀　　　　　　　(c) 液相H_2S腐蚀

图 4.10　四丙氟生胶的在 H_2S 环境中腐蚀前后的微观形貌

从微观形貌变化可以看出，在高温下 H_2S 会与橡胶大分子的活性基团发生化学反应，造成其交联或降解，在高压下向橡胶与增强剂的界面迁移，并使橡胶大分子发生界面脱附，从而造成增强失效，因而交联剂和补强剂选择对混炼胶的强度性能十分重要。

选择不同厂家的四丙氟橡胶并选择厂家基础配方及工艺制备硫化胶片，得到橡胶腐蚀前后的性能见表 4.8。

试验条件：液相(20% H_2S、5% CO_2、75% CH_4，总压 6.9MPa，100℃，浸泡 96h)。

表 4.8　三种四丙氟基础配方的耐硫性能对比

性能	TP-2		Dupont		Aflas	
	腐蚀前	腐蚀后	腐蚀前	腐蚀后	腐蚀前	腐蚀后
邵 A 硬度	79	63	77	64	72	52
质量变化率/%		-4.54		9.45		2.77
体积变化率/%		-0.66		18.92		13.21
拉伸强度/MPa	14.7	5.2	12.9	8.1	12.1	6.1

续表

性能	TP-2		Dupont		Aflas	
	腐蚀前	腐蚀后	腐蚀前	腐蚀后	腐蚀前	腐蚀后
断裂伸长率/%	156.5	138.4	129.1	128.7	179.2	202.3
100%定伸强度/MPa	8.4	3.7	10.2	6.6	5.9	2.7
弹性模量/MPa	6.7	2.9	9.0	5.5	5.8	2.3

试验发现，上述三种四丙氟橡胶的拉伸强度、硬度均出现较大程度的下降，但断裂伸长率变化较小，Dupont 下降幅度略小，但考虑到原料国产化的因素，后续研究均以国产 TP-2 为基础。

4.3.2　交联体系对四丙氟橡胶耐腐蚀性的影响（无补强剂配方）

目前氟橡胶常用的硫化体系包括胺类、多元醇类、过氧化物类硫化体系，其中多元醇类、胺类硫化体系用于以偏氟乙烯为基础的氟橡胶的硫化。四丙氟橡胶没有硫化点，并且化学稳定性好，所以不能用胺类、多元醇类硫化体系，一般采用过氧化物类硫化体系，过氧化物类硫化体系按照自由基型反应进行，形成碳碳交联键，具有耐热水、耐水蒸气、耐化学介质等性能好的特点。过氧化物类硫化体系包括主交联剂和助交联剂。常用的主交联剂包括双 2,5、DCP、双 BP 等；常见的助交联剂包括两大类：一类是分子中不含烯丙基氢如三羟甲基丙烷三丙烯酸酯（TMPTA）、三羟甲基丙烷三甲基丙烯酸酯（TMPTMA）、N,N'-间苯撑双马来酰亚胺（HVA-2）；另一类是含有烯丙基氢的分子如三烯丙基异氰酸酯、1,2-聚丁二烯、二烯丙基邻苯二酸酯、三烯丙基氰酸酯。

试验选取了 DCP 与双 2,5 作为主交联剂，TAIC 作为助交联剂，对四丙氟橡胶进行硫化，通过对比硫化胶及其在 H_2S 介质中腐蚀后的物理性能，来比较主交联剂对四丙氟橡胶耐 H_2S 腐蚀性能的影响，并优选出主交联剂。

由图 4.11 可以看出，1#是 DCP 与 TAIC 共硫化的四丙氟橡胶，其具有较高的拉伸强度，试样强度超过 9MPa，而 2#为双 2,5 与 TAIC 共硫化的四丙氟橡胶，其获得较好的断裂伸长率。高温高压 H_2S 腐蚀后的拉伸强度 1#明显强于 2#。断裂伸长率方面，虽然腐蚀前 2#试样的断裂伸长率数值较高，而 1#试样断裂伸长率仅为 358.8%，但高温高压 H_2S 腐蚀后两个试样的断裂伸长率基本接近，因此 1#试样显示优良的断裂伸长率保持性能。

出现上述试验结果是由于这两种过氧化物主交联剂分子结构式有明显的区别：DCP 分子式中含有苯环（图 4.12），是一种强氧化剂，它不溶于水，溶于乙醇、乙醚、乙酸、苯和石油醚；而硫化剂双 2,5 是一种二烷基有机过氧化物，它不溶于水，易溶于醇、酯、醚、烃类有机溶剂，由于腐蚀体系中含有大量的饱和烷烃，大量的烷烃进入双 2, 5 与 TAIC 硫化的四丙氟橡胶中，这些烷烃会对四丙氟橡胶产生物理溶胀作用，导致交联密度降低，破坏交联网络的规整性，故 H_2S 腐蚀后，2#胶的拉伸强度较低，断裂伸长率与 1#胶相当。

(a) 拉伸强度　　(b) 断裂伸长率

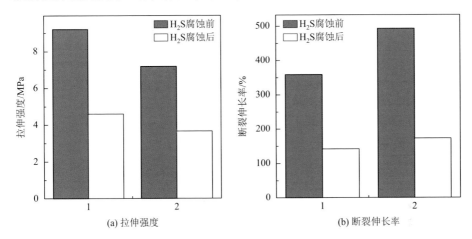

图 4.11　H_2S 腐蚀前后四丙氟橡胶拉伸强度与断裂伸长率的对比图

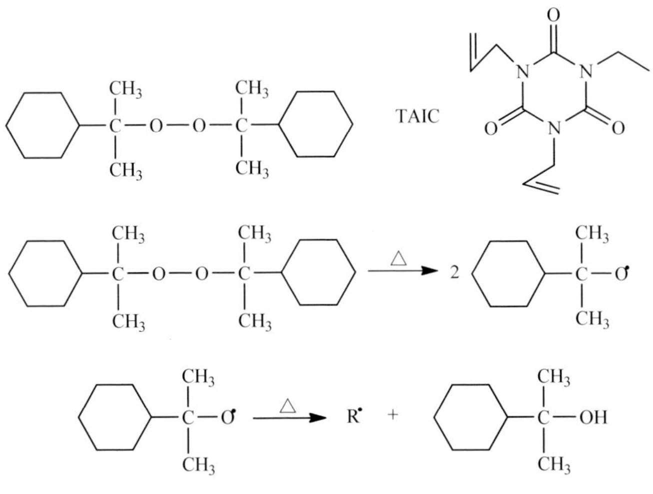

图 4.12　DCP 与 TAIC 的分子结构式及 DCP 在硫化过程中的作用

综上所述试验结果，主交联剂 DCP 与 TAIC 并用硫化体系硫化四丙氟橡胶综合性能最优，耐 H_2S 性能最好。

将 TAIC 用量固定为 6 份，DCP 用量从 1 份增加到 3 份，测试硫化胶的硫化性能。由表 4.9 可以看出，当 TAIC 用量固定时，随着 DCP 用量的增加，烧焦时间(Tc10)、正硫化时间(Tc90)依次递减，最高扭矩(MH)逐步提高，说明焦烧安全性变差，而硫化效率和硫化程度[最高扭矩(MH)−最低扭矩(ML)]依次提高。这是因为 DCP 在硫化体系起到的是引发剂的作用，随着 DCP 用量的增加，DCP 被分解产生活性自由基的含量增加，能产生更多的聚合物自由基，导致硫化反应速率、硫化反应效率及程度都提高。但 ML 随着 DCP 用量的增加没有特别的规律性，当 DCP 用量为两份时，最低扭矩最小，说明此时胶料的流动性最好，DCP 用量为 4 份时，最低扭矩最高，说明胶料流动性差。

表 4.9　硫化胶的硫化特性

硫化特性	DCP 用量/phr				
	1	2	3	4	5
Tc10/(min：s)	1：05	0：59	0：51	0：49	0：44
Tc90/(min：s)	10：2	8：10	6：20	5：46	5：03
ML/(dN·m)	4.88	2.21	4.67	4.94	2.40
MH/(dN·m)	9.58	14.4	14.7	12.58	14.50

由图 4.13 可以看出，随着 DCP 用量的增加，拉伸强度、硬度总体呈上升趋势，而断裂伸长率呈下降趋势。这主要是因为在 DCP 与 TAIC 并用硫化体系交联反应的过程中，DCP 受热分解产生活性自由基，产生的活性自由基进攻助交联剂 TAIC，进而产生聚合物自由基，产生的聚合物自由基进攻四丙氟橡胶上的活性点，完成交联反应，最终形成三维网络结构，使拉伸强度提高，断裂伸长率降低。当 TAIC 用量固定，DCP 用量依次增加时，体系中产生大量的活性自由基，进而导致大量的聚合物自由基，交联反应的程度大大提高，更多的交联网络形成，因而拉伸强度呈上升趋势，但由于 DCP 用量的增加，无定形区交联网络不断增多，断裂伸长率一直呈下降趋势。当 DCP 用量为 2.5 份和 3 份时，胶料的拉伸强度和硬度变化趋势相同，说明交联反应进行比较充分，而断裂伸长率相差明显，说明 DCP 用量增加，降低胶料的韧性。

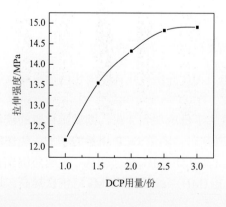
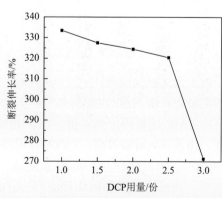

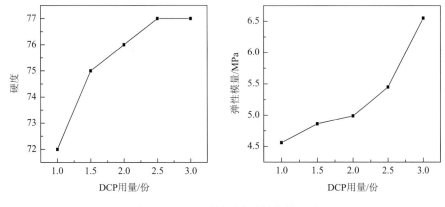

图 4.13　DCP 用量对力学性能的影响

通过拉伸强度和伸长率的变化,研究 DCP 用量对四丙氟橡胶耐 H_2S 性能的影响, 如图 4.14 所示。不同 DCP 用量的四丙氟橡胶经过高温高压 H_2S 腐蚀后, 其拉伸强度、硬度与断裂伸长率急剧下降,性能保持率差。这可能是因为在水存在的环境中 H_2S 会离解为 H^+ 和 SH^-,无水环境中的 H_2S 气体在高温、高压下分解为 $H\cdot$ 和 $HS\cdot$。H^+、SH^- 和 $HS\cdot$ 活性粒子进攻高分子链上的活泼氢,与橡胶分子链中的双键及侧链中的活性基团反应,使分子链产生过度交联。当分子链中含有双键时,该反应极为迅速,使材料变硬变脆,导致橡胶的老化和力学性能的急剧下降。此外,腐蚀体系中含有 CO_2、饱和水蒸气、大量烷烃,加速腐蚀速度。随着 DCP 用量的增加,硫化胶内部的交联密度增大,交联程度提高,导致化学介质难以渗入内部。当 DCP 含量为 2.5 份和 3 份时,腐蚀前后的四丙氟橡胶性能相近,相比较而言,DCP 为 3 份时性能稍好一点。

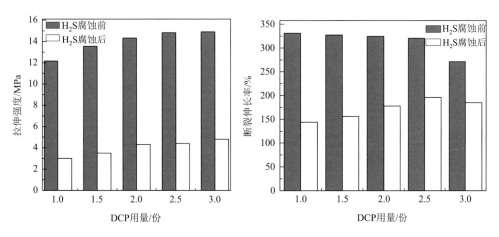

图 4.14　H_2S 腐蚀前后四丙氟橡胶拉伸强度与断裂伸长率的对比图

腐蚀条件:100℃、6.9MPa、20% H_2S、5% CO_2、75% CH_4、4 d、气相

综上所述试验结果分析，当 TAIC 用量为 6 份，DCP 用量为 3 份时，四丙氟橡胶耐 H_2S 性能最好。

4.3.3 橡胶补强体系的优选

四丙氟橡胶的补强剂包括炭黑、黏土等填料，炭黑是橡胶工业中最重要的补强性填料，包括 N330、N550、N774、N990 等，通过对比不同炭黑填充四丙氟橡胶及其在高温高压 H_2S/CO_2 介质中腐蚀后的力学及物理性能，来比较填料对四丙氟橡胶耐腐蚀性能的影响，优选最佳补强填充体系。

由表 4.10 可以看出，炭黑选择 N330、N550、N774、N990 时，四丙氟橡胶的 Tc10、Tc90、ML、MH 依次递减，N330 填充的胶料焦烧安全性最好，N990 填充的胶料焦烧安全性最差。但 N990 填充的胶料硫化效率最高，流动性最好，而 N330 填充的胶料交联密度最大。这可能是因为炭黑粒径越小，比表面积越大，四丙氟混炼胶中的结合橡胶越多，炭黑补强性越强。N330 粒径最小，结构性高，对四丙氟橡胶的补强作用最好，故其流动性差，最高扭矩最高。

表 4.10　硫化胶的硫化特性

硫化特性	炭黑种类			
	N330	N550	N774	N990
Tc10/(min：s)	1：16	0：58	0：53	0：45
Tc90/(min：s)	7：12	6：22	5：35	5：06
ML/(dN·m)	3.82	2.90	2.97	2.32
MH/(dN·m)	32.31	23.01	22.44	15.44

由图 4.15 可以看出，N774 对四丙氟橡胶的补强效果最好，拉伸强度超过 20MPa，断裂伸长率也较好，仅次于 N990 补强的硫化胶。炭黑对橡胶的补强作用主要取决于炭黑的粒子大小、结构程度和表面活性这 3 个基本因素。其中，表面活性是影响炭黑与炭黑以及炭黑与橡胶之间相互作用的重要因素，是炭黑具有补强能力的主导因素，称为强度因素。炭黑表面活性的高低决定炭黑与橡胶之间的相互作用程度，进而影响炭黑的补强效果。由于 N774 和 N990 的表面与内部中含有较高的活泼氢，可以与橡胶发生作用，补强效果好，因而 N774 与 N990 补强的四丙氟橡胶基础性能较好。

将各种炭黑填充的橡胶试样置于压力为 6.9MPa（20% H_2S、5% CO_2、75% CH_4），温度为 100℃、130℃、150℃、175℃的高温高压反应釜中，气相腐蚀 4 d，测试其高温环境下腐蚀后的各项性能变化，如图 4.16 所示。与腐蚀前相比，各种

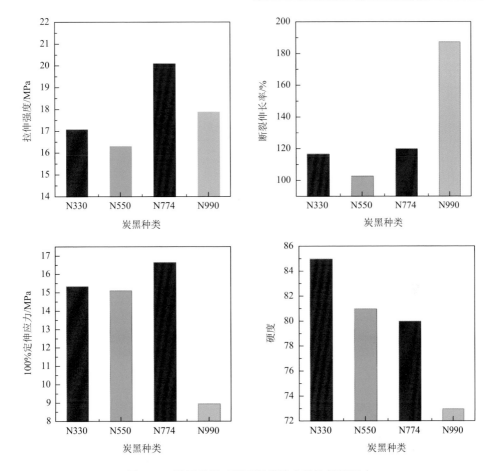

图 4.15　炭黑种类对四丙氟橡胶力学性能的影响

橡胶试样在 H_2S 腐蚀后，拉伸强度明显降低。腐蚀温度为 100℃时，N550 补强的硫化胶拉伸强度最高，N774 补强橡胶拉伸强度最低；130℃时，所有试样的拉伸强度都大幅下降，但 N550 补强橡胶拉伸强度变化较小；温度升高至 150℃时，整体趋势为增加的，拉伸强度最好的是 N330 补强的橡胶，达到 175℃时，各种炭黑补强的橡胶拉伸强度均明显下降，尤其是 N990 补强橡胶拉伸强度损失最大。由腐蚀试验数据可知，N550 填充的四丙氟橡胶腐蚀后强度及拉伸强度保持率最好。

　　另外，与腐蚀前相比，除 N990 补强橡胶外，各样品腐蚀后的断裂伸长率随温度的增加呈升高趋势。由腐蚀试验数据可知，虽然 N330 填充的四丙氟橡胶断裂伸长率略好于 N550 填充的四丙氟橡胶，但后者腐蚀后的断裂伸长率保持率最好。

　　从腐蚀后四丙氟橡胶的硬度曲线可以看出，所有橡胶试样整体的趋势是先升后降，并且在不同的腐蚀温度下，N330 填充的四丙氟橡胶腐蚀后的硬度最高，最差的是 N990 填充的四丙氟橡胶。虽然 N774 与 N990 补强橡胶基础强度最高，但是在高温 H_2S 腐蚀后强度下降明显，强度保持率很低；而 N550 补强的四丙氟橡胶虽然腐蚀前拉伸强度不高，但经过高温 H_2S 腐蚀后，强度保持率最好。出现上述试验现象的原因可能是 N774 和 N990 的表面与内部含有较高的活泼氢，这些活泼氢除能给四丙氟橡胶带来好的补强效果外，还是腐蚀介质进攻的薄弱环节，腐蚀介质中的 H_2S 极易与其反应，造成炭黑与橡胶网络的脱落，强度等性能下降。

从图 4.16 可以看出，各种橡胶试样在 H_2S 腐蚀后，随着温度的升高，质量变化率先降低后升高。腐蚀温度为 100℃时，橡胶试样的质量变化率整体上较高，接近 10%，说明有大量的饱和烃蒸气、水蒸气进入橡胶内部；腐蚀温度达到 130℃与 150℃时，质量变化率开始下降，特别是温度为 150℃时，各种橡胶试样的质量变化率最低，N330 与 N550 填充的四丙氟橡胶试样的质量变化率相近；温度继续升高，达到 175℃时，质量变化率又突然上升，N330 填充的四丙氟橡胶试样的质

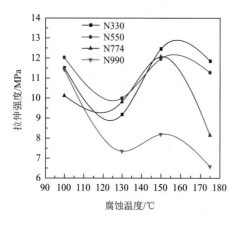

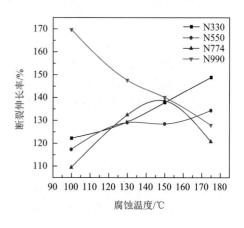

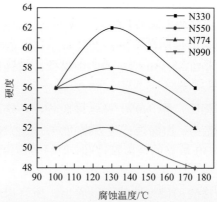

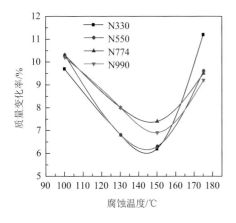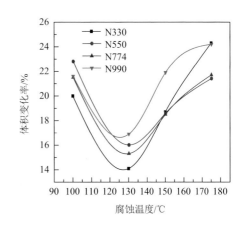

图 4.16　H_2S 腐蚀温度对四丙氟橡胶性能的影响

量变化率最大,饱和烃蒸气与水蒸气进入得最多。从温度与体积变化率曲线可以看出,各种橡胶试样在 H_2S 腐蚀后随着温度的升高,体积变化率先降低后升高。温度小于 150℃,N330 填充的四丙氟橡胶试样的体积变化率是所有橡胶试样中最低的。

出现上述试验现象的原因是腐蚀体系中存在两种反应:一种是由于橡胶中残留少量的未反应硫化剂,在较高的温度下,残余硫化剂与橡胶分子链继续发生交联反应,又生成交联网络,阻止化学介质向其内部渗透、扩散;另一种是由于高温使得 H_2S、CO_2 及饱和烃蒸气等腐蚀介质向橡胶内部扩散迁移的速度加快,对橡胶的腐蚀程度加重。橡胶材料高温 H_2S 腐蚀的过程中,这两种反应同时存在,橡胶物理性能的变化则取决于这两者综合作用的结果。温度从 100℃升高到 150℃时,交联反应占主导地位,质量变化率是下降的;然而到了 175℃时,渗透速率大于交联速率,质量变化率又升高了。

综上所述试验结果,N550 填充的四丙氟橡胶虽然基础力学性能最差,但经过不同温度 H_2S 腐蚀后,力学性能较好,性能保持率最高。

图 4.17 为不同炭黑填充的四丙氟橡胶在不同温度下含 H_2S 条件下,腐蚀前后断面的微观形貌 SEM 照片。从图 4.17 的对比可以看出,N550 填充的四丙氟橡胶腐蚀后与腐蚀前的微观形貌差别较小,是所有试样中破坏程度最轻的;N990 填充的四丙氟橡胶试样被破坏得最为严重,其拉伸断面上出现一条裂痕,并且这条裂痕随着温度的升高而变得又深又宽。所有橡胶试样在 100℃时,微观形貌与腐蚀前差别较小;腐蚀温度继续升高,腐蚀程度加重,断面开始变得粗糙不平,N774 与 N990 填充的橡胶试样拉伸断面甚至开始出现裂痕,并且温度越高,裂痕越深越宽。从图 4.17 的对比可以得知,N550 填充的四丙氟橡胶在 H_2S 腐蚀后不会出现粗糙不平、裂痕的现象,被破坏的程度较轻。

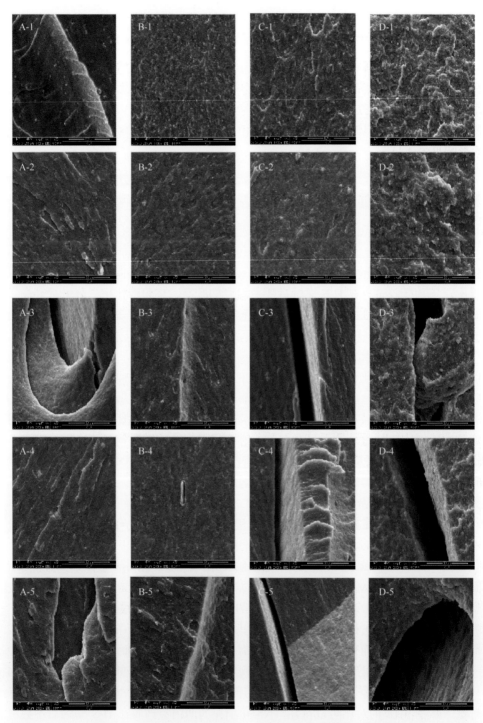

图 4.17   四丙氟橡胶不同温度下断面的微观形貌 SEM 照片

4.3.4 炭黑 N550 用量对四丙氟橡胶性能的影响

通过对比四丙氟硫化胶及其在高温高压 H_2S/CO_2 介质中腐蚀后的力学及物理性能，优选 N550 填充的四丙氟橡胶耐腐蚀性能较好。N550 用量也是影响硫化胶性能的重要因素，考虑到前述硫化胶的伸长率较小，本节减小硫化剂用量，硫化胶虽然强度下降，但断裂伸长率超过 300%。N550 用量对四丙氟橡胶耐腐蚀性能的影响见表 4.11。

表 4.11 N550 用量对四丙氟橡胶耐腐蚀性能的影响

性能	N550 用量				
	20	25	30	35	40
邵 A 硬度	73	76	77	79	80
拉伸强度/MPa	9.3	9.2	8.1	9.1	9.8
断裂伸长率/%	406.1	358.8	344.5	318.1	306.5
100℃ 6.9MPa 5% CO_2 95% CH_4 气相腐蚀 4d 后性能数据					
邵 A 硬度	56	59	59	64	61
拉伸强度/MPa	6.2	5.6	4.9	6.5	6.1
断裂伸长率/%	196.8	146.1	144.0	142.1	166.3

试验选用橡胶配方如表 4.11 所示。从腐蚀前物理性能测试结果来看，随着 N550 用量增加，硬度依次升高而断裂伸长率依次递减，说明炭黑的加入虽然得到补强效果，致使硬度增加，但同样破坏交联网络的规整性，导致断裂伸长率降低；拉伸强度的变化除了 3#试样，其他橡胶试样的强度大小接近。

由于炭黑网络与橡胶交联网络的共同作用，使 H_2S、CO_2 等酸性介质难以渗透进入橡胶内部，限制橡胶的溶胀。酸性介质无法更多进入橡胶内部，也就阻止其对橡胶的腐蚀破坏作用。炭黑用量太少，炭黑网络贡献的作用太少，H_2S 就会渗透至橡胶内部，直接与交联网络反应，破坏整个交联网络，力学性能下降严重；炭黑用量过多，降低单位体积的硫化剂含量，致使相应的交联密度降低，阻止酸性介质进入橡胶内部的能力降低，力学性能下降。因此，合适的炭黑用量才能达到补强与阻隔的双重效果。

4.3.5 黏土/炭黑/四丙氟橡胶纳米复合材料的耐腐蚀性能

炭黑作为传统的纳米填料，其对橡胶材料的增强作用是其他补强填料难以取代的，但橡胶制品要想获得优异的综合性能，仅靠炭黑的单一增强往往不够，尤其是应用在环境苛刻的高含硫油气田中。黏土作为橡胶增强用填料，其特殊的片状结构具有极高的阻隔性能。黏土晶层的比表面积和面积/厚度比均较大，可有效地阻碍 H_2S、CO_2 及水分子等向胶料内部的扩散，提高复合材料的耐腐蚀性能，图 4.18 是典型炭黑与黏土 SEM 照片。因此，本研究选用黏土与 N550 并用，重点考虑黏土及黏土用量对四丙氟橡胶耐 H_2S 性能的影响。

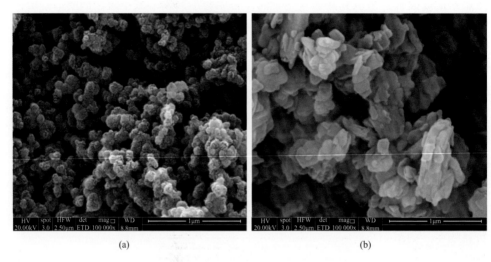

(a)   (b)

图 4.18   N550(a)与黏土(b)的 SEM 照片

由表 4.12 可以看出，对比腐蚀前的物理性能，黏土的加入使得拉伸强度有所下降，但仍保持在 8.0MPa 以上。与此同时，硬度均有所上升，而断裂伸长率先升高后降低。这是因为黏土的加入，降低单位体积的硫化剂含量，致使硫化胶的交联密度减小，拉伸强度就会变小。当黏土的含量过大时，就会存在团聚现象，导致填料在胶料中分布不均匀，拉伸强度与断裂伸长率都会下降。随着黏土含量的增加，硫化胶的硬度呈现规则的递增趋势，这与黏土增强橡胶的特点一致。

表 4.12   黏土用量对四丙氟橡胶耐腐蚀性能的影响

性能	黏土用量			
	0	10	20	30
邵 A 硬度	79	80	82	84
拉伸强度/MPa	9.1	8.7	8.6	8.3
断裂伸长率/%	318	335	278	230
150℃ 6.9MPa 20% H_2S 5% CO_2 75% CH_4 气相腐蚀 4d 后性能数据				
邵 A 硬度	64	3	69	73
拉伸强度/MPa	6.5	7.5	7.3	6.5
断裂伸长率/%	142.1	265	242	213

在气相 H_2S 腐蚀 4d 后，黏土的用量不同，胶料的性能有一定的差异。当黏土用量为 10 份时，胶料的拉伸强度与断裂伸长率最高，强度的保持率高达 85%，因为少量的片层黏土会插入这些微小孔洞之中，起到堵空的作用，提高胶料的防腐能力；此外，黏土特殊的片状结构具有极高的阻隔性能，可有效地阻碍 H_2S、CO_2 及水分子等分子向胶料内部的扩散，提高复合材料的耐腐蚀性能。当黏土含量增大时，黏土就会在胶料中出现团聚、分布不均匀的现象。其填充的硫化胶经过腐蚀后，容易被抽提，导致力学性能下降显著。

4.3.6 多点交联体系（无补强体系）

从上述数据看出，经过优化后的橡胶耐 H_2S 性能显著提高，但是硬度和拉伸强度仍然有一定程度的下降，这是因为 H_2S 对四丙氟橡胶的交联网络破坏较严重。

根据 TAIC 作为助交联剂的硫化机理可以推断，OVPOSS 的硫化机理为 DCP 分解产生自由基，后转移至四丙氟橡胶分子链上，再与 OVPOSS 分子中的双键发生反应，其交联机理如图 4.19 所示，由此可知加入的 OVPOSS 越多，理论交联点数目越多，如图 4.20 所示。

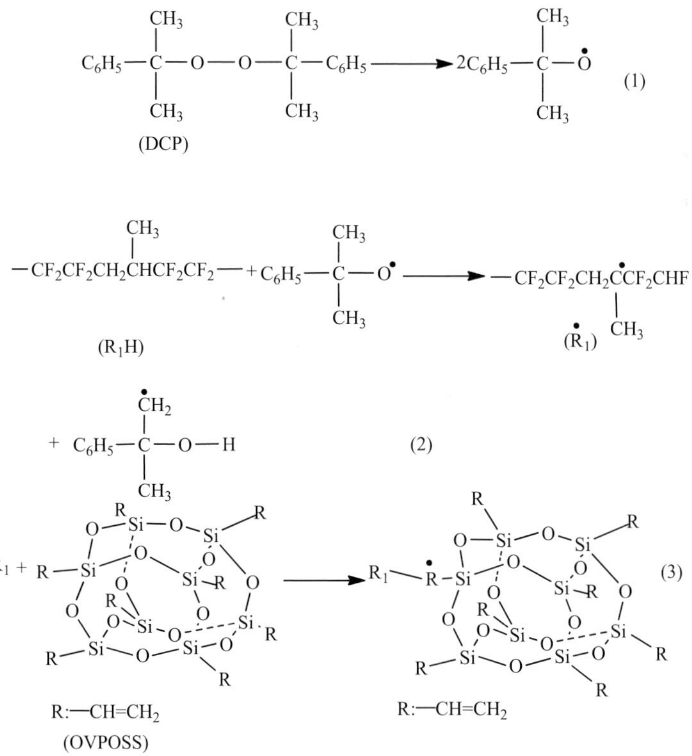

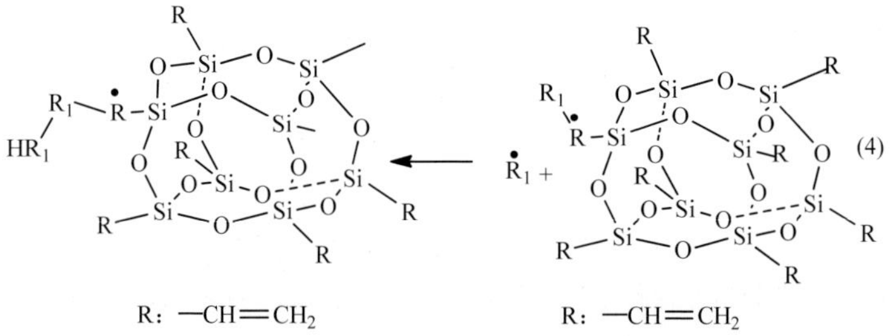

$$(4)$$

图 4.19   OVPOSS 与四丙氟橡胶分子链交联反应

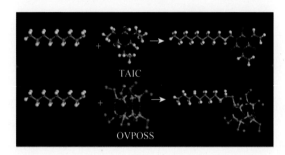

图 4.20   TAIC 与 OVPOSS 对四丙氟橡胶交联橡胶结构差别

　　表 4.13 为 OVPOSS 用量对四丙氟橡胶硫化性能与力学性能的影响。从表 4.13 可以看出，添加 8 份 OVPOSS 时，胶料的流动性最好，ML 最低；当 OVPOSS 用量为 2 份时，胶料的流动性最差，ML 最高。随着 OVPOSS 用量的增加，交联点增多，交联程度提高，致使 MH 逐渐增大。添加不同份数 OVPOSS 时，胶料在硫化过程中 Tc10 接近，OVPOSS 用量对焦烧安全性没有影响。而在 OVPOSS 用量为 6 份时，胶料的正 Tc90 相对较小，硫化速度相对较快。随着 OVPOSS 用量的增大，硫化胶的硬度与拉伸强度呈增大趋势，断裂伸长率呈减小趋势。

表 4.13   OVPOSS 用量对四丙氟橡胶硫化与力学性能的影响

性能	OVPOSS 用量/phr			
	2	4	6	8
ML/dN·m	4.89	4.67	4.83	2.01
MH/dN·m	6.01	7.50	8.04	8.83
Tc10/(min: s)	1: 13	1: 13	1: 18	1: 15
Tc90/(min: s)	11: 07	11: 47	10: 52	11: 50
拉伸强度/MPa	7.1	7.3	7.9	10.5
断裂伸长率/%	386.7	340.1	318.2	264.0
邵 A 硬度	50	52	55	59

表 4.14 为四丙氟橡胶耐 H_2S 水溶液腐蚀性能，试样处于液相中，在 150℃ H_2S 水溶液（液相）介质腐蚀两天后，硬度均呈现一定程度的增大趋势。添加两份 OVPOSS 时，腐蚀后的样品的拉伸强度减小，可能为添加量相对较少，提供的参与交联反应的乙烯基双键相对较少，而在腐蚀过程中，部分交联键被破坏，使交联密度降低，进而力学性能下降。而添加 OVPOSS 量相对较多时，潜在的交联点较多，有可能在热效应的影响下，导致进一步交联。且添加 OVPOSS 为 8 份时，硫化胶断裂伸长率呈现一定程度的增大趋势，有可能为添加 OVPOSS 量相对较多，在热效应的影响下，硫化胶整体性能有所提高。

表 4.14　四丙氟橡胶耐 H_2S 水溶液腐蚀性能（液相）

性能	OVPOSS 用量/phr			
	2	4	6	8
邵 A 硬度	50	52	55	59
拉伸强度/MPa	7.1	7.3	7.9	10.5
断裂伸长率/%	386.7	340.1	318.2	264.0
耐 H_2S 水溶液（液相）腐蚀性能				
邵 A 硬度	64	65	69	71
拉伸强度/MPa	6.9	8.5	10.9	13.4
断裂伸长率/%	354.9	305.2	300.0	280.9
质量变化率/%	3.1	3.5	4.2	3.4
体积变化率/%	4.5	5.9	6.2	3.9

表 4.15 为四丙氟橡胶耐气相 H_2S 腐蚀性能，腐蚀后，硬度均呈现一定幅度的增大。添加 6 份 OVPOSS 时，腐蚀后试样拉伸强度与断裂伸长率均呈现出一定幅度的增大，有可能为添加量相对充足，而且分散均匀，在热效应的影响下，表现出相对较好的综合性能。

表 4.15　四丙氟橡胶耐气相 H_2S 腐蚀性能

性能	OVPOSS 用量/phr			
	2	4	6	8
邵 A 硬度	50	52	55	59
拉伸强度/MPa	7.1	7.3	7.9	10.5
断裂伸长率/%	386.7	340.1	318.2	264.0
耐气相 H_2S 腐蚀性能				
邵 A 硬度	62	63	65	68
拉伸强度/MPa	4.57	6.10	8.7	9.82

性能	OVPOSS 用量/phr			
	2	4	6	8
断裂伸长率/%	367.8	333.6	334.4	292.0
质量变化率/%	2.3	2.9	2.7	2.8
体积变化率/%	3.2	3.8	4.0	3.5

图 4.21(b) 为添加 8 份 OVPOSS 的硫化胶在 H_2S 水溶液(液相)介质腐蚀前后断面 SEM 照片,腐蚀后硫化胶表面变得相对光滑,团聚聚集体颗粒减少,而且在腐蚀后出现一定数量的孔洞,它是在腐蚀过程中 H_2S 渗透腐蚀造成的,有可能为破坏 OVPOSS 的团聚,导致出现一定数量的孔洞,或对基体造成一定程度的腐蚀。

(a) 原始

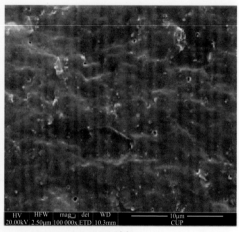

(b) 液相

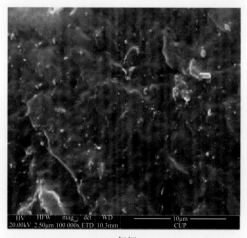

(c) 气相

图 4.21　四丙氟硫化胶在 H_2S 水溶液(液相、气相)腐蚀前后断面 SEM 照片

图 4.21(c)为添加 8 份 OVPOSS 的硫化胶在气相 H_2S 环境腐蚀前后断面 SEM 照片，腐蚀前后断面形貌没有明显变化，腐蚀后聚集体颗粒相对减少，硫化胶力学性能略有下降，DCP/OVPOSS 硫化体系耐 H_2S 气相腐蚀能力较传统 TAIC 助硫化体系好。

硫化胶在经 H_2S 水溶液(液相)介质环境腐蚀后，拉伸强度呈现一定程度的增大，且具有一定的断裂伸长率保持率。腐蚀后，由 SEM 知其断面形貌出现一定量的孔洞，且其耐热性呈现出一定程度的下降。但综合而言，硫化胶仍具有一定的耐 H_2S 水溶液(液相)老化性能，表面形貌未发现起泡、裂纹等缺陷。

硫化胶在经气相 H_2S 腐蚀后，添加 6 份 OVPOSS 时拉伸强度与断裂伸长率均呈现出一定幅度的增大，表现出相对较好的综合性能。质量变化率与体积变化率相对较小，均保持在 4%以内。

从以上分析可知，如图 4.22 所示，与 TAIC 助硫化剂相比，多点交联体系不仅可以提高橡胶的交联程度，还可以提高橡胶的耐 H_2S 性能。

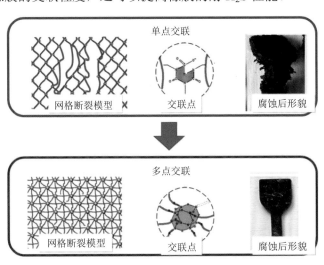

图 4.22　两类典型交联体系对比

4.4　不同介质条件对四丙氟橡胶性能的影响规律

4.4.1　不同浓度的 H_2S 对四丙氟橡胶性能的影响

选择国产四丙氟橡胶作为基体，通过硫化体系、补强体系及多点硫化体系的研究，研发的抗硫四丙氟橡胶具有较好的耐温、耐 H_2S 及 H_2S-CO_2 复合介质等优点，表 4.16 是基本配方及性能表。

表 4.16　耐硫四丙氟橡胶基本配方及性能表　　　　（单位：phr）

四丙氟橡胶	100
DCP	2～3
助交联剂	4～6
N550	20～50
纳米片层补强填料	10～20
OVPOSS	6～8
加工助剂	5～10
邵 A 硬度	85
拉伸强度/MPa	20.3
断裂伸长率/%	325

注：由于合作方技术保密原因，本配方与试验配方存在偏差。

　　将优化后的橡胶在表 4.17 所示的不同条件下进行评价，考虑老化温度、H_2S 及 CO_2 分压及总压对橡胶性能的影响。表 4.18 所示的结果表明耐硫橡胶在 150℃、H_2S 分压 4.0MPa 以下、CO_2 分压 4.5MPa、总压 50MPa 浸泡 96h 的条件下，拉伸强度、断裂伸长率保持率均大于 80%，邵 A 硬度变化小于 5；在 177℃、H_2S 分压 3.5MPa 以下、CO_2 分压 3MPa、总压 50MPa 条件下，强度保持率大于 65%，断裂伸长率保持率大于 80%，邵 A 硬度变化小于 5；即使在 205℃高温高压环境中拉伸强度及断裂伸长率保持率大于 70%，由于交联键的大量断裂，硬度出现大幅度下降。

表 4.17　耐硫封隔器胶筒材料评价条件

条件	温度/℃	H_2S 分压/MPa	CO_2 分压/MPa	总压/MPa
条件 1	150	4.0	4.5	6.9
条件 2	150	3.5	3.0	6.9
条件 3	150	3.5	3.0	15
条件 4	150	3.5	3.0	30
条件 5	177	3.5	3.0	6.9
条件 6	177	3.5	3.0	6.9
条件 7	150	4.0	4.5	50
条件 8	177	3.5	3	30
条件 9	177	3.5	3	50
条件 10	205	3.5	3	50

表 4.18　耐硫封隔器胶筒材料的耐硫性能

腐蚀条件	拉伸强度/MPa	拉伸强度保持率/%	断裂伸长率/%	断裂伸长率保持率/%	邵 A 硬度	邵 A 硬度变化
原始性能	20.3	—	325	—	85	—
条件 1	18.5	91	350	108	81	−4
条件 2	18.0	89	338	104	81	−4
条件 3	15.1	74	250	77	80	−5
条件 4	14.5	71	260	80	80	−5
条件 5	15.2	75	366	113	82	−3
条件 6	14.0	69	350	108	74	−11
条件 7	16.9	83	276	85	81	−4
条件 8	15.6	77	387	119	82	−3
条件 9	14.1	69	402	124	81	−4
条件 10	15.1	74	379	117	68	−17

4.4.2　胶筒耐 H_2S 性能评价

根据胶筒的受力分析及材料的研究，选择优化后的材料配方进行了胶筒的制备，采用胶筒先在反应釜中进行 H_2S 腐蚀老化，再在封隔器油浸系统中进行性能测试。

为了考察封隔器胶筒能否满足井下复杂工况条件，在高温高压和酸性环境下能否安全可靠地密封，需要对其相关性能进行检测。

因此，有必要对现有的封隔器胶筒试验装置进行改造，提供一种结构简单、能考察胶筒在实际工况条件下性能的试验装置，能够很好地模拟封隔器胶筒在井下实际使用时的受力状态及使用条件，同时考察胶筒在此受力状态下的密封效果。

如图 4.23 所示，该试验装置包括设置釜盖的高温高压釜、套筒、内置螺栓以及压筒。其中，套筒置于釜内且其上端与釜盖密封连接；内置螺栓与釜盖连接，该内置螺栓置于釜内的部分位于套筒内部空间，且该内置螺栓的下部设有承载封隔器胶筒的承载平台；压筒套设于螺栓上，在该压筒与承载平台之间形成套设封隔器胶筒的空间。

该试验装置能模拟胶筒的受力状态，并在耐酸性气体或液体中对其密封性能和耐腐蚀性能进行考察。内置螺栓是通过螺孔与釜盖连接，通过旋转螺栓能调节承载平台与釜盖间的距离而实现对胶筒的压缩。通过对位于螺栓承载平台上的胶筒施压，该胶筒压缩变形在所述套筒内部空间、封隔器胶筒与釜盖之间能形成密封空间。

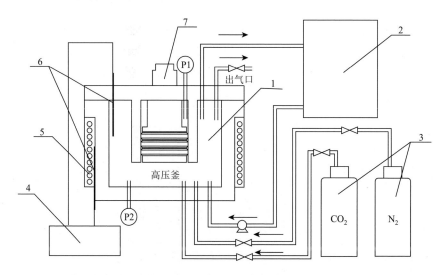

图4.23　利用本实用新型的试验装置加载封隔器胶筒后进行胶筒性能测试的试验
系统的结构示意图

试验装置还应设置有测定所述釜盖下套筒内部空间压力的压力表。在实际应用中，可用增压泵增加高压釜内的压力，使胶筒两端形成压力差，模拟试验工况中胶筒的受力状态，通过观察釜盖下、胶筒上的套筒内部空间压力变化，从而考察胶筒密封效果。还可以在釜内注入不同的酸性介质（液体和/或气体，模拟实际工况），检测胶筒在不同环境中的密封性能和耐腐蚀性能。

装置是利用可以耐受测试压力和温度的材质制作的装置，耐压 5～70MPa、耐温 50～350℃，或是可耐受更广范围温度和压力的材质制成的试验装置。本实用新型的试验装置在应用时，通常总工作压力范围为 5～70MPa，H_2S、CO_2 分压可根据试验要求自定，试验温度范围通常为 50～350℃。

该装置可以模拟高温高压高含 H_2S 腐蚀酸性环境的实际工况，可以考察在不同介质中、恒定压力和温度条件下胶筒的使用寿命，可以考察在不同介质中、特定温度下胶筒的最大使用压力，可以考察预加应力对胶筒的使用寿命和最大使用压力的影响。

图4.23 和图4.24 核心部分标号说明为：1 是高压釜，2 是溶液循环系统，3 是气体瓶，4 是温控装置，5 是加热装置，6 是热电偶，7 是压缩装置，10 是与套筒连接的釜盖，20 是压筒，30 是胶筒，40 是隔片，50 是螺栓，60 是金属隔片。

将试验胶筒放入 CORTEST-5 高温高压反应釜中，试验过程如图4.24 所示，试验介质为 20% H_2S、5% CO_2，其余为 CH_4，试验压力从 10MPa、20MPa、30MPa、40MPa、50MPa、60MPa 逐步加至 65MPa，温度从 60℃、80℃、100℃、120℃逐步升至 150℃，压力、温度达到规定指标后，保持 7d，对胶筒进行耐

H₂S 腐蚀老化试验，得到承压曲线(图 4.25)。从反应釜中取出胶筒，未见鼓泡等异常(图 4.26)。

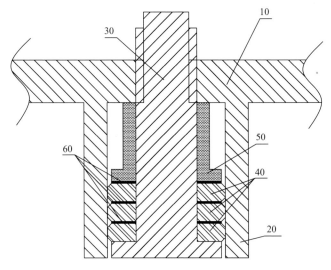

图 4.24　试验装置的核心部分的结构示意图

　　打压试验分为两步进行，150℃条件下，首先打压至 40MPa(含 4.0MPa H₂S 与 4.5MPa CO₂ 气体)，并腐蚀 4d，未见胶筒密封失效。继续打压至 50MPa，仍未见泄漏，稳压 1d 后未见压力下降。

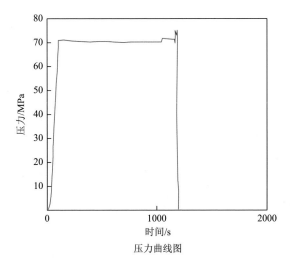

图 4.25　模拟试验过程示意图及试验结果

图 4.26　高压坐封后胶筒形貌

4.4.3　整体性能试验

　　将封隔器放入专用试验装置中，其装置模拟井筒采用 7″钢级 G3 套管，由伴热带加温，介质为氮气，检漏采用压力监测和气泡观察法。试验压力取额定工作压力的 4.25 倍，即 62.5MPa，温度为 150℃，做好试验记录。

　　封隔器胶筒试验工具主要由活塞、液缸、萝卜头、中心管和外锁紧机构组成。将 H_2S 腐蚀老化试验后的胶筒及防凸结构装配于模拟试验工具上，放于试验井内，连接好阀门，开启加热装置加温到 150℃恒温 2h，中心管打压使胶筒坐封，用外锁紧装置固定胶筒位置，然后打下压至 70MPa，稳压 4h，检验其密封情况；换向打上压至 70MPa，稳压 4h，检验其密封情况。重复两次，起出后检验胶筒破坏情况。共进行 4 套次的加温试验。

　　胶筒室内试验结果见表 4.19，试验后胶筒情况如图 4.27 所示。制备的封隔器胶筒样品在 150℃条件下上、下方向耐压差达到 65MPa，如图 4.28 所示，且胶筒破坏情况轻微，达到研制要求。

表 4.19　胶筒室内试验结果记录

胶筒编号	温度/℃	试验最高压力/MPa	稳压时间/h	压降值/MPa	疲劳次数/次	胶筒情况
设计要求值	150	65	4	<4.5	2	
1	150	65	4	4.0	2	基本完好
2	150	65	4	4.0	2	基本完好
3	150	65	4	4.0	2	基本完好
4	150	65	4	2.0	2	基本完好

(a) 试验前封胶筒

(b) 试验后胶筒

图 4.27　试验前后胶筒情况

产品名称	7"划隔器气密试验		产品编号	IVS-BTY-20070827		产品规格		IGO		
压力试验过程及结果										
试验级数	试验压力/MPa	保压时间/s	允许压降/MPa	是否判断压降	是否区间卸压	是否自动卸压	开始压力/MPa	实际压力/MPa	爆破压力/MPa	试验结果
1	70	300	3	是	否	否	67	1	\	合格
试验数据图像							测试日期		2010-11-11-14:01:29	

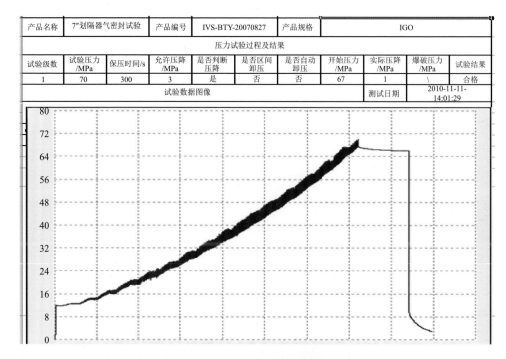

图 4.28　气密试验记录图

　　试验结果表明，在 150℃、65MPa 下无外泄气泡显示，封隔器密封良好。整体密封性能试验后，将试验装置移至拉力试验机对封隔器锚定力大小进行测试，拉力试验机施加拉拔力达 1000kN 封隔器仍处于锚定状态，解封后，卡瓦齿尖有拉出断裂痕迹，套管内壁有两圈清晰均匀咬痕，说明上下卡瓦可以有效断裂后均匀咬合套管内壁，卡瓦结构设计和表面硬度达到要求。

参 考 文 献

[1]　董兴国, 刘磊, 周歆. 插管式永久封隔器的原理与应用[J]. 石油机械, 2009, 37(5): 75-76.

[2]　刘松, 吴静, 董晓明. 压缩式封隔器胶筒结构改进及密封性能分析[J]. 石油矿场机械, 2013, 42(4): 67-70.

[3]　吴晋霞, 刘智, 袁春生, 等. 永久封隔器胶筒结构改进与优化[J]. 石油机械, 2012, 40(2): 33-35.

[4]　张辛, 徐兴平, 王雷. 封隔器胶筒结构改进及优势分析[J]. 石油矿场机械, 2013, 42(1): 62-66.

[5]　张猛, 魏斌. 油气田井下封隔器胶筒橡胶研究进展[J]. 特种橡胶制品, 2017, 38(6): 74-77.

[6]　邹大鹏. 二氧化碳驱注气井封隔器胶筒密封性能研究[D]. 成都: 西南石油大学, 2014.

[7]　刘永辉. 封隔器胶筒性能有限元分析及结构改进[D]. 成都: 西南石油大学, 2006.

[8]　仝少凯. 压缩式封隔器胶筒力学性能分析[J]. 石油矿场机械, 2012, 41(12): 1-7.

[9]　马卫国, 张亚昌, 张德彪, 等. 双胶筒封隔器胶筒密封性能分析[J]. 石油机械, 2010, 38(11): 51-53.

[10]　周先军, 崔光宇, 钟卫平, 等. 基于数值模拟的封隔器胶筒参数正交优化分析[J]. 石油矿场机械, 2016, 45(5): 60-63.

第5章

高膨胀率抗硫过油管封隔器胶筒

5.1 过油管封隔器技术及现状　◀◀◀

扩张式封隔器是一种可膨胀式桥塞，主要用于将井筒或井眼分层封隔，以进行泵送、注水、压裂、注浆、流量控制、取样和监测等作业。自20世纪40年代以来，扩张式封隔器已用于石油和天然气行业。近年来，在一些其他学科，如地下水开发、污染研究、脱水、地热、采矿、煤层气和岩土工程研究等领域，封隔器也有了更加广泛的应用。与其他类型封隔器相比，扩张式封隔器具有明显的优势，主要包括：①高膨胀率；②外径小、内通径大；③密封段长，可以适应钻孔中不平坦的侧面；④额定工作压力高。

扩张式过油管封隔器可通过连续油管或电缆送入井下，穿过油管或者在油管内部进行作业，具有无须起出生产管柱和无须压井的特点，是油田生产中最具广阔应用前景的一种井下工具。扩张式过油管封隔器井下作业原理如图5.1所示，

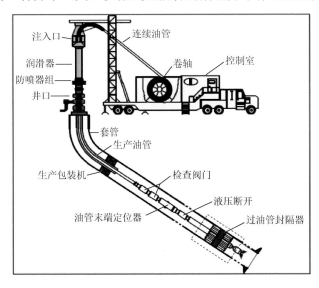

图 5.1　扩张式过油管封隔器井下作业原理

其通常由坐封装置和封隔器胶筒两部分构成。封隔器进行作业时,通过其端部的内压注入口将压力流体注入封隔器的中心管和橡胶内胶囊之间,使内胶囊膨胀扩张;内胶囊的膨胀使位于其外部的金属钢带和外胶囊扩张至套管内壁,从而防止井内流体沿着封隔器的外部上下流动,起到密封作用,其扩张过程如图 5.2 所示。

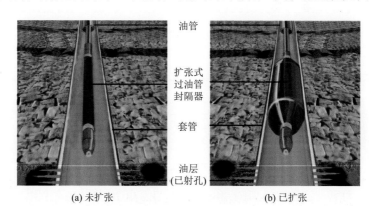

油管

扩张式
过油管
封隔器

套管

油层
(已射孔)

(a) 未扩张   (b) 已扩张

图 5.2   扩张式过油管封隔器胶筒膨胀前后示意图

扩张式过油管封隔器对井下作业具有多项优势:①可以不需要压井更换油管;②不需要钻机或修井机;③可通过连续油管、电缆或下油管下入;④不需压井,避免油层的二次污染;⑤可精确控制下入深度;⑥节约作业时间;⑦节省作业成本。

扩张式过油管封隔器具有上述多项优势,应用范围十分广泛,其既可用于钻井、完井又可用于采油及生产后期修井作业,是一种安全可靠的有效工具,能够解决复杂的井筒问题,对解决井下作业问题具有重要经济和现实意义。

5.1.1 扩张式过油管封隔器胶筒结构组成与主要失效形式

扩张式过油管封隔器主要由坐封装置和封隔器胶筒两部分组成,其中封隔器胶筒作为核心部件,主要由以下几部分构成:①端部接头;②应力环;③钢带;④内胶囊;⑤外胶囊(图 5.3)。

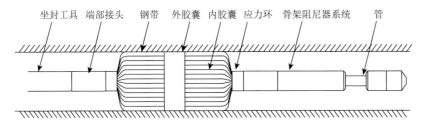

图 5.3　扩张式过油管封隔器结构示意图

扩张式过油管封隔器内部的中心管与坐封工具相连接，其内部为中空结构，贯穿封隔器并提供传输通道。中心管内具有注入孔，通过注液孔向内胶囊内注入流体，并在封隔器膨胀后停止注入，坐封工具内装有单向阀，防止流体回流并保证封隔器坐封。

1）端部接头

端部接头位于扩张式过油管封隔器胶筒的两端，通过焊接使钢带与工具连接，实现内胶囊密封。封隔器的上端部接头与中心管螺纹连接，以此端进行封隔器的上提或下放操作；封隔器下端部接头与可滑动密封的机构相连。在封隔器扩张过程中，内胶囊沿径向扩张，此时带有 O 形圈密封的封隔器下端部机头允许内胶囊一端在中心管上滑动，使内胶囊延轴向缩短，从而使封隔器获得高膨胀率。

普通工况下端部接头可采用不锈钢材质，特殊工况下可采用耐蚀合金材质。端部接头的失效主要有两种方式：一种是位于端部接头与钢带的焊接处，由焊接工艺缺陷或焊接处的腐蚀导致的失效，另一种是端部接头与内胶囊的连接处密封失效，导致内胶囊泄压，造成封隔器扩张失败。

2）内胶囊

封隔器胶筒的内胶囊位于中心管外部，通过中心管的注入孔可以向其内部注入流体，使内胶囊膨胀以改变封隔器的外径，使其外部的钢带与外胶囊扩张至套管壁，从而实现坐封。封隔器内胶囊通常由高弹性的橡胶材料制成，可为封隔器提供大形变量，如图 5.4 所示。内胶囊的变形方式主要为沿封隔器径向扩张，因此，对橡胶材料的常温及高温伸长率、力学强度(拉伸、撕裂)等性能具有较高要求。

图 5.4　扩张式过油管封隔器内胶囊

扩张式过油管封隔器的最主要失效形式就是封隔器胶筒扩张导致的内胶囊破裂。内胶囊破裂主要有三方面的原因：一是内胶囊橡胶材料的伸长率及抗撕裂等力学性能不足导致的材料失效；二是内胶囊在制造过程中存在大量的内部缺陷，橡胶膨胀后即使微小的缺陷也被放大，导致橡胶内部裂纹扩展，造成内胶囊破裂，如图5.5所示；三是内胶囊与封隔器其他零配件的配合不佳导致的失效。

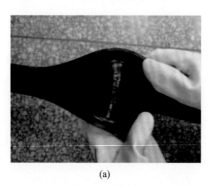 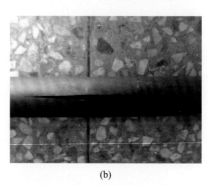

(a)   (b)

图5.5　内胶囊的破裂(a)及微裂纹(b)

3) 钢带

封隔器钢带位于内胶囊和外胶囊之间，通常由相互重叠的弧形钢带组成，如图5.6所示。钢带主要有三个作用：一是把扩张压力诱导产生的应力传递至端部接头；二是其在封隔器两端的应力环和套管之间可形成弧形过渡，以保护内胶囊在膨胀过程中不发生过度变形；三是与套管产生锚定作用以固定封隔器。钢带可采用不锈钢材质，在具有腐蚀介质的工况下需采用耐蚀合金材质。钢带需要具有高强度、良好的抗环境开裂性(包括应力腐蚀开裂和硫化物应力开裂)以及可热处理的能力。由于应力环前端钢带会发生塑性变形，因此封隔器胶筒的钢带通常在膨胀后发生明显的永久变形，特别是用在高压力、高膨胀率的工况下。

图5.6　钢带的相互交叠排布

钢带骨架主要有三种失效形式可能导致封隔器的失效：一是封隔器坐封失效，这是由于外胶囊对钢带的覆盖比例不适宜，钢带没有起到良好的锚定套管的作用，使封隔器产生滑动，无法坐封；二是材料失效，钢带末端与应力环连接处发生材料的拉伸失效；或是由封隔器坐封于套管内有结垢凸起的部位造成的钢带剪切失效；三是钢带的配合失效，由于相互交叠的钢带叠加不均匀，在封隔器膨胀时内胶囊从钢带间较大的缝隙中被挤出，如图 5.7 所示。

(a)　　　　　　　　　　　(b)

图 5.7　钢带骨架的失效：(a) 发生塑性变形；(b) 钢带间不均匀变形

4) 外胶囊

外胶囊主要用于密封套管，通过控制钢带的均匀排布，能够在很大程度上决定钢带骨架在膨胀过程中的形状。外胶囊也采用弹性体橡胶材料，并且需要具有很高的高温伸长率以及高剪切强度。

封隔器外胶囊的位置排布取决于封隔器工作状态下承受的压差。如果压差始终来自同一方向，则将外胶囊置于封隔器面向高压的一端，封隔器另一端裸露出钢带骨架；如果封隔器的两端都有可能承受压差，则将外胶囊置于封隔器中间，使两端的钢带骨架裸露出来。应当尽量避免沿外胶囊轴向的中间部分有裸露的钢带骨架，这有可能会使压力积聚于此，从而造成钢带的锚定能力大幅降低。不同外胶囊结构的封隔器胶筒如图 5.8 所示[1]。

(a) 双密封胶筒型

(b) 改进型全覆盖胶筒型

(c) 改进型单锚胶筒型

图 5.8　不同外胶囊结构的封隔器胶筒

外胶囊主要有以下三种失效形式[2]。

(1)泄漏：封隔器胶筒内部压力会随着封隔器注入压差的增加而增大，从而确保即使在注入压力超过扩张压力的情况下，也能够使封隔器与套管之间实现可靠密封。但是当注入压力超过初始扩张压力时，外胶囊与套管的接触力会大大降低，从而造成封隔器流体泄漏。

(2)外胶囊撕裂：外胶囊撕裂主要是由于其橡胶材料的伸长率不足或抗剪切性能较差。如果外胶囊在封隔器膨胀过程中发生撕裂，则钢带会由于出现不均匀变形而出现缺口，导致内胶囊从钢带中挤出。外胶囊与钢带骨架黏合不均匀也会导致外胶囊的应力集中，从而导致外胶囊意外撕裂。如果外胶囊在封隔器坐封过程中发生撕裂，则会导致封隔器流体泄漏增加。封隔器坐封套管的表面缺陷也会导致外胶囊撕裂。撕裂后的外胶囊如图 5.9 所示。

图 5.9　撕裂后的外胶囊

(3)外胶囊的剥离：外胶囊必须正确放置并黏合于钢带表面，以防止外胶囊在穿过油管时被卡住而发生剥离[3](图 5.10)，外胶囊剥离容易造成封隔器回收困难。为了便于封隔器的取出，外胶囊应尽可能短，且靠近井口一侧表面尽量保持连续性。

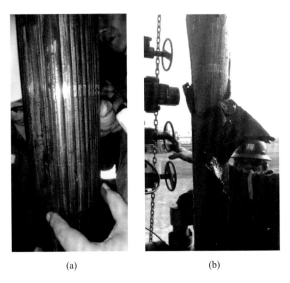

(a)　　　　　　　　　　　(b)

图 5.10　外胶囊剥离后裸露的钢带 (a) 普光；(b) 印度拉贾斯坦邦油田

5) 应力环

应力环的主要作用是抵抗钢带发生径向变形时产生的反作用力，一方面能够将轴向应力均匀传递至端部接头，另一方面能够有效地保护端部接头不发生变形。应力环往往采用高强度、具有良好抗环境开裂性能的材料，如 35CrMo 合金结构钢等。

应力环的失效形式主要是两种：一种是由钢带的径向扩张导致应力环的塑性变形，使封隔器整体外径变大，无法从油管内部穿过；另一种是由环境腐蚀导致的应力环破坏。应力环的失效如图 5.11 所示。

(a)　　　　　　　　　　　(b)

图 5.11　应力环的失效：(a) 应力环腐蚀破裂；(b) 应力环的塑性变形

5.1.2 扩张式过油管封隔器国内外进展

扩张式过油管封隔器技术最初是应美国大西洋里奇菲尔德公司(ARCO)和索亥俄(现为英国石油)的要求开发出来的,于 20 世纪 80 年代中期启动,应用于美国阿拉斯加州的普拉德霍湾油田。其最初的要求是能够通过连续油管送至井下,穿过生产油管进行作业。目前,过油管封隔器工具的市场主要被国外几家大公司垄断,如贝克休斯、斯伦贝谢、威德福等,其各自有其独特的专利技术;此外,如 TAM、ROBICON 等公司也占有一定的市场份额。

1) 贝克休斯(Baker Hughes)

贝克休斯是设计和制造扩张式封隔器产品及系统公认的行业领导者。其开创性研究并开发了首个过油管扩张式工具,至今,已开发了综合系列的过油管扩张式桥塞和封隔器工具。与传统工具相比,其过油管扩张式工具可提供最高的膨胀率(高达原始外径的 350%)和最大的可用压差,其产品照片如图 5.12 所示(https://www.bakerhughes.com/integrated-well-services/integrated-well-construction/production/water-conformance/inflatable-systems/thrutubing-retrievable-packers)。

图 5.12   贝克休斯的扩张式过油管封隔器产品

贝克休斯于 1985 年率先开发了石油和天然气行业的首个过油管扩张式工具。此类工具能够获得最高的膨胀率并耐受最大的压差,从而具有在不需要压井情况下即可在井下作业的优势。首个过油管工具是设计用于选择性酸化增产作业。自此之后,贝克休斯已经开发了各种类型的过油管工具,不仅包括过油管封隔器,还包括永久型及可回收桥塞,永久型水泥承转器、跨隔系统等可扩张式跨隔酸化封隔器(ISAP)系统。

贝克休斯在 1989 年进而开发出首款可用电缆送入井下的过油管扩张式工具,

并配备了一整套连续油管、电缆及回收工具，形成全面解决方案。其提供的 INFLATEDESIGN^{TM} 软件是贝克休斯专有的软件设计程序包，可通过过油管扩张技术协助井筒隔离的信息收集、工程设计、实施和作业后报告。

贝克休斯的扩张式过油管封隔器依据其胶筒外胶囊结构可分为以下三种形式，分别应用于不同的工况环境中。

(1)双密封胶筒型：双密封胶筒型过油管封隔器，其含有两个以丁腈橡胶为基体的外胶囊密封件，且外胶囊两侧均有裸露的钢带[图 5.8（a）]。裸露的钢带与套管、油管壁形成最大的金属与金属接触面积，从而实现锚定力的最大化。此类封隔器胶筒是产品线中最常用的结构，主要用于光油管、套管内。该双密封胶筒结构使封隔器能够承受双向压差。

(2)改进型全覆盖胶筒型：其外胶囊密封件以丁腈橡胶为基体，全覆盖于钢带之上，仅有两端有极少部分钢带裸露，如图 5.8（b）所示，通常用于裸眼井、射孔套管、割缝衬管、滑套等。全覆盖的外胶囊弹性体能够为胶筒提供出色的密封面，使其能够牢固地锚定在不规则表面的裸眼井环境中。但是由于缺乏裸露的钢带，此类封隔器胶筒并不适用于套管井环境中。

(3)改进型单锚胶筒型：其在结构上与双密封胶筒型相近，但其仅在一端裸露出增强钢带，而另一端的外胶囊靠近封隔器接头一端被除去，如图 5.8（c）所示。此类封隔器胶筒主要设计用于套管井环境中且仅可承受单向压差。

贝克休斯扩张式过油管封隔器产品规格参数如表 5.1 所示。

2）斯伦贝谢(Schlumberger)

1994 年，斯伦贝谢开始开发外径为 2.12in，用于单封隔器应用的高性能扩张式锚定胶筒 Coil FLATE。与以往产品相比，此种新型胶筒可靠性更高，即使在腐蚀介质的工况下也能具有更高额定温度，耐受更大压差[4]。Coil FLATE 封隔器的优势在于可以消除修井机的成本和作业时间，减少停机时间，恶劣井况下能够最优化经济生产，在相同注入压力下与传统系统相比安全系数大幅增加。Coil FLATE 可应用于低层弃井的堵水，井口、压力和油管完整性测试，酸化作业等。该产品其特点在于可应用于 375°F(190℃)下作业，不需要压井，大膨胀率下具有可靠的高压密封，耐腐蚀性化学物质，使用其配套 ACTive 系统进行精确的深度控制和实时压力监控，封隔器的扩张和释放均无须投球操作，可用 Inflate Advisor 软件进行计算机辅助工作设计。Coil FLATE 封隔器示意图及该系列不同坐封内径的产品对应的最大压力曲线如图 5.13 所示(https://www.slb.com/well-intervention/coiled-tubing-intervention/zonal-isolation/coilflate-through-tubing-inflatable-packer)。

表 5.1　贝克休斯扩张式过油管封隔器规格参数

元件OD in(mm)	参数	尺寸														
OD		2.375	2.875	3.500	4.000	4.500	5.000	5.500	6.625	7.000	7.625	8.625	9.625	10.750	11.750	13.375
ID		1.995 (51)	2.441 (62)	2.992 (76)	3.548 (90)	3.958 (101)	4.276 (109)	4.892 (124)	5.921 (150)	6.094 (155)	6.765 (172)	7.511 (191)	8.681 (221)	9.760 (248)	10.772 (274)	12.415 (315)
1.629 (42.9)	最大应用差压/psi(bar)①	5500 (379)	5500 (379)	4600 (317)	3200 (221)	2600 (179)	2200 (152)	1700 (117)								
	最高温度/°F(℃)	300 (149)	300 (149)	300 (149)	300 (149)	300 (149)	250 (121)	250 (121)								
2.130 (54.1)	最大应用差压/psi(bar)①		6000 (414)	6000 (414)	5500 (379)	4300 (297)	3600 (248)	2600 (179)	1600 (110)	1500 (103)	1000 (69)					
	最高温度/°F(℃)		300 (149)	300 (149)	300 (149)	300 (149)	300 (149)	300 (149)	280 (138)	280 (138)	280 (138)					
2.500 (63.5)	最大应用差压/psi(bar)①			6500 (448)	6500 (448)	6300 (434)	5500 (379)	4200 (190)	2500 (172)	2300 (159)	1800 (124)	1550 (107)	1300 (90)			
	最高温度/°F(℃)			300 (149)	300 (149)	300 (149)	300 (149)	300 (149)	300 (149)	280 (138)	280 (138)	260 (127)	240 (116)			
3.000 (76.2)	最大应用差压/psi(bar)①				8000 (552)	8000 (552)	8000 (552)	8000 (552)	4900 (338)	4550 (314)	3400 (234)	2500 (172)	1600 (110)			
	最高温度/°F(℃)				300 (149)	300 (149)	300 (149)	300 (149)	300 (149)	300 (149)	280 (138)	260 (127)	240 (116)			
3.380 (85.9)	最大应用差压/psi(bar)①				8500 (586)	8500 (586)	8500 (586)	8500 (586)	6500 (448)	6200 (428)	4900 (338)	3700 (255)	2450 (169)	1700 (117)		
	最高温度/°F(℃)				300 (149)	300 (149)	300 (149)	300 (149)	300 (149)	300 (149)	300 (149)	280 (138)	280 (138)	275 (135)		

① 1bar = 10^5Pa。

续表

元件 OD	\ OD: 2.375	2.875	3.500	4.000	4.500	5.000	5.500	6.625	7.000	7.625	8.625	9.625	10.750	11.750	13.375
尺寸 ID	1.995 (51)	2.441 (62)	2.992 (76)	3.548 (90)	3.958 (101)	4.276 (109)	4.892 (124)	5.921 (150)	6.094 (155)	6.765 (172)	7.511 (191)	8.681 (221)	9.760 (248)	10.772 (274)	12.415 (315)
4.250 (108.0)							8500 (586)	8500 (586)	8500 (586)	6550 (452)	4900 (338)	3300 (228)	2350 (162)		
							300 (149)	300 (149)	300 (149)	300 (149)	280 (138)	280 (138)	280 (138)		
5.380 (136.7)								8500 (586)	8500 (586)	8500 (586)	8100 (559)	5950 (410)	4700 (324)	3800 (262)	2850 (197)
								300 (149)	300 (149)	300 (149)	300 (149)	300 (149)	280 (138)	280 (138)	260 (127)
5.750 (146.1)								8500 (586)	8500 (586)	8500 (586)	8500 (586)	6850 (472)	5350 (369)	4350 (300)	3200 (221)
								300 (149)	300 (149)	300 (149)	300 (149)	300 (149)	280 (138)	280 (138)	260 (127)

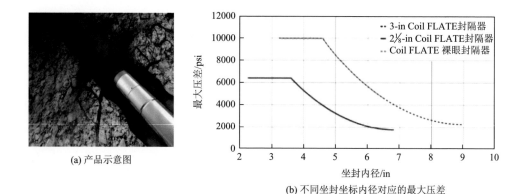

(a) 产品示意图

(b) 不同坐封坐标内径对应的最大压差

图 5.13　Coil FLATE 封隔器产品示意图及其不同坐封内径对应的最大压差

Coil FLATE 封隔器胶筒采用钢带骨架设计，在膨胀率为 2：1 情况下，压力最高达 5000psi，使用温度达 375°F（190℃）；膨胀率为 3：1 情况下，压力最高达 2000psi，使用温度达 325°F（163℃），其详细规格参数如表 5.2 所示。

表 5.2　斯伦贝谢 Coil FLATE 封隔器规格参数

封隔器胶筒最大指标	2：1 膨胀率：5000psi；3：1 膨胀率：2000psi
最高温度	2：1 膨胀率：375°F；3：1 膨胀率：325°F；裸眼井：300°F
井眼类型	裸眼井或套管井；垂直井，斜井，水平井
最大井眼斜率	30°/100ft
最高 H_2S 等级	150psi 分压（在 300°F 下的坐封时间＜30d）50psi 分压（在 250°F 上的坐封时间＞30d）

3）威德福（Weatherford）

1998 年，Weatherford 收购了 TechLine 公司，以扩展其过油管封隔器产品线。封隔器是所有综合过油管作业程序的关键构成部分之一，可以进行几种不同类型的层间封隔，从而以进行挤水泥、酸化增产、堵漏处理、堵井和弃井服务，其他修井作业和小井眼完井。

威德福为行业带来了多样化的过油管产品，包括用于生产油管或单通道井内部的机械和液压封隔器等[5]。为了使扩张式封隔器能够通过生产油管并扩张至更大内径的套管，威德福为其配备了具有专利技术的热补偿器，即使温度发生变化，封隔器内部也都能保持恒定的扩张压力。威德福还提供定制系统服务，以解决涉及连续油管、电缆和下油管运送的问题。

威德福生产的不同类型的扩张式封隔器产品如图 5.14 所示。威德福过油管封隔器详细规格参数如表 5.3 所示。

图 5.14　威德福生产的不同类型的扩张式封隔器产品

表 5.3　威德福过油管封隔器详细规格参数

油管/套管孔尺寸		不同规格的产品在不同油管/套管内所能承受的压差/MPa											
		50.80	61.98	76.20	90.17	101.60	115.82	127.00	153.67	161.54	177.04	205.49	222.50
密封元件 OD/mm	42.926	34.5	34.5	27.6	24.1	20.7	11.0	—	—	—	—	—	—
	45.974	34.5	34.5	31.0	24.1	20.7	13.8	10.3	—	—	—	—	—
	53.975	—	41.4	41.4	34.5	27.6	24.1	18.6	15.2	12.4	—	—	—
	63.500	—	—	41.4	41.4	41.4	41.4	34.5	27.6	23.4	19.3	—	—
	73.025	—	—	48.3	48.3	48.3	48.3	48.3	38.0	31.7	26.2	—	—
	85.725	—	—	—	—	55.2	55.2	55.2	44.8	37.9	31.0	16.2	13.8
适用温度说明/℃		149		143		138		132		121		110	

4) TAM 公司（TAM International）

　　TAM 公司是 1968 年成立于美国休斯敦的一家私人公司。其封隔器产品包括扩张式封隔器及遇油、遇水自膨胀式封隔器等。TAM 公司为过油管应用提供了一系列完整的扩张式封隔器及其配套工具。经过不断地对员工进行培训以及技术更新，其高达 3∶1 膨胀率的过油管封隔器产品的成功率也在不断提升。

　　封隔器胶筒是封隔器最关键的部件之一。TAM 公司的扩张式封隔器胶筒分为几种不同的骨架结构，需要结合实际工况所需膨胀率、井底温度、压差等参数综合选择。TAM 公司的封隔器胶筒均由三部分构成，即耐流体、耐腐蚀介质的弹性体外胶囊，由高强度不锈钢板条(板条型胶筒)或航空钢缆(编织型胶筒)组成的骨架层，以及内部的内胶囊弹性体。依中间骨架层的不同，主要分为以下几类(https://www.tamintl.com/images/pdfs/brochures/ThruTubingBrochure.pdf)。

(1)编织型胶筒(IE、HE)：IE 型编织型胶筒主要应用于多次坐封工况，可坐封于射孔、压裂或裸眼井，膨胀率达 2∶1，橡胶在井中残留量少，其结构示意图如图 5.15 所示。HE 型编织型胶筒将板条和编织带相结合，板条提供抗挤压的能力，编织提供多次坐封的能力。

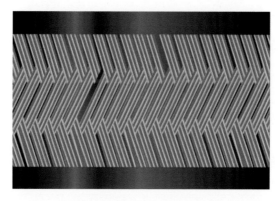

图 5.15　编织型胶筒结构示意图

(2)板条型胶筒(TE 和 SE)：板条型胶筒可用于单次和多次坐封工况，适用于套管井，其膨胀率高达 3∶1，同时具有耐高温性能，裸露部分的板条能够起到卡瓦的作用，其结构示意图如图 5.16 所示。

图 5.16　板条型胶筒结构示意图

(3)双层斜板条型胶筒(VE)：双层斜板条型胶筒可用于单次和多次坐封工况，可坐封于射孔、压裂或裸眼井或套管井，此类胶筒特别适用于高温高压工况，其结构示意图如图 5.17 所示。

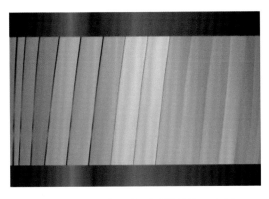

图 5.17　双层斜板条型胶筒结构示意图

　　封隔器胶筒的尺寸可从 TAM 公司标准产品尺寸中选择，所选最大胶筒外径与所通过最小限制内径之间的最小间隙为 5%。对于需要多次扩张循环、可回收作业以及用于坐封射孔、裸眼井中的工况应用，建议使用编织型胶筒(IE)。板条型胶筒(SE、VE 或 TE)则推荐用于单次扩张，此时工具从运行管柱上松开，且必须能够保持在该位置不发生滑动。用户需要根据其实际使用需求对封隔器胶筒进行选择。例如，最小穿过尺寸为 2.31″、井底温度为 250°F、坐封套管内径为 6.18″、最大压差为 800psi 的工况下，依据 TAM 公司提供的胶筒选择依据(图 5.18)确定其使用范围，则应选择 TE 型胶筒。

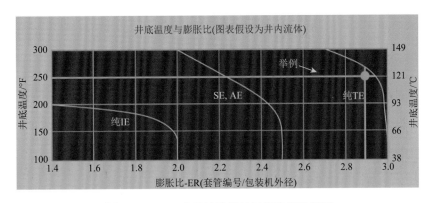

图 5.18　TAM 公司过油管封隔器胶筒选型图

　　5)ROBICON 公司(原 World Oil Tool)

　　ROBICON 公司生产的过油管封隔器膨胀率最高达 3∶1，可用于裸眼井和套管井，通常通过连续油管下入，坐封于大尺寸的套管或裸眼井。封隔器胶筒的弹性体橡胶材料通常能够耐温 240°F(115℃)，最高可耐温 350°F(180℃)，可适用于直井、斜井和水平井。ROBICON 公司不同尺寸产品在 120℃ 和 160℃ 下所能承受压差如图 5.19 所示。

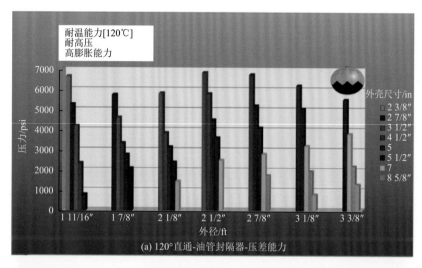

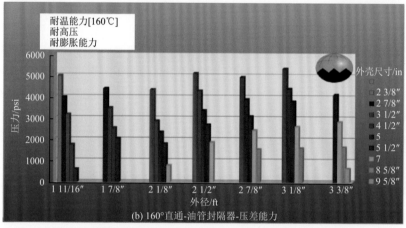

图 5.19   ROBICON 公司不同外径的过油管封隔器耐压差性能

ROBICON 公司生产的过油管封隔器规格参数如表 5.4 所示。

表 5.4   ROBICON 公司生产的过油管封隔器规格参数

过油管膨胀式封隔器			
元件 OD	ID 最小值	最大膨胀尺寸 ID	密封元件长度
in	in	in	in
mm	mm	mm	mm
1.69	0.00	3.375	48
43	6	86	1219
1.88	0.25	3.75	48
48	6	95	1219

续表

过油管膨胀式封隔器			
元件 OD	ID 最小值	最大膨胀尺寸 ID	密封元件长度
in	in	in	in
mm	mm	mm	mm
2.12	0.50	4.25	48
54	13	108	1219
2.56	0.50	5.12	48
65	13	130	1219
2.88	0.62	5.75	48
73	16	146	1219
3.12	0.75	6.25	48
79	19	159	1219
3.38	0.75	6.75	48
86	19	171	1219

其他一些封隔器厂家如澳大利亚的 IPI 公司、美国的 Baski 公司、比利时的 Geopro 公司等，也生产各类扩张式封隔器产品，但其用于过油管作业的过油管封隔器系列产品较少，因此在本书中不作详述。

目前国内关于过油管封隔器的研究基础还比较薄弱，国内文献报道主要集中在对国外早期产品的介绍[6,7]、封隔器的力学模拟分析[8-10]以及对封隔器性能测试装置的研究[11,12]。国内封隔器生产厂家主要以生产压缩式封隔器产品居多，有部分厂家可以生产扩张式封隔器，但多为膨胀率较低(最高膨胀率为 1.5∶1)，且只能适用于不含介质、不耐高温工况。

我国高含硫天然气田的开发还处于探索阶段，在装备水平方面还相对落后。这就使得国内高酸性油田开发的过油管封隔器核心技术上仍然依赖国外厂家。国外厂家如贝克休斯、斯伦贝谢等大型油田服务公司只为我国提供服务，对其过油管封隔器的技术则实行技术保密，且服务费用高昂。为满足酸性天然气开发需求，打破国外厂家的垄断，确保我国的能源安全，自主设计制造满足高含 H_2S/CO_2 酸性气田安全开发要求的高性能过油管封隔器的意义重大。

5.2　过油管封隔器的需求与开发思路　◀◀◀

5.2.1　过油管封隔器的新需求

随着我国高含硫气田产能建设和生产运行的逐步推进，普光气田压力逐步降低，气田纵向层间矛盾凸显，产剖测试显示普光主体飞一、二段动用较好，而飞三段、长兴组动用程度较低，分别为 7.2%、27.7%，储层动用状况差异大；同时边底水水体活跃，体积大，随着边底水推进，边部部分气井见水，至 2015 年上半年主体已有 5 口井出水，2017 年有 11 口气井陆续出水，其出水层位主要集中于飞一、二天然裂缝发育层段，这些均严重影响气田的安全高效开发。以上问题的出现对采气工程技术提出了更高的要求。

针对普光高含硫气井过油管堵水难点，开发适用于普光工况的过油管封隔器意义重大，能够为普光高含硫气井解决稳产与出水的矛盾提供有力的技术支撑。目前国外厂家如贝克休斯、斯伦贝谢、威德福等公司虽然有类似产品，但由于技术保密，针对我国其只提供技术服务。而且过去国外此类产品也很少有应用于类似普光这种恶劣工况中的案例，难以满足高温高压、腐蚀性液体或化学制剂环境工况需求。普通扩张式封隔器失效率达 25%～50%，而根据普光气田现场作业情况，其采用的某国外公司过油管封隔器产品的成功率不足 1/4。

国内扩张式封隔器产品的最大膨胀率仅为 1.5：1，且无抗硫性能报道，无法满足使用要求。在国家"十三五"期间，针对普光高含硫气井过油管堵水难点，中国石油化工股份有限公司中原油田普光分公司与中国石油大学(北京)联合开发高膨胀率抗硫过油管封隔器，作为高含硫气藏改善储层的关键工具[国家重大专项《高含硫气藏安全高效开发技术》(三期)]。双方联合攻关，自主优化设计过 3 1/2″油管封堵 7″套管内径的测试封隔器结构，通过高膨胀率抗硫胶囊攻关研究，研制出具有国际先进技术水平的高膨胀率抗硫过油管封隔器，能够满足膨胀率达 3：1、耐 H_2S 分压 3～10MPa、耐温 150℃、耐压差 16MPa 的技术指标，配合高含硫气井过油管分层压力测试技术，满足储层动用程准确评价需求，为普光高含硫气井解决稳产与出水的矛盾提供技术支撑。

5.2.2 高膨胀率抗硫过油管封隔器胶筒的开发路线

高膨胀率抗硫过油管封隔器的开发对材料、设计及加工技术都提出了重大挑战。封隔器胶筒是过油管封隔器的核心部件，胶筒的破坏也是封隔器失效的最主要原因。为了开发高膨胀率抗硫过油管封隔器，必须要开发出具有高膨胀率、能够耐受 H_2S、耐高温、耐高压差的扩张式封隔器胶筒。高膨胀率抗硫过油管封隔器胶筒的研制技术路线如图 5.20 所示，主要由过油管封隔器的结构设计、高膨胀率抗硫橡胶的研制以及胶筒的加工成型三部分组成。

对于过油管封隔器的结构设计，需要考虑以下几个主要技术指标。

(1)未扩张外径：未扩张时封隔器的外径，其尺寸需小于将要穿过的油管内径尺寸。

(2)最大扩张外径：封隔器扩张后的外径，这是封隔器需要坐封的套管最大内壁尺寸。

(3)压差：封隔器下方的作业区域压力与封隔器上方的井眼压力之间的压差。

(4)封隔器扩张压力：封隔器的扩张压力是三种必要压力之和：①匹配封隔器上方的水压；②将橡胶胶囊扩张到井壁或套管壁所需压力；③使封隔器牢固地坐封于井筒，并防止压差导致滑动所需压力。

(5)胶筒长度：该长度会影响封隔器的保压能力和密封能力。胶筒长度大可与井筒接触面积更大，能够提供更大的摩擦力以抵御更高的压差。为了达到上述目标，主要研究内容为高膨胀率抗硫橡胶的研制以及胶筒的加工成型两部分内容。要保证高膨胀率抗硫橡胶在 150℃、压差为 16MPa、膨胀率为 3∶1 的情况下可以正常使用，同时保证工具可靠性，这就对内、外胶囊的弹性体橡胶材料的性能提出了极高的要求。

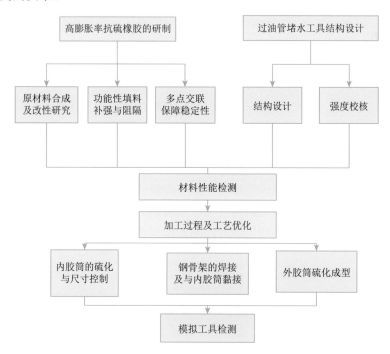

图 5.20　高膨胀率抗硫过油管封隔器胶筒的研制技术路线

对于橡胶材料，常温条件下材料的力学性能通常能满足高压密封要求；然而在高温条件下，材料的力学性能往往会出现大幅降低，这是橡胶材料固有的短板，也是高膨胀率抗硫橡胶开发难点之一。如表 5.5 所示，橡胶材料在极端工况下有可能出现分子链断裂或交联、交联键断裂、过度交联以及分子链溶胀或降解等失效形式。另外，高膨胀率下的橡胶材料发生极大的弹性形变，此时橡胶材料的性能接近其极限性能，同时材料内部的微小缺陷也会被放大。因此，在高膨胀率抗硫内、外胶囊的加工成型过程中，应尽可能减少材料内部缺陷，确保橡胶材料发挥其最大性能，也是本研究的开发难点之一。

表 5.5　极端工况下橡胶材料可能存在的失效形式

序号	工况	失效形式
1	高温高压	导致分子链断裂或交联
2	高膨胀率	导致交联键断裂
3	高含硫	导致过度交联
4	其他腐蚀介质	导致分子链溶胀或降解

高膨胀率抗硫过油管封隔器胶筒的研制中的主要关键技术如下。

(1)高膨胀率抗硫橡胶密封材料配方设计。因特殊工况(高膨胀率、高含硫、高温)对传统橡胶材料的性能提出了很大的挑战，膨胀后内胶囊、钢带骨架和外胶囊的厚度不足原来的1/3，还要求能够承受注入内压以及上下压差，因此，如何对橡胶配方进行优化设计，满足在该工况下橡胶材料仍能保持优异的材料性能是本研究的关键技术之一。

(2)高膨胀率抗硫胶囊成型工艺优化。高温高压高含硫环境对封隔器的可靠性要求极高，系统受力和管柱长度发生变化容易导致封隔器过早解封、错封或窜封及其他更为严重的恶性故障。高膨胀率抗硫胶囊长径比大、壁厚小，加工成型过程中需要在避免胶囊内部缺陷的同时保证胶囊的同心度、壁厚均匀，从而使橡胶材料在高膨胀率下能够发生均匀形变，高膨胀率抗硫胶囊成型工艺优化也是本研究的关键技术之一。

5.3　高膨胀率抗硫过油管封隔器胶筒的评价方法 ◀◀◀

封隔器胶筒试验装置多针对压缩式封隔器，用于扩张式封隔器胶筒试验的试验装置则需要将封隔器胶筒装配到封隔器中，对整个封隔器进行坐封试验。这种室内无法模拟含介质、高温、高压等实际工况，试验成本高、效率低，而试验结果又无法真实模拟工况的情况，从而影响封隔器的设计与开发效率，致使难以判断油田中的复杂环境对封隔器的真实影响，容易带来安全隐患。对于这一技术问题，本书主要介绍高膨胀率抗硫过油管封隔器的研究中开发的一系列能够针对扩张式封隔器胶筒进行性能检测的试验装置，以精确模拟井下复杂工况环境，增加测试的可靠性，提高产品开发效率。

1）内胶囊循环气体打压试验装置

内胶囊循环气体打压试验装置以氮气为介质，可以不需要配合钢带、外胶囊而单独使用，用于检测内胶囊内部是否存在缺陷，快速评价内胶囊的扩张性能，其示意图如图 5.21 所示。该装置可对内胶囊反复充放气，循环进行气体打压，观察充气后胶囊的压力损失，评价胶囊的气体阻隔性能。工装端部采用弧面设计，以模拟变形后钢带处的最大变形，同时避免内胶囊发生过度膨胀。

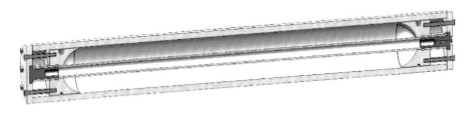

图 5.21　内胶囊循环气体打压试验装置示意图

2）内胶囊液压打压试验装置

内胶囊沿其轴向不同位置的变形形式不同，内胶囊中间部位以均匀变形为主，两端则为不均匀球形变形，因此分别对应长、短两种液体打压工装，长工装用于模拟内胶囊整体的膨胀变形，短工装用于模拟内胶囊两端的圆弧形变形。液体压力介质可以为柴油、液压油等，其试验工装示意图如图 5.22 所示。组装前后的短工装如图 5.23 所示。

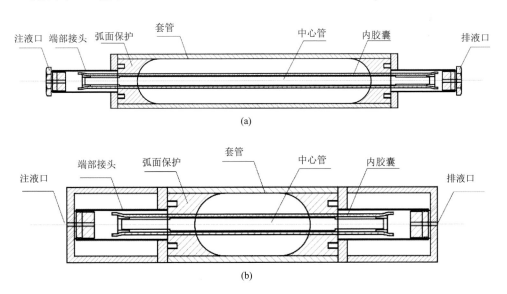

图 5.22　内胶囊液压打压试验装置示意图：（a）长工装；（b）短工装

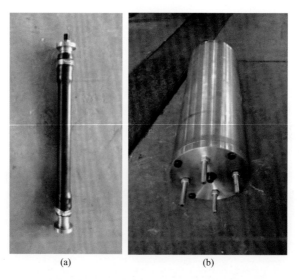

(a)　　　　　　　　　　(b)

图 5.23　内胶囊液压打压试验短工装：(a)组装前；(b)组装后

3) 封隔器胶筒全工况模拟试验装置

封隔器胶筒全工况模拟试验装置能够适用于不同工况介质、不同温度、不同压力扩张式封隔器胶筒试验，实现单独针对扩张式封隔器胶筒的全工况模拟，节约检测成本，缩短检测周期，提高工具的可靠性，以保障扩张式封隔器在实际工况下的安全运行。

该装置包括釜盖、釜体、釜体加热装置、中心杆、中心杆固定底座、胶筒内压注入装置、中心杆动密封装置、扶正器和釜底，其示意图如图 5.24 所示。釜盖与釜体通过法兰螺栓连接，二者以金属斜面密封，釜体外设有釜体加热装置，中心杆通过中心杆固定底座与釜盖通过螺纹连接，胶筒内压注入装置一端与中心杆固定底座以螺纹连接，另一端与测试扩张式封隔器胶筒上接头螺纹连接；中心杆动密封装置与测试扩张式封隔器胶筒下接头螺纹连接，扶正器与中心杆末端螺纹相连；釜底与釜体焊接相连。

试验装置装配完成后，首先，向釜内注入适量的模拟工况液体，将釜盖与釜体法兰用螺栓紧固，关闭所有阀门；打开釜体上加热套、釜体中加热套和釜体下加热套，调节至试验温度，通过观察釜盖温度传感器和釜底温度传感器实时监测釜内温度变化；打开胶筒内压进液阀，将液体通过胶筒内压进液管注入扩张式封隔器胶筒内，此时，胶筒在液压的作用下发生膨胀，中心杆动密封装置上滑，直至胶筒外壁与釜体内壁完全贴合，如图 5.25 所示；打开釜底进出气阀，向釜内注入腐蚀气体，逐渐增加压力，通过釜底压力传感器观测釜内压力变化，直至调节至试验所需压差；通过釜盖上的釜盖压力传感器观测封隔器坐封后上端的压力变化以评价扩张式封隔器胶筒的坐封性能。

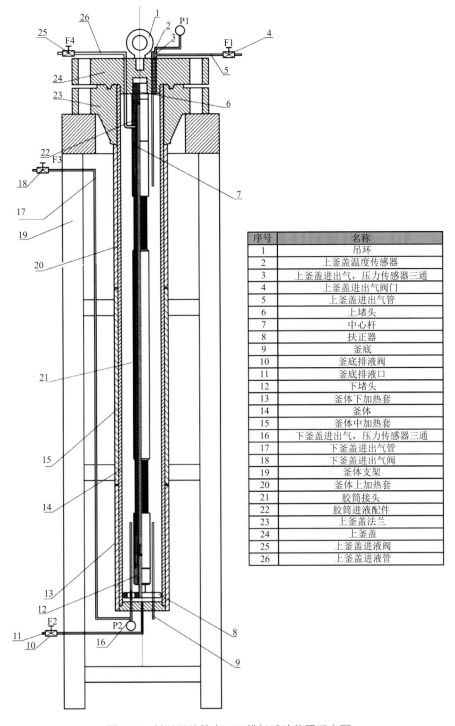

序号	名称
1	吊环
2	上釜盖温度传感器
3	上釜盖进出气，压力传感器三通
4	上釜盖进出气阀门
5	上釜盖进出气管
6	上堵头
7	中心杆
8	扶正器
9	釜底
10	釜底排液阀
11	釜底排液口
12	下堵头
13	釜体下加热套
14	釜体
15	釜体中加热套
16	下釜盖进出气，压力传感器三通
17	下釜盖进出气管
18	下釜盖进出气阀
19	釜体支架
20	釜体上加热套
21	胶筒接头
22	胶筒进液配件
23	上釜盖法兰
24	上釜盖
25	上釜盖进液阀
26	上釜盖进液管

图 5.24　封隔器胶筒全工况模拟试验装置示意图

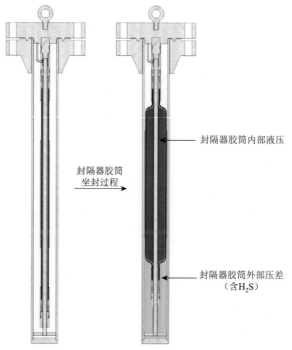

封隔器胶筒内部液压

封隔器胶筒
坐封过程

封隔器胶筒外部压差
（含H$_2$S）

图5.25　封隔器胶筒全工况模拟试验装置胶筒坐封前后示意图

5.4　高膨胀率抗硫橡胶材料研制　◄◄◄

　　高膨胀率抗硫过油管封隔器的作业工况复杂、腐蚀问题严重，对材料的影响因素众多，这成为橡胶材料的技术开发难点，失效的主要原因分为以下几点：①高温高压环境容易造成橡胶材料内部分子链的断裂；②高膨胀率容易造成橡胶内部交联键的断裂；③高含硫工况容易导致橡胶分子链的过度交联；④其他腐蚀介质会导致分子链的溶胀甚至发生降解。

　　经过对密封材料在使用工况条件下的评价，选取HNBR作为密封件的基材。HNBR能够有效地隔绝氧气、酸性气体等腐蚀性物质对橡胶分子的破坏，因而具有优异的热氧稳定性、耐蚀性能；此外，由于保留分子链中的腈基（—CN），HNBR表现出良好的耐油性。因此，HNBR在深井和高含硫等复杂矿藏的开发中得到了广泛的应用，但抗硫过油管封隔器对橡胶材料的选择具有极高的要求，即耐油、耐硫还需要非常好的高温变形能力（130℃实时伸长率大于600%）。

　　因此，需要通过对前述耐硫HNBR材料配方进行全面的优化，分别开展HNBR主胶种的筛选、配合体系优化、高膨胀率纳米复合材料研究、橡胶抗硫性能评价试验等以获得性能优异的高膨胀率抗硫橡胶材料。

5.4.1　主胶种的优选

HNBR 通常由四种结构单元组成，各结构单元分别赋予 HNBR 不同的性能。例如，残余双键的存在为后续进行过氧化物硫化或硫黄硫化提供交联点，且双键的存在有助于改善橡胶制品的压缩永久变形与耐寒性；丙烯腈结构单元使得橡胶具有更高的强度和更好的耐油、耐热、耐磨性，同时也降低回弹性和低温柔性。

结构单元的不同使得 HNBR 的性能存在较大差异。在生胶技术指标中，丙烯腈含量、饱和度与门尼黏度是影响橡胶性能的主要指标。本研究分别选取了丙烯腈含量相同但饱和度不同、丙烯腈含量不同但饱和度相同的几类生胶，几种生胶牌号及主要技术指标如表 5.6 所示。

表 5.6　几种不同牌号 HNBR 生胶参数

生胶牌号	丙烯腈含量/%	门尼黏度(ML1 + 10, 100℃)	饱和度/%
Zetpol 2020	36	78	90
Zetpol 2000l	36	65	>99
Zetpol 2010	36	85	96
Zetpol 1010	44	85	96

以上述生胶为基体，以相同配方制作成拉伸样条，分别测试其在常温与130℃条件下的力学性能，如表 5.7 所示。从表 5.7 可以看出，Zetpol 2010 无论在常温还是在高温均具有最高的拉伸强度、撕裂强度和断裂伸长率。这主要是因为 Zetpol 2010 橡胶饱和度适中，由其制备的硫化胶具有适宜的交联密度，保证橡胶拉伸强度与断裂伸长率之间取得良好平衡。另外，高丙烯腈含量的 HNBR 内部形成分子间相互作用力在高温下容易丧失，导致高丙烯腈含量的橡胶耐高温性能较差。Zetpol 2010 的丙烯腈含量比 Zetpol 1010 低，从而使其力学性能随温度变化相对更小。

表 5.7　不同牌号生胶的力学性能变化

生胶牌号	拉伸强度/MPa		撕裂强度/(kN/m)		断裂伸长率/%		邵 A 硬度	
	常温	130℃	常温	130℃	常温	130℃	常温	130℃
Zetpol 2020	21.2	9.3	51.3	20.8	162.31	169.72	94	89
Zetpol 2010	22.8	11.3	59.0	27.5	263.39	251.22	93	87
Zetpol 2000l	17.4	8.4	57.4	23.3	270.58	244.25	92	86
Zetpol 1010	18.6	7.0	59.7	24.6	224.35	250.94	94	86

经过上述分析，选取 Zetpol 2010 生胶作为高膨胀率抗硫橡胶材料基体，通过进一步配方调整，对其常温及高温性能进行优化。

5.4.2 增塑体系调整

通过对增塑体系的调整，能够在不明显改变材料强度的基础上，降低材料硬度与模量，提升橡胶材料的膨胀率。反应性增塑剂的分子中含有可反应的活性自由基，在将其加入橡胶基体中时，其或与基体分子以化学键相结合，或与基体分子相互交联形成团状结构，或其自身在一定条件下自行聚合，并与基体分子缠结在一起，最终形成统一的整体，从而使橡胶材料性能获得提升。本研究中分别选取邻苯二甲酸二烯丙酯（DAP）、反应性橡胶防老剂 N-(4-苯胺基苯基)甲基丙烯酰胺（NAPM）、端羟基液体丁腈橡胶作为 HNBR 的增塑剂。

表 5.8 介绍不同增塑剂对橡胶材料力学性能影响，从表 5.8 可以看出，使用反应性增塑剂 NAPM 的样品硬度下降最大，增塑效果最好，达到预期的效果。

表 5.8　不同增塑剂对 HNBR 力学性能的影响

增塑剂种类	拉伸强度/MPa		断裂伸长率/%		邵 A 硬度	
	常温	150℃	常温	150℃	常温	150℃
未加增塑剂	24.7	7.2	615	327	74	67
DAP	23.5	7.0	645	380	72	65
NAPM	22.7	7.1	670	440	71	65
端羟基液体丁腈	21.2	6.8	650	375	72	64

5.4.3 纳米填料分散技术

作为高膨胀率抗硫过油管封隔器的橡胶密封材料，要求其具有常温、高温优异力学性能的同时，还需要具有极佳的介质阻隔性能。近年来，纳米复合材料已在许多领域得到广泛应用，如何将纳米粒子与橡胶基体复合，寻求一种简单、经济、高效的纳米粒子与橡胶的复合技术，从而改善纳米粒子在橡胶基体中的分散，也成为橡胶纳米复合材料的一个重要研究方向。本研究主要从超临界处理蒙脱土分散技术和大分子改性碳纳米管分散技术两方面进行介绍。

1)超临界处理蒙脱土分散技术

蒙脱土（MMT）是一种硅酸盐的天然矿物，为膨润土矿的主要矿物组分。蒙脱土具有纳米片层结构，对介质具有良好的阻隔性能，多层的蒙脱土片层能够增加介质的扩散路径，减缓介质的渗透，明显提高耐介质性能，其原理如图 5.26 所示。同时，这种片层结构可以有效阻挡胶料的流动，增强胶料的抗变形能力。

MMT/HNBR 复合材料在提高橡胶力学、动态力学性能、阻燃、阻隔、热性能以及耐介质性能等方面有着显著效果。

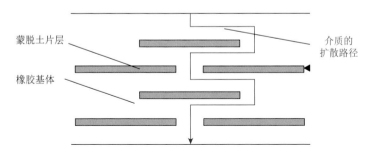

图 5.26　蒙脱土片层对介质在橡胶基体内扩散过程的影响

通常情况下，蒙脱土片层在橡胶基体中很难剥离，因此无法发挥其本体的阻隔性能。引入超临界 CO_2 分散技术能够有效改善纳米粒子在基体中的分散情况。超临界流体(SCF)指的是热力学状态处于临界点之上的流体。SCF 既不同于气体，又不同于液体，是介于液体和气体之间的单一相态，此时流体兼具气体和液体的特点，既像气体一样容易扩散，又像液体一样具有很强的溶解能力，因而具有高扩散性和高溶解性。CO_2 在温度高于临界温度 $T_c = 31.26℃$、压力高于临界压力 $P_c = 72.9atm$ 的状态下，处于超临界状态，能够使橡胶分子的运动能力增强，促进橡胶分子和纳米粒子间分散。此时，蒙脱土片层能够被充分剥离，从而使其在橡胶基体中获得很好的分散。图 5.27 为超临界处理对蒙脱土在橡胶基体内分散情况的透射电子显微镜照片，可以看出，未经进行超临界处理蒙脱土片层在橡胶基体内团聚严重；而经过超临界处理后，蒙脱土可在橡胶基体内均匀分散。

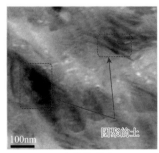
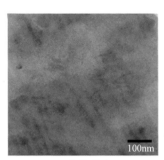

(a) 未处理5份土　　　　　　　(b) 处理5份土　　　　　　　(c) 处理15份土

图 5.27　超临界处理对蒙脱土在橡胶基体内分散情况的透射电子显微镜照片

通过对二者进行耐介质试验(在 150℃柴油中浸泡 15d)，从其腐蚀前后力学性能可以看出(图 5.28)，加入蒙脱土后橡胶材料的拉伸强度和断裂伸长率均有较大幅度提高，通过超临界法处理的蒙脱土，其提升效果明显优于普通机械共混的方法，蒙脱土片层在橡胶基体内充分剥离，使得腐蚀介质难以渗透，从而增加橡胶的耐介质性能。

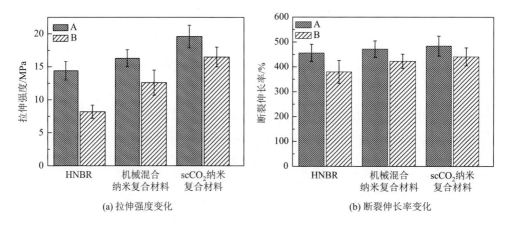

(a) 拉伸强度变化   (b) 断裂伸长率变化

图 5.28   HNBR 及 OMMT-80/HNBR 复合材料的力学性能

A 为腐蚀前，B 为腐蚀后

2) 大分子改性碳纳米管分散技术

碳纳米管(carbon nano-tube，CNT)是一种一维纳米材料。碳纳米管由最强的碳碳共价键结合而成，因此具有非常高的强度(理论值是钢的 100 多倍，碳纤维的近 20 倍)，同时还具有很高的韧性、硬度和导电性能。

然而，碳纳米管极容易团聚，导致碳纳米管的高性能无法得到充分发挥。本研究采用大分子改性剂(聚酰亚胺)对碳纳米管表面进行修饰，改性碳纳米管示意图如图 5.29 所示，改性后的碳纳米管与橡胶分子链的相容性增加，使其能够在橡胶中获得很好的分散，从而提升橡胶材料的整体性能。

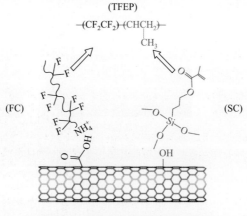

图 5.29   碳纳米管表面修饰示意图

图 5.30 为不同方法改性后的碳纳米管在 HNBR 基体中的分散情况，从图 5.30
可以看出，未改性的原始碳纳米管在 HNBR 内发生大量的团聚，而普通酸改性后
碳纳米管的分散性得到提升，而通过大分子改性和硅烷偶联剂改性的碳纳米管的
分散性获得显著的提升。

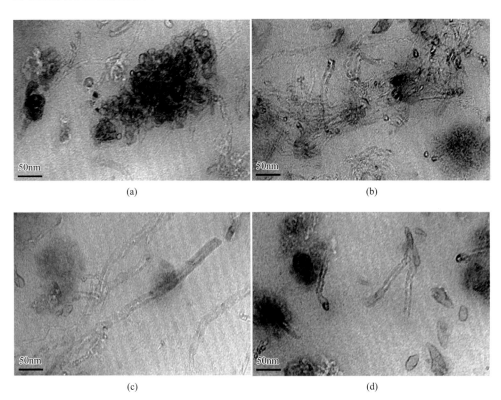

图 5.30　碳纳米管在 HNBR 内的分散情况：(a)原始碳纳米管；(b)普通酸改性；
(c)大分子改性；(d)硅烷偶联剂改性

均匀分散的碳纳米管橡胶复合材料的优势表现在：①当施加外力负荷时，
碳纳米管特殊的管状石墨结构决定其断裂行为不像有机纤维呈完全脆性断裂，
而是沿管壁传递应力作用，一层断裂后再引发另一层断裂，从而增强橡胶复合
材料的拉伸强度。②碳纳米管在橡胶基体中形成的填充网络可将橡胶中积聚的
热迅速散失，从而降低橡胶制品的热疲劳损失，延长其使用寿命。③碳纳米管
具有的大的长径比(大于 1000)有利于提高橡胶的抗撕裂性和耐磨性，增强制品
的使用寿命。

本研究对添加不同含量的大分子改性碳纳米管的 HNBR 在常温和高温的力学
性能进行了测试，其结果如表 5.9 所示。

表 5.9 碳纳米管用量对 HNBR 性能的影响

序号	碳纳米管用量/phr	拉伸强度/MPa		撕裂强度/(kN/m)		断裂伸长率/%		邵 A 硬度	
		常温	130℃	常温	130℃	常温	130℃	常温	130℃
0#	0	21.1	9.2	57	29	680	380	73	58
1#	5	24.5	12.5	62	30	649	345	77	63
2#	10	25.6	11.7	64	32	633	332	80	65
3#	15	31.6	13.5	54	31	603	330	83	68
4#	20	24.3	12.1	60	31	557	270	84	71

由表 5.9 可以看出，随碳纳米管用量的增大，材料在常温和高温条件下的拉伸强度、撕裂强度、硬度均有提升，断裂伸长率略有下降，当碳纳米管添加量为 15phr 时橡胶材料的综合性能最佳。

5.4.4 橡胶耐高温性能评价

表 5.10 为优化后分别用于内、外胶囊的橡胶材料在常温及 150℃高温条件下的力学性能。可以看出，经过配方优化设计后的胶料在 150℃高温拉伸时拉伸强度达 7.3MPa，且断裂伸长率高达 944%，满足内胶囊的使用要求。在过油管封隔器使用过程中，外胶囊相对于内胶囊变形量略小，且外胶囊内部有钢带支撑，其性能可略低于内胶囊。

表 5.10 优化后分别用于内、外胶囊的橡胶材料在常温及 150℃高温条件下的力学性能

用途	拉伸强度/MPa		断裂伸长率/%		邵 A 硬度	
	常温	150℃	常温	150℃	常温	150℃
内胶囊	21.0	7.3	677	944	75	53
外胶囊	19.9	4.6	551	650	69	52

5.4.5 橡胶抗 H₂S 腐蚀性能评价

高膨胀率抗硫橡胶的腐蚀评价方法主要参考《NACE TM0187 酸性气体中弹性材料的评价》和《NACE TM0296 酸性液体中弹性材料的评价》。将上述封隔器内、外胶囊的橡胶材料进行耐 H_2S 性能测试，通过对比腐蚀前后的材料性能变化率，确定各性能的变化范围能够满足抗硫性能要求，其变化率如表 5.11 所示。

表 5.11 内、外胶囊橡胶材料腐蚀试验后各性能变化范围

序号	性能	性能变化
1	质量变化率/%	±10
2	体积变化率/%	±10

续表

序号	性能	性能变化
3	邵 A 硬度	±5
4	拉伸强度/MPa	±25
5	100%定伸强度/MPa	±20
6	断裂伸长率/%	±10
7	永久变形/%	±10
8	撕裂强度/(kN/m)	±20
9	压强永久变形/%	±10
10	回弹性/%	±20

5.4.6　橡胶与金属的黏合性能评价

橡胶与金属性能相差极大，二者之间需要一层良好的界面过渡层黏合剂，以实现在封隔器扩张过程中橡胶与金属界面的牢固结合。因此，筛选了不同品牌及牌号的黏合剂，分别测试其与外胶囊橡胶材料的黏合强度。测试样品所用金属材质与肋板所用金属材质相同，将裁切的金属板表面喷砂处理，依照外胶囊胶料硫化工艺，将金属板与橡胶材料共硫化，依据标准《硫化橡胶或热塑性橡胶与硬质板材粘合强度的测定　90°剥离法》（GB/T 7760—2003）制作标准黏合样品并测试其在常温和高温下的黏合强度。不同种类黏合剂的黏合性能如表 5.12 所示。可以看出，所选黏合剂中 1#黏合剂黏合性能最好。其黏合强度最高，且在橡胶基体内发生断裂，而非黏合面破坏，表明黏合剂黏合强度超过橡胶基体强度。

表 5.12　黏合剂类型与涂覆工艺及其黏合性能

序号	黏合剂品牌与牌号	涂覆方式	常温黏合强度/(kN/m)	样品破坏方式
1#	Chemlok 205 + 220	先涂底漆，室温干燥 30min 后涂覆面漆	17.9	橡胶断裂
2#	P-6 + 516	常温下约需 30min，80℃时干燥需 5~6min	12.4	橡胶断裂
3#	Megum 3340A/B	搅拌均匀后涂覆，室温干燥	9.5	黏合剂-橡胶界面破坏

进一步将制备好的 1#黏合剂样品放入 H_2S 反应釜内以评价黏合剂在 H_2S 环境下的黏合性能。试验条件如下：①反应釜内介质组成为 35%气相、5%水、60%柴油；②气相组成为 H_2S 分压 0.35MPa、CO_2 分压 0.35MPa、总压 8MPa；③样品置于液相；④腐蚀周期：2d；⑤温度为 100℃。

腐蚀后的黏合性能结果如表 5.13 所示。

表 5.13　黏合样品耐 H$_2$S 测试结果

序号	黏合剂类型	黏合强度/(kN/m)	黏合强度平均值	样品断裂方式
1#	Chemlok205 + 220	10.01/9.03	9.5	橡胶断裂

5.5　高膨胀率抗硫胶囊的成型工艺　◀◀◀

过油管封隔器胶筒的内、外胶囊具有直径小、膨胀率高、长径比大的特点,其壁厚薄(约 5mm)、同轴度要求高、长度大(约 1.6m),成型难度大。此类橡胶制品与普通橡胶测试小样的硫化成型方式存在较大差异,在内、外胶囊的加工成型过程中,如何使胶囊产品性能能够达到橡胶测试小样的性能,同时又要尽可能减少加工工艺造成的材料内部成型缺陷,确保橡胶材料发挥其最佳性能,这是开发高膨胀率抗硫过油管封隔器胶筒的关键技术之一。

5.5.1　胶囊模压成型工艺及其性能评价

1. 交联体系调整

为了使 HNBR 获得更好的硫化性能,本研究对橡胶的硫化交联体系进行优化。过氧化物硫化体系化学稳定性好、耐热性优良,但由于碳碳交联键刚性较大,伸长过程中橡胶分子链取向不佳,容易造成硫化胶断裂伸长率和撕裂强度下降。通过采用硫黄与过氧化物并用硫化体系,可以在碳碳键交联网络中引入柔性较好的单硫键、双硫键,改善硫化胶的交联网络结构,从而使橡胶材料获得更好的使用性能。另外,HNBR 由于残余双键的数量较少,橡胶分子之间形成的交联点的数量较少,为获得更好的力学性能,可采用加入助交联剂的方法来增加橡胶分子链之间的交联键数量。本研究采用硫黄与过氧化物并用硫化体系,并以 TAIC 作为助交联剂来改善 HNBR 的交联体系。TAIC 用量对 HNBR 力学性能的影响如表 5.14 所示,加入 TAIC 后,橡胶在常温和高温下的拉伸强度明显增大,常温拉伸强度随 TAIC 用量的增加先增大后减小,高温拉伸强度则随 TAIC 用量变化不大;

表 5.14　TAIC 用量对 HNBR 力学性能的影响

TAIC 用量 /phr	拉伸强度/MPa		撕裂强度/(kN/m)		断裂伸长率/%		邵 A 硬度	
	常温	130℃	常温	130℃	常温	130℃	常温	130℃
0	24.6	12.7	68.3	32.2	207.9	277.3	96	91
1	28.3	15.8	65.0	32.5	198.4	227.6	96	92
3	26.7	15.0	630	32.2	189.6	209.5	97	93
5	26.9	15.8	64.3	28.6	215.1	246.5	96	92

加入 TAIC 后橡胶在常温与高温时的撕裂强度均有所下降；常温断裂伸长率略有下降，且在高温下这种下降更为明显；常温和高温下橡胶材料的硬度略有增加。

综上所示，助交联剂 TAIC 的用量为 1 份时，硫化胶性能最优，材料高温强度和硬度均较高。

2. 胶囊模压成型工艺

平板硫化机加压硫化法是将胶料装入模内，在加压条件下进行硫化。该种模压硫化法制备出的橡胶制品具有橡胶密封性好、产品结构致密，不易产生气泡、缺陷，表面光滑的优点，特别适宜本研究中过油管封隔器胶囊的硫化成型。模压成型的橡胶制品尺寸精度高，能够有效提高胶囊的同轴度，获得壁厚均一的内胶囊，保证封隔器在高膨胀率工作条件下胶囊受力均匀，避免局部缺陷的薄弱点导致密封失效。传统加料方法通常是将混炼胶直接加入中心轴与上下模之间，容易引起橡胶模压时不均匀受力，使各部位的橡胶硫化程度不均匀。为了避免这一问题，本研究采用预成型加料工艺，首先将混炼胶预成型为与成品形状相接近的胶坯，然后放入模具中硫化，如图 5.31 所示。通过此种加工工艺的改进，本研究获得了厚度均一、硫化程度均匀的内胶囊。

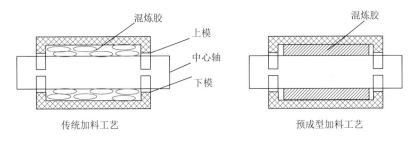

图 5.31　传统加料工艺与预成型加料工艺对比

由于内胶囊的长径比较大，因此硫化后脱模时容易造成胶囊的撕裂。对此，可采用注入高压空气的方法，如图 5.32 所示，在脱模时，加入脱模工装，其内部注入高压空气，在高压空气的作用下，内胶囊与模具芯轴有效脱离，提升制品的合格率。

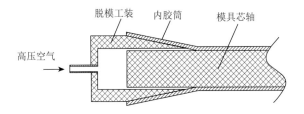

图 5.32　内胶囊脱模工装示意图

内胶囊的成型模具及其制备出的内胶囊制品如图 5.33 所示。

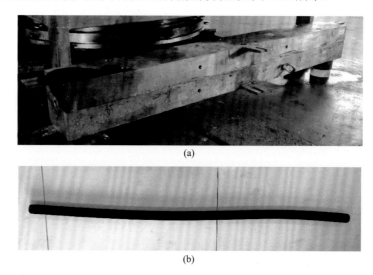

(a)

(b)

图 5.33　内胶囊的成型模具(a)及其制备出的内胶囊制品(b)

3. 模压成型内胶囊的循环气体打压试验评价

将模压成型内胶囊进行循环气体打压试验,试验前将胶囊于-10#柴油中室温浸泡 5d,以模拟工况下的内胶囊。充氮气至 1.2MPa,共计循环打压 5 次,首次打压速度较慢,约 5h;其余四次快速打压,约 10min;胶囊未出现破裂。打压结束后,将内胶囊取出,其形貌如图 5.34 所示。

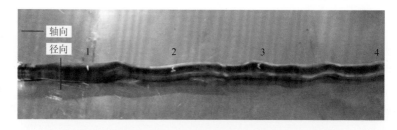

图 5.34　循环气体打压试验后的内胶囊照片及取样点

从图 5.34 可以看出,经过气体循环打压后内胶囊发生扭曲,这主要是由于没有钢带保护,内胶囊完全膨胀后变形不均匀,局部由于被挤压变形,无法与套管壁完全接触。将试验后胶囊依照图 5.34 部位截取拉伸样品(其中 1 点膨胀最大),测试打压试验后胶囊性能,各点力学性能如表 5.15 所示。从表 5.15 可以看出:①胶囊轴向断裂伸长率均比径向高;②膨胀最大的位置 1 点,胶囊硬度与断裂伸长率下降较多,强度基本未变;③不同取样点胶囊力学性能差别较小。

表 5.15　打压试验结束后胶囊力学性能

性能	位置 1		位置 2		位置 3		位置 4	
	径向	轴向	径向	轴向	径向	轴向	径向	轴向
邵 A 硬度	59	58	65	65	65	65	64	65
拉伸强度/MPa	18.2	17.5	17.0	17.5	15.4	17.1	15.3	18.4
断裂伸长率/%	401	526	498	700	432	689	398	667

4. 封隔器的高温坐封试验评价

将模压成型的内胶囊与过油管封隔器的钢带、端部接头、外胶囊等其他零配件进行组装，如图 5.35 所示，而后进行封隔器的高温坐封试验。

(a)

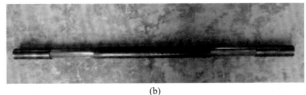

(b)

图 5.35　(a)封隔器钢带与端部接头；(b)装配好的过油管封隔器

首先将组装后的封隔器于 3 1/2″in 的套管内进行扩张，并施加 20MPa 压差，封隔器坐封成功；再将该封隔器放置于 7″套管内，加压使其扩张至套管壁，但在加内压过程中封隔器坐封失败，将失效的封隔器胶筒取出，拆开内胶囊如图 5.36 所示。

可以看出，内胶囊的最大裂缝位于模压成型模具的合模缝处，这主要是由于内胶囊在模压过程中，胶料受热产生流动，此时，过量的胶料在压力作用下从合模缝处流出，但胶料的流动同时造成橡胶分子链的取向，导致橡胶在合模缝处的分子链趋于沿合模缝处排列，此处一旦出现裂纹则极易沿合模缝方向发生扩展。

通过对试验后的内胶囊进行分析，发现内胶囊的裂纹均发生在无外胶囊覆盖处，如图 5.37 所示，即形变最大处。利用体式显微镜对内胶囊破损处进行测量（图 5.38），发现内部含有较多沿内胶囊轴向的裂纹，其中较大裂纹长度长达 8mm

左右。此处内胶囊发生不均匀的球形变形，因此内胶囊内部的取向分子链容易产生裂纹，并在不均匀的变形下逐渐扩展。

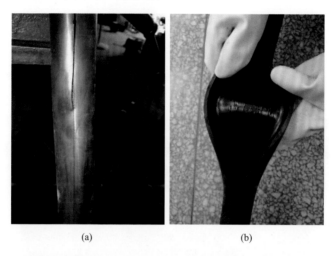

(a)　　　　　　　　　(b)

图 5.36　试验后的内胶囊：(a)从中间出现贯穿型裂缝；(b)内部具有细小裂纹

图 5.37　内胶囊破损处示意图

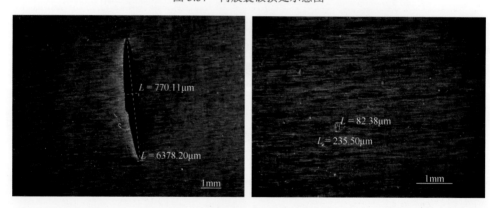

图 5.38　内胶囊破损处体视显微镜照片

5.5.2　胶囊硫化罐成型工艺及其性能评价

蒸汽硫化罐硫化的硫化方式传热效果好、温度分布均匀,硫化温度容易控制,同时,硫化罐罐体长度便于设计,可用于硫化封隔器胶筒内、外胶囊这类长径比较大的橡胶制品。另外,硫化罐内部可同时硫化多个胶囊,相对于模压成型其硫化效率更高。但由于硫化罐硫化的橡胶制品表面需要做缠绕带包覆处理,因此制品表面不光滑，需要进行二次加工以满足使用要求。本研究所采用的硫化罐如图 5.39 所示，其技术参数如表 5.16 所示。

图 5.39　封隔件胶囊用硫化罐

表 5.16　硫化罐技术参数

项目	参数
硫化温度/℃	160～180
控温精度/℃	±2
设计压力/MPa	≤1.0
罐体内径/mm	800
罐体有效长/mm	2000
加热方式	电热空气、水蒸气两用

1. 胶料缠绕成型工艺及其性能评价

1)胶料缠绕成型工艺

胶料缠绕成型工艺是硫化橡胶管类产品的常用工艺，其主要步骤如下。

(1)胶料薄通与缠绕。将胶料于开炼机上薄通，调整辊距至最小，所得胶片厚度约为 1mm；将胶片裁剪成条状；固定轴芯并旋转，将胶片与轴芯呈 45℃角缠绕于轴芯上，缠绕过程中用力拉伸胶片使其紧贴轴芯并尽量排除各层间空气，由轴芯两端交替缠绕，缠绕至所需厚度。

(2)尼龙带缠绕。在缠绕好的胶辊外层缠绕尼龙布，采用双层缠绕的方法，保证尼龙带中线贴合在上一层外线；缠绕至端部后反向继续缠绕一层(实际胶辊外侧四层尼龙布)，注意封口密实，端部系紧。

(3)加压硫化。将缠绕好的胶辊固定于硫化罐支架上，装入罐体内，关闭硫化罐顶盖，封闭密封圈，打开"保压"与"硫化"功能，向罐体内充入压缩空气，压力设定为 0.3～0.4MPa。依照设定好的工艺进行分段硫化。

(4)内胶囊的外表面机加工。硫化结束后排出罐内气体，打开罐体取出硫化好的内胶囊。采用机加工的方法，通过改变切削速度、设计胶囊定位工装等方式以提升胶囊的表面光洁度和同心度(图 5.40)。

图 5.40　机加工前后内胶囊的外观：(左)机加工前；(右)机加工后

2)胶料缠绕成型工艺内胶囊性能评价

在胶料缠绕成型工艺中，胶料缠绕方式、尼龙布缠绕方式、升温方式、硫化时间和硫化温度，二次硫化工艺等都会对最终内胶囊的性能产生影响。通过对比模压成型和硫化罐胶料缠绕成型胶囊的力学性能，如表 5.17 所示。

表 5.17　不同工艺胶管性能对比

工艺	取样方向	常温性能			130℃性能		
		邵 A 硬度	拉伸强度/MPa	断裂伸长率/%	邵 A 硬度	拉伸强度/MPa	断裂伸长率/%
模压成型	轴向	56	11.8	720	44	3.8	670
	径向	56	12.5	673	43	3.2	580
胶料缠绕成型	轴向	68	15.3	545	54	3.2	800
	径向	68	16.1	618	53	4.2	895

与模压成型相比，硫化罐成型的内胶囊胶管径向性能更均匀，避免模压成型在合模缝处分子链取向导致的缺陷，但硫化罐成型的内胶管是薄橡胶片

缠绕成型，成型压力低，导致其致密度不如模压成型，内部容易出现气泡等缺陷（图 5.41）。

图 5.41　硫化胶料缠绕成型内胶囊的表面缺陷

将硫化罐胶料缠绕成型的内胶囊进行液压打压试验，试验结果与模压成型内胶囊对比如表 5.18 所示。可以看出，使用热空气硫化制备的内胶囊扩张能力与模压成型相比有了较大提高，但仍无法满足 130℃承压需求。

表 5.18　不同工艺内胶囊扩张试验结果汇总

序号	成型工艺	内胶囊外观	试验结果描述
1	模压硫化	良好	室温扩张 24h 后内胶囊完好，内压 0.7MPa；80℃升温 1.5h 后无泄漏，升温至 100℃过程中于合模缝处损坏
2	硫化罐硫化	二次加工后存在缺陷	室温扩张 15h 后内胶囊完好，内压 0.8MPa；80℃升温 2h，无泄漏；升温至 100℃，初始无泄漏，保温 2.5h 后泄漏

硫化罐胶料缠绕成型的内胶囊在液压打压试验前后形貌如图 5.42 所示。可以看出，破裂位置内胶囊分层明显，这主要是由于硫化罐胶料缠绕成型过程中，各层胶片之间黏合较差，可能的原因有：①轴芯温度过低，硫化过程中表层胶料受热后开始硫化，而内层传热较慢，导致各层之间黏合性差；可采用空心轴芯，或内部能够加热的轴心，从而使胶料受热更均匀。②缠绕胶片不密实，各层间气泡未排出；可通过改善胶片缠绕工艺、减少各层间气体；调整胶料下片方式、胶片厚度、胶片裁剪规整度等；通过改善尼龙布缠绕工艺，设计缠绕装置，增大缠绕力。③胶料自黏性差，通过改进胶料配方，增加胶料自黏性。④硫化罐成型压力不足，通过调整硫化罐压力增加层间黏合性。

2. 胶料预成型工艺及其性能评价

1）胶料预成型工艺

通过热空气硫化罐硫化工艺制备的内胶囊扩张能力明显提高，但仍无法满足 150℃使用要求。经过对内胶囊表面形貌分析，硫化过程中的胶料层间缺陷是引起内胶囊破损的主要原因。为最大程度减少内胶囊内部缺陷，采用硫化罐和预成型相结合的方式。首先将混炼胶采用预成型方法制备成与制品尺寸相近的内胶囊，而后将其套在轴芯上，放入硫化罐内进行硫化。硫化罐与预成型结合的硫化方式，一方面能够避免模压成型带来的合模缝缺陷，另一方面又能够有效减少胶料缠绕过程引入空气、各层黏合力差等不利因素。

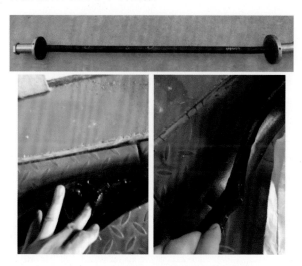

图 5.42　液压打压试验前后内胶囊形貌

预成型设备采用销钉式冷喂料单螺杆挤出机进行。为进行内胶囊挤出，设计配套挤出口模。使用此口模挤出内径略大于内胶囊内径，可保证胶坯能够顺利套在轴芯内；外径略大于内胶囊外径，可为硫化后的机加工预留加工裕量，口模结构示意图如图 5.43 所示。

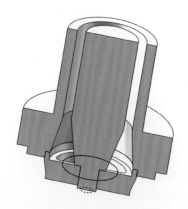

图 5.43　内胶囊挤出口模

2)胶料预成型工艺内胶囊性能评价

采用胶料预成型工艺制备的内胶囊性能如表 5.19 所示。

表 5.19　不同工艺胶管性能对比

工艺	取样方向	常温性能			130℃性能		
		邵 A 硬度	拉伸强度/MPa	断裂伸长率/%	邵 A 硬度	拉伸强度/MPa	断裂伸长率/%
模压成型	轴向	56	11.8	720	44	3.8	670
	径向	56	12.5	673	43	3.2	580
硫化罐胶料缠绕成型	轴向	68	15.3	545	54	3.2	800
	径向	68	16.1	618	53	4.2	895
硫化罐胶料预成型	轴向	68	16.8	636	54	4.5	860
	径向	68	17.3	620	55	4.8	835

　　将硫化罐胶料预成型工艺制备的内胶囊进行液压打压试验，试验结果如表 5.20 所示。此内胶囊能够满足 150℃扩张要求，在 150℃高温下累计保持扩张状态 9h。内胶囊在 150℃扩张试验 9h 后破损，其破损处如图 5.44 所示。预成型工艺内胶囊的破损形式与其他工艺均不相同，其破损位置出现在壁厚较薄的部位。该部位是在液压循环过程中二次扩张的不均匀变形导致的内胶囊翻折部位，此处胶囊壁厚仅为 0.5mm（变形前为 6mm），最大厚度变化比为 12 倍，扩张极不均匀导致胶囊的破裂。

表 5.20　内胶囊扩张试验结果

内胶囊成型方式	"预成型" + "热空气硫化"
扩张试验过程	室温扩张后，工装放入烘箱内升温，升温过程中压力维持在 0.7MPa，保证内胶囊扩张
扩张试验结果	扩张循环一： 室温扩张 20h，未破裂；80℃稳定 3h，未破坏；100℃稳定 3h，未破坏；130℃稳定 3h，未破坏；150℃稳定 3h，未破坏。 扩张循环二： 100℃稳定 3h，未破坏；150℃稳定 6h 后泄漏，内胶囊破裂 （分析破坏原因为局部变形过大）
扩张试验结论	本内胶囊可满足 150℃扩张要求，累计 150℃保持扩张状态 9h，因工装承压能力问题，试验过程中压力稳定在 0.7MPa

图 5.44   预成型工艺内胶囊一次液压扩张循环后及破损断面照片

5.6   高膨胀率抗硫过油管封隔器胶筒有限元分析与试验验证 ◀◀◀

5.6.1   有限元模型的建立

1. 几何模型的建立

根据过油管封隔器胶筒的设计图纸,建立有限元分析模型。在完整尺寸模型中,将内胶囊、钢带、外胶囊等效为依次接触的圆筒结构,并且使用材料各项异性的钢制圆筒来模拟钢带机构的作用。模型使用轴对称结构,尺寸根据设计图纸确定,通过在胶筒两端施加边界条件来模拟端部接头的作用,并且使用带有倒角的钢制圆筒来模拟胶筒两端的应力环,有限元模型如图 5.45 所示。

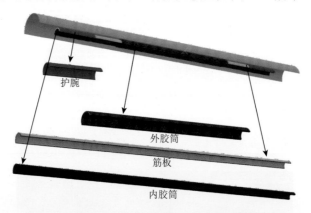

图 5.45   扩张式胶筒有限元模型

2. 边界条件与网格划分

为了模拟端部接头对内胶囊及钢带的作用,在模型两端施加位移边界条件。约束上端内胶囊、钢带和应力环的自由度,保证加压过程中胶筒上端不发生移动,释放胶筒下端的轴向自由度，使下端胶筒在膨胀过程中能够在内压的作用下向上运动，从而确保模型能够完全贴合管壁。

过油管封隔器胶筒的力学模型分为应力环、外胶囊、钢带和内胶囊。其中应力环共划分为 1038 个单元；外胶囊共划分为 1788 个单元，单元类型选择 CAX4RH 杂交单元，能够较好地模拟超弹性材料的大变形行为；钢带共划分为 11296 个单元；内胶囊共划分为 2118 个单元，单元类型同样选择为 CAX4RH。

模型包括橡胶超弹性材料，各项异性弹塑性管材，材料非线性程度高；模型膨胀过程橡胶变形极大，几何非线性程度高；模型包括多层结构接触，包括钢与钢接触、钢与橡胶接触，接触非线性程度高。从而整体模型计算工作量大，容易引发数值不收敛，需要根据现场数据得到准确的材料参数，保证模拟结果的可信性。

5.6.2　胶筒的材料属性

根据以往计算结果可以看出，胶筒各部件材料属性的定义对计算结果有着十分显著的影响，因此需根据各材料的试验数据对胶筒、钢带和应力环的材料参数进行校正，从而保证模型的计算结果更符合实际工况。

1. 橡胶材料参数

高膨胀抗硫过油管封隔器胶筒的膨胀率达 3∶1，膨胀后的厚度不足原来的 1/3，还要求胶筒能够承受内压和上下压差，因此对内外胶囊的橡胶材料性能有着很高的要求。为了准确地模拟内、外胶囊的橡胶材料属性，分别在常温和高温环境下进行了单轴压缩和拉伸试验，本研究通过对三组样品进行拉伸和压缩试验，根据试验数据能够得到橡胶材料的应力-应变曲线，如图 5.46、图 5.47 所示。

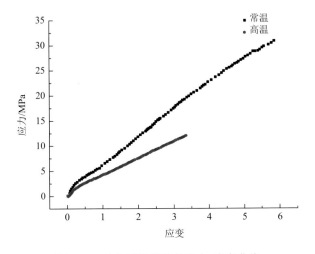

图 5.46　拉伸试验橡胶的应力-应变曲线

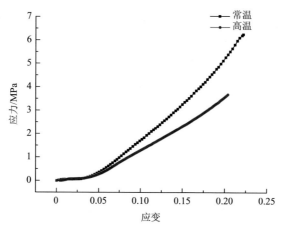

图 5.47　压缩试验橡胶的应力-应变曲线

通过对比常温橡胶和高温橡胶的应力-应变曲线可以看出,橡胶在高温下刚度下降,更容易发生形变。为了更准确地模拟胶筒在实际工况下的状态,使用高温橡胶的拉伸应力-应变曲线来拟合橡胶的材料参数。

ABAQUS 能够通过单轴拉伸和压缩、等双轴拉伸和压缩、平面拉伸和压缩以及体积拉伸和压缩的试验数据拟合出超弹性材料的材料参数。常用的超弹性本构模型主要包括 Mooney-Reivlin 形式、Yeoh 形式和 Ogden 形式。根据试验得到的工程应力-应变曲线,可以拟合各本构模型的系数,从而确定橡胶材料的属性。由 ABAQUS 的拟合结果看出,Mooney-Reivlin 与 Ogden 本构模型能够较准确地模拟橡胶材料的试验参数,因此使用这两种本构模型进行计算,模型的相关参数如表 5.21 所示。

表 5.21　Mooney-Reivlin 和 Ogden 本构模型的相关参数

材料	Mooney-Reivlin 模型			Ogden ($N=1$) 模型		
	C10	C01	D1	Mu-I	ALPH-I	D-I
高温橡胶	1.46208	−0.37213	0	1.93047	2.43370	0

通过多组模型的计算比较可以得出,$N=1$ 时的 Ogden 本构模型具有更好的收敛性,在胶筒发生大变形的情况下能够更准确地模拟橡胶的材料属性,因此在结果计算中使用 Ogden 模型来模拟橡胶材料的属性。

2. 钢带材料参数

本模型中的钢带结构为层层重叠的钢片组成,在内胶囊的膨胀作用下,钢带机构滑动展开,随内胶囊膨胀,并支撑外胶囊膨胀。本模型中采用轴对称模型的材料各项异性来等效钢带的作用。钢带材料在环向的弹性模量和泊松比远小于轴向与径向，从而模拟重叠钢片的滑动作用。根据最新设计图纸中的模型尺寸，钢带的厚度为 3mm，使模型更符合实际结构。

钢带使用 304 不锈钢材料模拟，弹性模量为 2.1GPa，泊松比为 0.3。根据图 5.48 所示材料正交各向异性的计算公式，可以根据材料三个主方向上的弹性模量、泊松比和剪切模量计算出所需参数，从而定义材料的各向异性。

$$\begin{Bmatrix} \sigma_{11} \\ \sigma_{22} \\ \sigma_{33} \\ \sigma_{12} \\ \sigma_{13} \\ \sigma_{23} \end{Bmatrix} = \begin{bmatrix} D_{1111} & D_{1122} & D_{1133} & 0 & 0 & 0 \\ & D_{2222} & D_{2233} & 0 & 0 & 0 \\ & & D_{3333} & 0 & 0 & 0 \\ & & & D_{1212} & 0 & 0 \\ & sym & & & D_{1313} & 0 \\ & & & & & D_{2323} \end{bmatrix} \begin{Bmatrix} \varepsilon_{11} \\ \varepsilon_{22} \\ \varepsilon_{33} \\ \gamma_{12} \\ \gamma_{13} \\ \gamma_{23} \end{Bmatrix} = [D^{el}] \begin{Bmatrix} \varepsilon_{11} \\ \varepsilon_{22} \\ \varepsilon_{33} \\ \gamma_{12} \\ \gamma_{13} \\ \gamma_{23} \end{Bmatrix}.$$

For an orthotropic material the engineering constants define the D matrix as

$$D_{1111} = E_1(1 - \nu_{23}\nu_{32})\gamma,$$
$$D_{2222} = E_2(1 - \nu_{13}\nu_{31})\gamma,$$
$$D_{3333} = E_3(1 - \nu_{12}\nu_{21})\gamma,$$
$$D_{1122} = E_1(\nu_{21} + \nu_{31}\nu_{23})\gamma = E_2(\nu_{12} + \nu_{32}\nu_{13})\gamma,$$
$$D_{1133} = E_1(\nu_{31} + \nu_{21}\nu_{32})\gamma = E_3(\nu_{13} + \nu_{12}\nu_{23})\gamma,$$
$$D_{2233} = E_2(\nu_{32} + \nu_{12}\nu_{31})\gamma = E_3(\nu_{23} + \nu_{21}\nu_{13})\gamma,$$
$$D_{1212} = G_{12},$$
$$D_{1313} = G_{13},$$
$$D_{2323} = G_{23},$$

where

$$\gamma = \frac{1}{1 - \nu_{12}\nu_{21} - \nu_{23}\nu_{32} - \nu_{31}\nu_{13} - 2\nu_{21}\nu_{32}\nu_{13}}.$$

图 5.48　材料正交各向异性的参数计算

3. 应力环材料参数

过油管封隔器胶筒的应力环采用 35 铬钼合金，在本模型中使用双线性模型来模拟，认为屈服强度为线弹性极限，抗拉强度应变取 5%。由给定材料参数可知，铬钼合金屈服强度为 835.0MPa，拉伸强度为 985.0MPa。

5.6.3　有限元模拟结果分析与验证

1. 各部件受力分析

根据以上过油管封隔器胶筒的结构参数和材料参数，使用非线性稳定算法进行 16MPa 下胶筒膨胀过程的分析计算，给出胶筒完成密封后各部件的受力情况，并且初步分析过油管封隔器胶筒的密封性能。图 5.49 给出过油管封隔器胶筒打压后的形态，从图 5.49 可以看出内外胶囊及钢带均发生了大变形，胶筒膨胀后能够完全紧贴套管，实现密封功能。

图 5.49　过油管封隔器胶筒整体模型

　　从图 5.50 可以看出，胶筒膨胀后在应力环与钢带接触部分发生较严重的应力集中，并且在实际试验中应力环也发生塑性形变，因此对应力环进行受力分析，可以看出，与钢带接触的应力环部分应力达到 985MPa，超过铬钼合金的屈服极限，塑性应变高达 6%，应力环已经进入塑性失效状态。因此，在后期模拟中需要调整应力环的结构，减小接触部分的应力集中，从而防止应力环失效。

S, Mises
(Avg: 75%)

+ 9.850×10^2
+ 9.032×10^2
+ 8.215×10^2
+ 7.397×10^2
+ 6.579×10^2
+ 5.761×10^2
+ 4.943×10^2
+ 4.125×10^2
+ 3.307×10^2
+ 2.489×10^2
+ 1.671×10^2
+ 8.531×10^1
+ 3.519

图 5.50　应力环应力情况

　　图 5.51 给出钢带应力分布情况。从图 5.51 可以看出，由于受到应力环的约束，钢带在接触部分也发生应力集中，最大应力达到 808MPa，超过钢带的屈服极限，接触部分钢带已经进入塑性状态。

　　图 5.52 给出内胶囊应力分布情况，可以看出在与应力环的接触部分，内胶囊没有发生应力集中，最大应力出现在胶筒内侧，主要是由内压导致的。

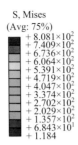

S, Mises
(Avg: 75%)
+ 8.081×10²
+ 7.409×10²
+ 6.736×10²
+ 6.064×10²
+ 5.391×10²
+ 4.719×10²
+ 4.047×10²
+ 3.374×10²
+ 2.702×10²
+ 2.029×10²
+ 1.357×10²
+ 6.843×10¹
+ 1.184

图 5.51　钢带应力分布情况

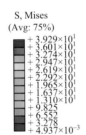

S, Mises
(Avg: 75%)
+ 3.929×10¹
+ 3.601×10¹
+ 3.274×10¹
+ 2.947×10¹
+ 2.619×10¹
+ 2.292×10¹
+ 1.965×10¹
+ 1.637×10¹
+ 1.310×10¹
+ 9.825
+ 6.552
+ 3.278
+ 4.937×10⁻³

图 5.52　内胶囊应力分布情况

::::: 2. 密封性分析

图 5.53 为膨胀后外胶囊与套管的接触应力,可以看出最大接触应力为 18.4MPa,通过等效计算可以得出,当外胶囊与套管的摩擦系数为 0.3 时,胶筒两端的允许压差为 87MPa,当摩擦系数为 0.2 时,胶筒两端的允许压差为 57MPa,能够满足两端压差 30MPa 的密封要求。

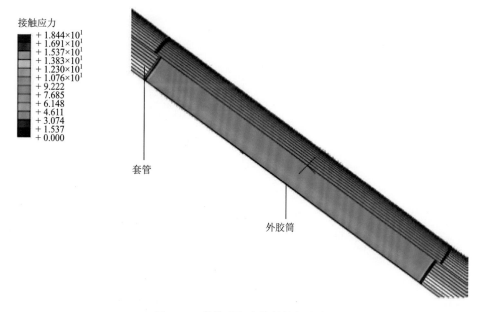

接触应力
+ 1.844×10¹
+ 1.691×10¹
+ 1.537×10¹
+ 1.383×10¹
+ 1.230×10¹
+ 1.076×10¹
+ 9.222
+ 7.685
+ 6.148
+ 4.611
+ 3.074
+ 1.537
+ 0.000

套管

外胶筒

图 5.53　外胶囊与套管的接触应力

通过有限元分析可得到在 16MPa 内压的作用下,过油管封隔器胶筒整体结构发生超大变形,能够与套管发生紧密接触,从膨胀角度来看能够达到设计要求。

从膨胀过程中的应力分析可以得到,钢带与应力环的接触部分会发生应力集中,应力环部分应力达到 935MPa,超过材料的屈服极限,在恢复过程中应力环会残留塑性应变无法恢复原状态。并且接触部分的钢带也会产生应力集中,导致部分钢带进入塑性状态。

过油管封隔器胶筒在密封状态下与套管的最大接触应力为 18.4MPa,并且等效计算后胶筒两端的允许压差大于 30MPa,符合密封要求。

现有的结果可以初步模拟应力环产生永久变形的力学机理以及过油管封隔器胶筒的密封过程,但无法否定的是,该结构在变形过程中十分复杂,本数值模型在钢带材料的等效计算上仍然需要根据试验模型进行调整,以封隔器胶筒试验结果不断进行验证,从而更准确地分析胶筒膨胀后的各项参数。

针对普光现场过油管施工存在的难题，通过创新研发高膨胀率高抗硫橡胶材料、耐腐蚀性能评价和优化高膨胀率高抗硫胶筒成型工艺，研制出高膨胀率高抗硫胶筒。完成了研究内容、任务目标，达到部分技术经济指标，高膨胀率高抗硫胶筒外径 $\Phi62mm$、膨胀率 300%、在 7in 套管内耐温 130℃耐压差 12MPa，可满足普光现场部分井的措施要求，耐 H_2S 分压 10MPa。打压试验曲线及试验过程照片如图 5.54、图 5.55 所示。

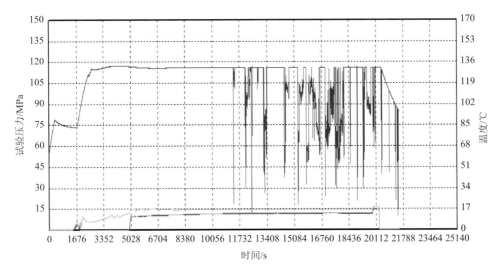

图 5.54　室内评价试验曲线

图 5.55　室内评价试验过程照片

　　本章通过材料开发、产品设计加工、受力分析及试验检测，成功开发了大膨胀过油管封隔器，主要成果包括：研发了一种高膨胀率高抗硫橡胶材料，胶料在150℃高温下仍具有高强度、高断裂伸长率以及高抗硫性能，解决了胶筒高膨胀率和高抗硫的难题；形成了高膨胀率抗硫胶筒的成型技术，将预成型硫化技术与传统硫化罐成型工艺相结合，极大地降低了胶筒内部的微观缺陷，保证了封隔器胶筒安全可靠性；形成了耐高温多点交联技术，缩小了材料在高温和常温下的性能差距。

　　该技术直接为以普光气田为代表的高含硫气田开发提供支撑。高膨胀率高抗硫胶筒可以形成系列化产品服务东濮老区套变井注采工艺措施管柱，同时可以推广到其他类型区块。项目成果打破国外厂家的垄断，高膨胀率高抗硫胶筒成本低，供货周期短，具有极大经济效益和社会效益。

参 考 文 献

[1] Kelbie G M, Garfield G L. Isolating Water Production at the Source Utilising Through-Tubing Inflatable Technology; proceedings of the International Oil & Gas Conference and Exhibition in China, F, 2006 [C]. SPE-102759-MS.

[2] Eslinger D M, Kohli H S. Design and Testing of a High-Performance Inflatable Packer; proceedings of the SPE Production Operations Symposium, F, 1997 [C]. SPE-37483-MS.

[3] Singh A K, Kothiyal M D, Kumar P, et al. Case Study: Successful Application of Coiled Tubing Conveyed Inflatable Straddle Packer for Selective Reservoir Treatments in Deviated and Horizontal Wells of Rajasthan Field, India; proceedings of the International Petroleum Technology Conference, F, 2013 [C]. IPTC-16533-MS.

[4] Wilson S, Erkol Z, Faugere A, et al. Inflatable Packers in Extreme Environments; proceedings of the SPE/ICoTA Coiled Tubing Conference and Exhibition, F, 2004 [C]. SPE-89529-MS.

[5] Roberts J. Thru-tubing intervention benefits a range of wells [J]. Drilling Contractor, 2001, November/December: 44-45.

[6] 曹言光. 高含硫气井过油管堵水技术 [J]. 石油机械, 2016, 44(10): 103-105.

[7] 陈家俊. 贝克公司"电缆坐封过油管膨胀桥塞技术"介绍 [J]. 油气井测试, 1993, 2(2): 75-78.

[8] 程心平. 扩张式封隔器胶筒力学性能分析 [J]. 石油机械, 2014, 42(6): 72-76.

[9] 程心平. 扩张式封隔器胶筒参数优选 [J]. 石油机械, 2014, 42(7): 64-72.

[10] 窦益华, 杨浩, 李明飞, 等. 水力扩张式封隔器胶筒力学性能有限元分析[J].油气井测试 [J]. 2016, 25(2): 6-9.

[11] 冷传基, 徐英彪, 王静. 扩张式封隔器胶筒高温密封性能试验装置研制 [J]. 科技信息, 2013 (12): 401-402.

[12] 陈静. 扩张式封隔器胶筒偏心距自动测量装置 [J]. 油气田地面工程, 2006 (8): 79.

6.1 海上防喷器密封技术现状 ◀◀◀

6.1.1 深水防喷器概述

防喷器是用于试油、修井、钻完井等作业过程中关闭井口,防止井喷事故发生以及在紧急情况下切断钻杆的安全密封井口装置。水下防喷器在海洋石油钻井过程中,能有效防止井喷事故发生,是保证钻井作业安全最关键的设备[1],一般由4～6部闸板防喷器和1部环形防喷器组成[2, 3],闸板有全封式和半封式两种,全封式防喷器可以封住整个井口;半封式封住有钻杆存在时的井口环形断面,深水防喷器示意图如图6.1所示(http://www.earthlyissues.com/gulfspill.htm)。环形(万能)

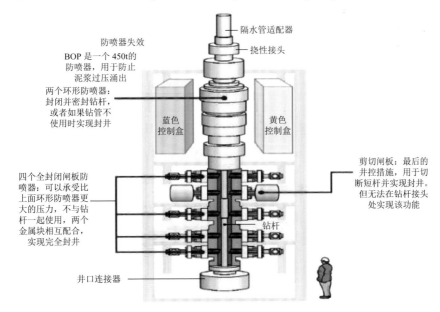

图 6.1 深水防喷器示意图

防喷器可以在井内存在钻具和空井等情况下进行封井。各种防喷器适应井眼内各种不同钻具的情况，为了保证任何时候都能有效地使用防喷器组，根据所钻地层和钻井工艺的要求，可将不同类型防喷器组合同时使用，在台风等紧急情况下钻井装置必须撤离时关闭井口，保证人员、设备安全，避免海洋环境污染和油气资源破坏，如出现故障将会带来不可估量的损失，图6.2为墨西哥湾井喷事故现场[4]。

图6.2　墨西哥湾井喷事故现场

6.1.2　国内外水下防喷器组研究现状

国外从20世纪50年代开始研制和生产水下防喷器组，随着石油开采不断向深水和超深水进军，水下防喷器技术也突飞猛进，在80年代中后期达到了高峰。国外深水防喷器组及控制系统的主要制造商有Cameron、NOV Shaffer、Hydril等公司，其生产历史悠久，研发能力强，制造工艺先进，在技术和市场上处于垄断地位[5]。目前水下防喷器组最大设计水深超过3500m，结构更加紧凑，质量减轻，耐温、抗拉、抗弯能力进一步加强，闸板更换速度更快，控制方式由全液压、电/液控制向MUX控制方式转变，采用更快的信号传输方式。

防喷器胶芯是在防喷器中起密封作用的橡胶件。分变径闸板式、固定闸板式、旋转式三种，如图6.3~图6.5所示。

图6.3　闸板式防喷器(变径胶芯)

顶部密封

SD-10825

前部密封

闸板

防喷器固定闸板

图 6.4　闸板式防喷器(固定胶芯)

球形胶芯

锥形胶芯

图 6.5　旋转防喷器(万能防喷器)胶芯

表 6.1 是国外主要厂商抗硫防喷器的技术指标。

表 6.1　国外主要厂商抗硫防喷器的技术指标

厂家	温度/℃	压力/MPa	H_2S 浓度/%
CAMRAM	177	69	35
GE	177	105	无
NOV	177	105	无

国内近几年才涉及深水石油的开发,深水水下防喷器组及其控制系统的研制还基本上处于空白,落后于国外。耐高温、大范围变径闸板及抗硫防喷器深水应用尚未报道,华北石油荣盛机械制造有限公司是国内领先的防喷器企业,开展了深水防喷器相关的研发工作[6]。

6.1.3　目标与研发思路

我国南海地区、英国北海地区、墨西哥湾等深水油气富集区都属于典型的高温高压地区,地层温度最高达 250℃,压力达 105MPa,井口流体温度有时超过120℃,需要应用高温弹性体密封件,以保证钻井作业井控安全[7, 8]。作为防喷器的"心脏"，国外厂商将橡胶密封件作为核心技术，特别对高温橡胶件技术更是严密封锁，为打破国外技术垄断，有必要开展防喷器高温橡胶密封件的研制。

科技部针对此需求开展了深水油气勘探开发技术与装备技术研究，为海洋油气开发提供关键装备支持，将填补国内深水钻井防喷器密封件的空白，打破国外对产品的技术和市场垄断，缩短交货周期，节约大量的采购资金，提高我国石油钻采设备技术水平和国际市场竞争力，具有优异的经济效益和社会效益。总体技术要求：①变径闸板胶芯在含 H_2S/CO_2 腐蚀气体、流体温度达到 121℃、井压 105MPa 的情况下可以正常使用，保证防喷器密封可靠性；②管子闸板胶芯在井含 H_2S/CO_2 腐蚀气体、流体温度达到 177℃、井压 105MPa 的情况下可以正常使用，保证防喷器密封可靠性。

首先，研究适用于高温环境作业的密封件材料配方及成形工艺。选择 HNBR 为密封件的基材，并在此基础上进行原料改性，对密封材料的交联体系进行优化并使用高效填料等措施获得性能优异的耐高温密封件材料，针对不同工况条件进行模拟试验。

其次，在此基础上进行结构设计。无论是固定闸板胶芯还是变径闸板胶芯，在胶芯与钻杆之间和各骨架之间都有间隙存在。在高温情况下，橡胶软化，流动性增强。当在一侧施以高压时，胶芯趋向于向低压一侧流动，这些间隙的存在极易引起橡胶的流失，影响胶件的密封性能，使得高温胶芯在结构设计方面面临一定的挑战。除胶芯本身的结构影响外，温度引起的热膨胀变形、闸板体和闸板腔的磨损、机械加载引起的变形等各种因素使得高温环境下橡胶的密封性能进一步恶化[9, 10]。因此，在密封件的设计中需综合考虑各种影响因素，在现有的胶芯研制基础上进行结构改进，减小各类间隙，降低橡胶的流失量，确保密封的可靠性。

最后，进行密封性能检测。目前，各方对高温胶芯的试验方法和评定标准存在较大的争议。通用的标准为 API Spec 16A 规范。但近年来石油行业权威人士对高温胶件试验过程和方法提出了很多建议，如增加高温试验的时间，以得到更有实际意义的试验结果，也有人建议对胶芯温度等级的评定选用更为复杂的方式，包括安全系数和大量的试验。各制造商也采取了高于 API Spec 16A 规范要求的试验，如增加高温环境下试验时间等。在这种情况下，需要在子课题研制过程中广泛调研国外各制造商高温试验方法，紧密跟踪最新的设计规范，采用先进的被广泛认可的试验方法，设计和建造试验工装，保证加热系统的正常工作，确保试验结果的有效性。

由于国内尚无同类型产品，因此没有建立材料性能与闸板密封能力之间关系的数据积累。通过探索性密封试验，确定以材料"挤出孔深"、高温力学性能以及材料高低温硬度变化为主要指标的评价体系，并制定满足目标所需具体指标。

在胶料选择过程中，常温条件下材料的力学性能通常能满足高压密封要求，然而高温条件下材料的力学表现则大幅降低，这成为材料开发的最大短板。为保证材料具有良好的高温力学性能，选用高效硫化体系与填充体系，材料在常温下具有非常高的弹性模量与硬度，使得常温坐封非常困难。通过多次材料性能优选与密封试验，在材料高温力学性能与常温坐封压力之间寻找平衡，在保证实现常温密封的基础上，大幅提高了橡胶材料的高温性能，为材料在高温环境下起到良好的密封提供了可能。图 6.6 展示变径闸板胶芯材料的研制技术路线。

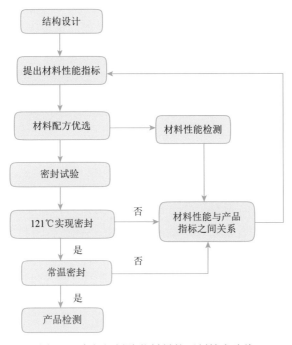

图 6.6　变径闸板胶芯材料的研制技术路线

6.2　耐高温变径闸板密封材料开发

6.2.1　初选橡胶材料耐压试验

深水防喷器由于井口温度高、压力大、腐蚀性物质浓度高，对胶芯材料的耐热性、耐蚀性提出了更高的要求。HNBR 由于饱和分子链中双键含量低，有效隔绝氧气、酸性气等腐蚀性物质对橡胶分子的破坏，因而具有优异的热氧稳定性、耐蚀性能；此外，由于保留分子链中的腈基(—CN)，HNBR 还表现出良好的耐油性。因此，HNBR 在深井和高含硫等复杂矿藏的开发中应用广泛，选择了 HNBR 作为基体材料，开发性能优异的耐高温橡胶材料[11, 12]。

目前未曾有关于 121℃/105MPa 变径闸板胶芯材料的文献报道且前期没有相关数据积累。在确保材料的抗硫性能基础上，选择 121℃ 工况条件下拉伸强度、断裂伸长率较高，硬度保持率较好的 HNBR(配方编号标记 RS-3#)进行密封试验，探索材料性能与密封能力之间的关系，为后续试验提供思路。

为更好地分析材料性能与胶芯高温密封能力之间的关系，试验中除测试所用胶料在常温下的力学性能外，还需测试材料在 121℃ 时的力学性能，如表 6.2 所示。测试方法参照国标《硫化橡胶或热塑性橡胶拉伸应力应变性能的测定》(GB/T 528—2009)，材料在 121℃ 下的力学表现是衡量材料性能的重要指标。

表 6.2　初次密封试验使用胶料力学性能

胶料编号	拉伸强度/MPa		断裂伸长率/%		邵 A 硬度	
	常温	121℃	常温	121℃	常温	121℃
RS-3#	24.5	12.4	556.0	697.0	85	73

采用二段硫化制备 FZ48-105 变径 3 1/2″～7in 闸板胶件，工艺如下：第一段硫化时间：5h，硫化温度：165℃；第二段硫化时间：5h，硫化温度：170℃；试压过程及结果：升温时间为 6h，温度为 121℃，当压力升到 90MPa 时，不能稳压，停止试验。工装拆开后发现胶件严重损坏，试压后的胶件密封面。

由图 6.7 可以看出，变径闸板胶芯在试验过程中损坏严重，尤其是在密封件边缘部分(红色标注)橡胶几乎完全从金属骨架中全部挤出。

图 6.7　初次胶件密封试验后胶芯密封面照片

结合表 6.2 材料力学性能与胶芯破坏后形貌，推断在密封过程中，由于上下压差较大，闸板缝隙处胶芯受力集中产生较大变形，而胶料自身强度不足以抵抗这种变形，从而使得胶芯边缘部分断裂，胶料脱落且由闸板缝隙处流失。

　　结合上述分析，材料强度过低是导致胶芯破坏的关键原因。为满足变径闸板胶芯使用要求，必须对胶料高温性能提出更高的要求。

　　通过重新筛选生胶与硫化体系，添加碳纳米管补强以及采用橡塑共混等方式得到满足此性能的闸板胶芯材料，并以此进行密封试验。

6.2.2　橡胶耐高温性能优化

1. 筛选生胶

　　HNBR 分子式如图 6.8 所示。由图 6.8 可以看出，HNBR 分子通常由四种结构单元组成，各结构单元分别赋予 HNBR 不同的性能。例如，残余双键的存在为后续进行过氧化物硫化或硫黄硫化提供了交联点，且双键的存在有助于改善橡胶制品的压缩永久变形与耐寒性；丙烯腈结构单元使得橡胶具有更高的强度和更好的耐油、耐热、耐磨性，同时也降低回弹性和低温柔性。

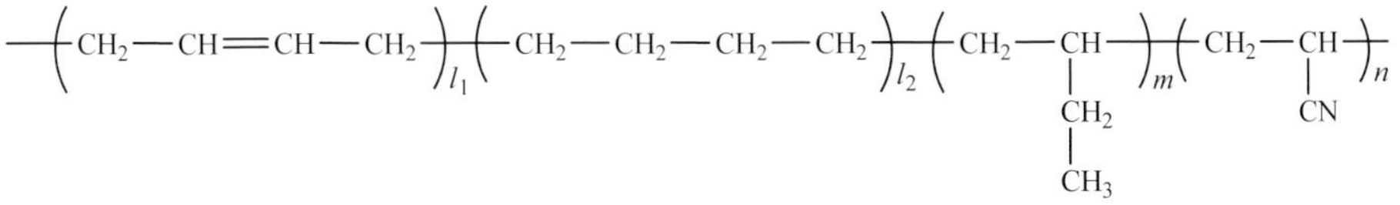

$$-\left(CH_2-CH=CH-CH_2\right)_{l_1}\left(CH_2-CH_2-CH_2-CH_2\right)_{l_2}\left(\begin{array}{c}CH_2-CH\\ |\\ CH_2\\ |\\ CH_3\end{array}\right)_m\left(\begin{array}{c}CH_2-CH\\ |\\ CN\end{array}\right)_n$$

图 6.8　HNBR 橡胶分子式

　　结构单元的不同使得 HNBR 的性能差别较大。在生胶技术指标中，丙烯腈含量、饱和度与门尼黏度是影响橡胶性能最大的指标。试验中分别选取了几种丙烯腈含量相同、饱和度不同与饱和度相同、丙烯腈含量不同的生胶种类，以相同配方制作样品，分别测试其在常温与 121℃条件下力学性能，具体见表 5.6。

　　表 6.3 为不同生胶在常温和 121℃条件下的力学性能变化，由表 6.3 可以看出，2010 橡胶无论是在常温还是在高温条件下均具有较高的拉伸强度、撕裂强度和断裂伸长率。这主要是因为 2010 橡胶饱和度适中，由其制备的硫化胶具有适宜的交联密度，保证橡胶在拉伸强度与断裂伸长率之间取得良好平衡。且因为丙烯腈含量低于 1010，2010 橡胶的力学性能随温度变化相对较小；高丙烯腈含量形成的高分子间相互作用力在高温下会丧失，因此高丙烯腈含量的橡胶耐高温性能较差。

表 6.3　不同牌号生胶的力学性能变化

生胶牌号	拉伸强度/MPa		撕裂强度/(kN/m)		断裂伸长率/%		邵 A 硬度	
	常温	121℃	常温	121℃	常温	121℃	常温	121℃
2020	21.2	9.3	51.3	20.8	162.3	169.7	94	89
2010	22.8	11.3	59.0	27.5	263.4	251.2	93	87
2000L	17.4	8.4	57.4	23.3	270.6	244.3	92	86
1010	18.6	7.0	59.7	24.7	224.4	250.9	94	86

经过上述分析，选定 2010 橡胶作为材料基体。然而，表 6.3 中 2010 橡胶强度较低并不满足所需指标，仍有待提高。

2. 碳纳米管对 HNBR 的补强作用

碳纳米管(carbon nano-tube，CNT)是一维纳米材料。其三维结构如图 6.9 所示。由于碳纳米管是由最强的碳碳共价键结合而成的，因此具有非常高的强度(理论值是钢的 100 多倍，碳纤维的近 20 倍)，同时还具有很高的韧性、硬度和导电性能。

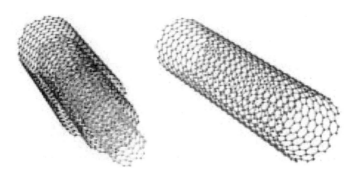

图 6.9　碳纳米管三维结构

将碳纳米管引入橡胶基体中，利用碳纳米管优异的物理机械性能可对橡胶基体起到良好的增强效果并提高基体的抗疲劳性能。其独特的优势表现在：①当施加外力负荷时，碳纳米管特殊的管状石墨结构决定其断裂行为不像有机纤维呈完全脆性断裂，而是沿管壁传递应力作用，一层断裂后再引发另一层断裂。②碳纳米管在基质中形成的填充网络可将材料中积聚的热迅速散失，从而降低橡胶制品的热疲劳损失，延长其使用寿命。③碳纳米管具有的大的长径比(大于 1000)有利于提高橡胶的抗撕裂性和耐磨性。

通过在原胶料基础上添加不同含量的碳纳米管来提高橡胶的力学性能和耐高温的性能，结果如表 6.4 所示。

表 6.4　碳纳米管的用量对 HNBR 的影响

胶料编号	碳纳米管用量/phr	拉伸强度/MPa		撕裂强度/(kN/m)		断裂伸长率/%		邵 A 硬度	
		常温	121℃	常温	121℃	常温	121℃	常温	121℃
1#	0	24.9	12.7	60.2	28.7	323.0	441.0	88	77
2#	10	25.0	11.7	63.5	32.4	289.0	320.0	89	78
3#	15	26.4	13.5	54.3	31.4	233.0	301.0	90	79
4#	20	24.3	12.1	60.2	31.0	249.0	290.0	91	80

由表 6.4 可以看出，碳纳米管用量为 15 份时，材料综合性能最佳材料在常温和高温条件下的拉伸强度和硬度略有提升，断裂伸长率略有下降。然而，碳纳米管的加入虽然提高材料的拉伸强度与撕裂强度，但这种提升并没起到理想效果，这是因为当碳纳米管的添加量较大时，其在基体中的分散及与基体的结合成为制约其发挥自身优势的最大障碍。为提高碳纳米管在橡胶基体中的分散性，改善其与橡胶基体的界面结合，在后期的试验中引入超临界 CO_2 分散技术，非常明显地改善这种状况。

在所有纳米填料中，碳纳米管是在橡胶基体中最易团聚、分散性最差的填料。因此，试验中首先制备生胶与碳纳米管的母炼胶，超临界 CO_2 处理后再加入其他组分。结果材料性能得到提高，如表 6.5 所示。

表 6.5　超临界 CO_2 处理对橡胶性能的影响

处理	拉伸强度/MPa		100%定伸强度/MPa		撕裂强度/(kN/m)		断裂伸长率/%		邵 A 硬度	
	常温	121℃	常温	121℃	常温	121℃	常温	121℃	常温	121℃
原始	26.6	13.8	6.6	3.6	77.1	31.8	554.0	445.0	92	85
超临界后	25.7	14.6	5.3	3.4	85.2	37.7	628.0	515.0	90	84

由表 6.5 可以看出，经过超临界 CO_2 处理之后，橡胶的撕裂强度、断裂伸长率都有非常明显的提高，材料的高温拉伸强度也略有提高。更重要的是，在不改变材料配方的基础上，材料的常温硬度出现降低，为降低材料"高低温硬度差值"提供了很大帮助。这说明，经过超临界 CO_2 处理后，碳纳米管在橡胶基体中的团聚被打开，在基体中分散得到改善。因此，后续胶料均采用超临界 CO_2 处理。

3. 其他填料补强填充体系

除了优化生胶与硫化体系、采用碳纳米管补强，试验中还考察了其他填充体系，如纳米二氧化硅与芳纶浆粕等，对材料性能的影响。

1）纳米二氧化硅（SiO_2）

二氧化硅是橡胶工业中一种重要的补强填料，使用硅烷偶联剂 Si69 改性的 SiO_2 对 HNBR 进行补强。SiO_2 的添加量为 10phr，添加后样品力学性能对比如表 6.6 所示。

表 6.6　二氧化硅对 HNBR 橡胶的补强效果

处理	拉伸强度/MPa		撕裂强度/(kN/m)		断裂伸长率/%		邵 A 硬度	
	常温	121℃	常温	121℃	常温	121℃	常温	121℃
基础	17.2	6.0	54.5	20.7	334.0	356.0	85	77
+ 10phr SiO_2	21.9	9.8	63.2	36.3	362.0	398.0	89	80

由表 6.6 可以看出，SiO_2 的加入非常明显地提高材料的拉伸强度与撕裂强度，这说明改性后的 SiO_2 对橡胶基体起到良好的补强效果。同时，需要注意的是，添加 SiO_2 后材料的硬度也有较大提高，这不利于胶芯在常温实现密封。

2) 芳纶浆粕

芳纶浆粕纤维(PPTA-pulp)是近年发展起来的芳纶纤维差别化产品，其分子结构与芳纶相同，但特殊的成型工艺使其具有特殊的物理性能。芳纶浆粕表面呈毛绒状，微纤丛生，粗糙如木材浆粕，微纤结构使得芳纶浆粕表面积很大，因此与橡胶的潜在接触面大，且由于"机械"啮合作用而与橡胶有很强的表面结合力(图 6.10)。

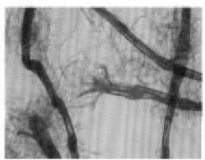

图 6.10　采用光学显微镜观察的芳纶纤维与芳纶浆粕表面形态

此外，芳纶浆粕具有很好的韧性，常规混炼不易发生断裂而降低其长径比。但芳纶浆粕表面微纤之间的相互缠结易造成其分散困难，因此需进行表面处理以改善其分散性，发挥其高比表面积特性，强化啮合特性。经过表面处理后的浆粕纤维对材料的高温机械性能也有很大改善。在高温条件下，由于橡胶分子间作用力显著下降，拉伸结晶消失，弹性增强，黏性损耗能力下降，弹性材料自身抵抗裂纹扩展的能力明显减弱。加入芳纶浆粕，材料由于对裂纹抵抗能力增强而表现出更好的力学性。由于芳纶浆粕的耐高温性，高温下复合材料的拉伸强度随着芳纶浆粕用量的增加而提高。

表 6.7 为加入芳纶浆粕后测得的材料力学性能。

表 6.7　芳纶浆粕对橡胶基体的补强效果

处理	拉伸强度/MPa		撕裂强度/(kN/m)		断裂伸长率/%		邵 A 硬度	
	常温	121℃	常温	121℃	常温	121℃	常温	121℃
基础	22.7	11.2	57.0	27.9	304.1	325.5	90	85
+5phr 浆粕	20.7	10.0	58.9	30.6	244.1	233.8	92	88

可以看出，加入芳纶浆粕后，材料的拉伸强度并没有得到明显提高，这可能与浆粕纤维在橡胶基体中的分散困难有关系，试验中加入浆粕纤维后薄通 20 次后

才能将其分散均匀。后续试验中，使用白炭黑作为浆粕纤维的预处理剂，利用白炭黑隔离浆粕纤维之间的缠结，使芳纶浆粕的高比表面积尽可能发挥作用，实现浆粕纤维在材料中的扩张式分散。

4. 优化硫化体系

为了使 HNBR 获得较好的硫化性能，试验选取了低硫高促体系、过氧化物体系、硫黄与过氧化物并用体系分别对三种牌号的 HNBR 生胶进行硫化，通过对比硫化胶及其在盐酸介质(因 H_2S 腐蚀试验的危险性及对反应设备的高要求，使用盐酸溶液模拟实际中的酸性环境)中腐蚀后的物理性能，来比较生胶与硫化体系对 HNBR 耐酸性介质腐蚀性能的影响，并优选出综合性能最佳的生胶及相应的硫化体系。为更好地体现各类型生胶使用不同硫化体系的交联效果，对交联后的 HNBR 进行力学性能的对比，如表 6.8 所示。

表 6.8　配方优化前后 HNBR 力学性能对比

胶料编号	拉伸强度/MPa		撕裂强度/(kN/m)		断裂伸长率/%		邵 A 硬度	
	常温	121℃	常温	121℃	常温	121℃	常温	121℃
RS-3#	24.5	12.4	63.5	28.8	556.0	679.0	85	73
RS-5#	28.3	15.8	65.0	32.5	198.5	227.6	96	92

另外，由于 HNBR 残余双键的数量较少，因此橡胶分子之间形成的交联点的数量较少，为取得较好的力学性能，必须采用外加助交联剂来增加橡胶分子链之间形成的交联键数量。采用 TAIC 来改善 HNBR 的交联体系。明显看出优化后的胶料除断裂伸长率下降外，其他各项目性能有大幅度提高。

6.2.3　第二次耐高温抗硫橡胶密封试验

经过优化生胶与硫化体系、采用碳纳米管补强和橡塑共混补强等方式，大幅提高了材料的力学性能，在试验过程中依次筛选出两种性能优异的橡胶材料，胶料编号依次为 RS-5/6。所选材料的力学性能基本满足表 6.9 中的性能指标。对所选材料进行密封试验，结合密封试验结果，探索材料性能与密封能力之间的关系，并逐步更改材料性能指标。

表 6.9　改进后的高强度橡胶材料力学性能

胶料编号	拉伸强度/MPa		断裂伸长率/%		邵 A 硬度	
	常温	121℃	常温	121℃	常温	121℃
RS-3#	24.5	12.4	556.0	697.0	85	73
RS-5#	28.3	15.8	198.0	228.0	96	92

所选 RS-5 胶料拉伸强度较初始胶料有了较大提高,同时材料硬度也满足性能指标,然而断裂伸长率下降较多。

1)胶件制备工艺

使用 RS-5#制备 FZ35-105 变径 2 7/8″~5 闸板胶芯,胶件的硫化工艺:一段硫化温度:150℃,硫化时间:6h;二段硫化温度:170℃,硫化时间:1h;无二次硫化。

2)密封试验过程记录

常温试验:液控压力为 15MPa 时,无法实现密封。

高温试验:5h 升温到 121℃,直接用液控压力 14.8MPa 实现防喷器密封,油压达到 106.2MPa 开始稳压,稳压时间为 6min,之后油压瞬间掉下来,检查发现防喷器上面冒油。液控压力提高到 19MPa 后,打油压,防喷器上面仍冒油,停止试验。

RS-5#制备胶件密封试验后表面照片如图 6.11 所示。

虽然此副胶件在高温时仍然只能短暂实现 105MPa 密封,但对比初始胶件在 90MPa 时即出现泄漏还是有了较大改善,另外此副胶件的变径尺寸也大于初始胶件,其实现密封也更困难。结合表 6.9 中两种胶料力学性能对比,可以看出,材料拉伸强度与硬度的提高对增强材料的密封能力有较大的帮助。

仔细观察图 6.11 中胶件密封试验后表面照片,此副胶件密封试验后仍有损坏较严重区域,密封面边缘部分胶料脱落较多。但是对比图 6.7 初次胶件密封试验后照片,可以看出本次试验有了较大提高,密封试验后胶件大部分胶料仍保留在闸板之间,并没有出现胶料被完全挤出的现象。

图 6.11   RS-5#制备胶件密封试验后表面照片

此外，还需注意到，此胶件在常温状态下无法实现密封。结合其力学性能，本研究推断，高效的补强体系使得材料具有高邵 A 硬度(96)的同时也具有非常高的压缩模量，而变径闸板胶芯在密封时变形量大，这就导致胶芯密封时需要非常大的推动力。这对液压和控制是一个非常大的挑战。因此，后续胶料研制过程需降低材料硬度和模量，分析几次密封试验，将材料邵 A 硬度指标定为 93。

3)胶料性能的调整

RS-5#胶料在高温下实现短暂的密封，然而其硬度较高，常温无法密封，且密封后胶料成块状破碎，说明材料的变形能力较差。经过前期配方的优化，降低材料常温硬度，以提高常温坐封能力，提高高温硬度保持承压能力，同时提高材料的断裂伸长率确保橡胶弹性。改进后橡胶的力学性能如表 6.10 所示。重新选择 RS-6#胶料做密封试验后表面照片如图 6.12 所示。

表 6.10　改进后的高强度橡胶材料力学性能

材料	拉伸强度/MPa		断裂伸长率/%		邵 A 硬度	
	常温	121℃	常温	121℃	常温	121℃
初始胶料	24.5	12.4	556.0	697.0	85	73
RS-5#	28.3	15.8	198.0	228.0	96	92
RS-6#	29.7	14.0	260.0	258.0	93	93

图 6.12　RS-6#试验后胶件密封试验后表面照片

RS-6#制备工艺同 RS-5#。

常温试验：液控压力为 15MPa 时，仍无法实现密封。

高温试验：5h 升温到 104℃，直接用液控压力 14.8MPa 实现防喷器密封，油压达到 106.2MPa 开始稳压，稳压 8h 后压差为 105~96MPa。

RS-6#可实现在该条件下的密封，仍不能实现常温密封，材料的硬度和模量需进一步降低，将材料常温硬度指标降为 88~90。

6.2.4 快速评价试验确立材料性能与密封能力的关系

通常，为了验证橡胶配方的可行性，将橡胶配方制备成可变径闸板，然后进行压力测试，考察其是否满足高温高压工况要求，全尺寸胶芯试验成本过高，周期过长，完成一个胶料的承压能力验证需经过较长的时间(胶芯成型，高低温试验需 4 周左右时)，耗费大量的人力、财力，若能快速建立材料性能与密封能力之间强关联的试验模拟装置，用来模拟变径闸板橡胶件在高温高压的条件下，橡胶的抗挤出性能，从而避免传统烦琐的试验方法，可在不制备变径闸板的情况下，用于验证不同橡胶配方的性能。

1. 橡胶挤出模拟试验

变径闸板失效的原因是橡胶的耐挤出性能不足，图 6.13 是橡胶挤出过程示意图。由图 6.13 可以看出，在施加应力时橡胶开始被挤压进孔，压力增加，形变增加，取出样品，可测试挤出深度，根据此原理，设计如下的模拟试验工装。

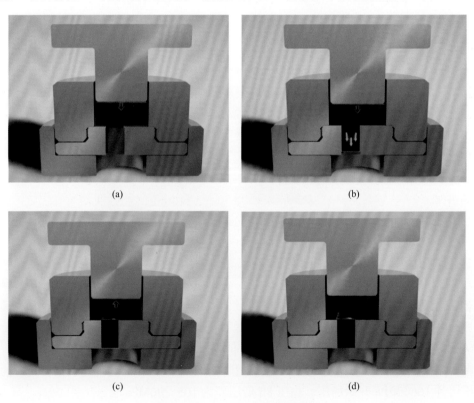

(a)   (b)

(c)   (d)

图 6.13   橡胶挤出过程示意图

(a)～(d)分别对应橡胶受挤的四个不同阶段

　　图 6.14 为橡胶挤出试验模拟工装，其主要由四部分组成，分别为柱塞、中模、下模和支持模。橡胶制品使用压缩永久变形 A 形样品（直径 29mm、高度 13mm），放置于模具 2 内，放于 3 模与 1 模之间，下模上有一狭长的孔洞与可变径闸板完成密封后剩余的孔洞一致。

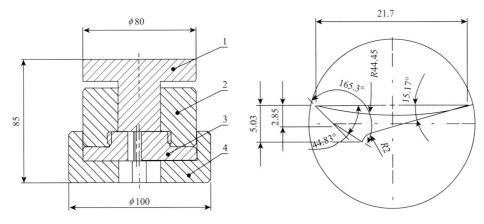

图 6.14　橡胶模拟挤出过程工装结构图及挤出口模的尺寸

单位：mm

　　"挤出孔深"评价体系。为定量表征不同胶料的抗挤出能力，每次挤出模拟试验样品所处温度、压力、承压时间等因素必须一致，通过试验摸索，将橡胶挤出模拟试验操作步骤规定如下：①将工装、试验机平板夹头、样品放入 121℃ 烘箱中加热 30min；②组装工装，采用大口径挤出口模；③移动试验机夹头，直到样品受压 120MPa 左右；④样品承压 105MPa 的状态维持 5min；⑤试验结束后，工装口模缝隙内残余胶料需清除，防止阻碍下个样品试验；⑥下一次试验开始前，工装与夹头需重新放入烘箱中加热 10min；⑦每批胶料，重复三个样品。

　　首先在已进行密封试验的胶料中，选取拉伸强度与硬度依次增大的三种胶料进行了挤出模拟试验。

　　图 6.15 为硬度与强度依次增大的三种胶料模拟挤出后照片，由图 6.15 可以看出，在大裂纹上挤出后的橡胶制品产生的裂纹较大，小裂纹挤出后产生的裂纹较小；由图 6.15 还可以明显看出，不同硬度的橡胶材料产生孔洞的深度是有差别的。为直观感受不同硬度胶料挤出试验裂口形貌，将上述橡胶件沿裂口垂直剖开，对裂纹的深度进行观察。

　　不同硬度的橡胶样品挤出试验后的裂口照片如图 6.16 所示。由图 6.16 可以看出，与小孔裂纹相比，大孔裂纹形成的深度比较深，而且还可以看出硬度较软的橡胶材料抗挤性能比较差，形成的孔洞比较深，硬度较高的橡胶材料形成的孔洞深度比较浅。使用游标卡尺测量三种胶料的挤出破坏后形成的裂口深度：由样品表面到裂口最深处距离记为橡胶挤出模拟试验的"挤出孔深"。三种胶料的挤出孔深如表 6.11 所示。

图 6.15　硬度与强度依次增大的三种胶料模拟挤出后照片

上排为大裂纹挤出后的照片，下排为小裂纹挤出后的照片

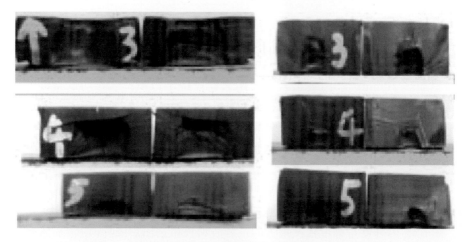

图 6.16　经不同孔径挤出后剖面照片(右边大孔，左边小孔)

表 6.11　不同硬度样品的挤出孔深

项目	RS-3#	RS-4#	RS-5#
室温/121℃胶料硬度	85/73	88/77	96/92
密封试验结果	90MPa 泄漏	90MPa 泄漏	105MPa 承压 6min
挤出孔深/mm	10.8	8.3	4.0

可以看出，"挤出孔深"可以较好地反映胶料的承压能力。同时还记录上述样品开始挤出破坏时所承受的压力：缓慢加力，边加力边观察，记录样品开始挤出破坏时承受力值。试验记录如表 6.12 所示。可以看出，随橡胶硬度和强度的增大，材料的抗挤能力提高。

表 6.12　不同硬度的橡胶材料开始挤出破坏时承受的压力　　（单位：MPa）

项目	RS-3#	RS-4#	RS-5#
大孔径	75	75	125

通过对不同硬度橡胶材料抗挤性能的研究，发现该模拟装置可以模拟出变径闸板在受到压力时的受力情况。"挤出孔深"可以较好地反映材料在高温下的抗挤出能力，因此后续工作中将"挤出孔深"列为评价材料性能的重要指标，为保证试验的可靠性，主要考察材料在温度 121℃、受压 120MPa、承压 5min 后的"挤出孔深"。

2. 玻璃纤维布对橡胶抗挤性能的影响

为了提高橡胶材料的抗挤出性能，考察了玻璃纤维布的加入对橡胶材料抗挤性能的影响。

图 6.17 为在距离挤出表面 2mm 的位置上加入一层玻璃纤维的示意图，以及不同橡胶挤出后的照片，由图 6.17 可以看出不同硬度的橡胶材料在加入玻璃纤维布后，其抗挤性能均有所提高，橡胶内部的孔洞深度有所下降。记录三种胶料的起始挤出压力如表 6.13 所示。虽然玻璃纤维布的加入改善样品的抗挤出能力，但其起始挤出压力并没有太大改善。

(a) 玻璃纤维布放置位置示意图

(b) 加玻璃纤维布后样品挤出照片
由左到右分别为RS-3#、RS-4#、RS-5#

图 6.17　玻璃纤维布对橡胶抗挤性能的影响

表 6.13　玻璃纤维布复合橡胶材料的挤出压力　　（单位：MPa）

处理	RS-3#	RS-4#	RS-5#
不加玻璃纤维布	75	75	125
加玻璃纤维布	63	69	113

　　由挤出口可以看出，玻璃纤维布与橡胶基体结合力比较差，因此对玻璃纤维布进行表面处理并对其数量与放置位置进行调整，采用三种放置方式：挤出表面放置一层、表面 1mm 处放置一层、表面 1/2mm 处各放置一层，对比挤出试验结果。

　　图 6.18 为两层玻璃纤维布改性的橡胶样品经大孔挤出后的照片，由图 6.18 可以看出虽经改性处理后，在表面的玻璃纤维布经过抗挤出试验后均断裂。由于所采用胶料 RS-4#基体强度过低，仅靠玻璃纤维布的作用无法阻止胶料被挤出。改用基体强度和硬度高的材料 RS-5#来验证玻璃纤维布对基体的补强作用。

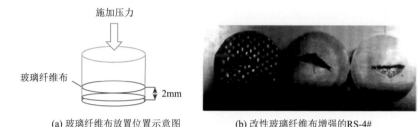

(a) 玻璃纤维布放置位置示意图　　　(b) 改性玻璃纤维布增强的RS-4#

图 6.18　多层玻璃纤维布对橡胶抗挤性能的影响

　　由图 6.19 可以看出，硬度增加后的橡胶材料经玻璃纤维布复合后其抗挤性能明显提高，说明玻璃纤维布对橡胶抗挤效果的提高明显。但由于在现有的硫化工艺上增加玻璃纤维布后，工艺过程比较复杂，因此方案未被采用。下面将用模拟工装进行不同配方的筛选。

图 6.19　胶料 RS-5 样品的挤出试验结果

从左到右为未加玻纤布、底部玻纤布、底部 1mm 处和底部 1~2mm 两层玻璃纤维布

3. 以"挤出孔深"为评价指标的配方筛选

1) 不同硫化体系橡胶材料的抗挤出结果

　　在前期的试验中，通过对比材料的力学性能未出现耐酸性，本研究选择硫黄与过氧化物并用的硫化体系。在引入"挤出孔深"作为衡量材料性能的重要指标之后，测试材料的抗挤出性能，重新确立硫化体系。

　　不同硫化体系橡胶材料的抗挤出性能如表 6.14 所示，由表 6.14 可以看出不同硫化体系的橡胶材料在常温条件下的硬度相差不大，均在 94 左右；在 121℃时采用硫黄硫化体系的橡胶材料硬度下降程度较大，硬度变化值为 5；而 DCP 和双硫化体系的橡胶材料硬度下降程度不大，仅减少 1.5～3。三种不同的体系在高温高压条件下形成的挤出孔深均为 4.5mm 左右，差别不大，综合之前试验结果，依然选用双硫化体系。

表 6.14　不同硫化体系橡胶材料的抗挤性能

指标	双硫化	硫黄硫化	过氧化物
邵 A 常温硬度	94.5	94	94.5
邵 A121℃硬度	92	89	93
邵 A 硬度变化	−2.5	−5	−1.5
挤出孔深/mm	4.5	4.5	4.4

2）片层填料对材料抗挤出性能的影响

片层结构填料可以有效阻挡胶料的流动，增强胶料的抗挤出性能，因而在体系中引入了两种片层结构材料——玻璃鳞片与纳米蒙脱土，研究两种填料对胶料抗挤出性能的影响。

两种片层填料对橡胶材料抗挤出性能的影响如表 6.15 所示。由表 6.15 可以看出，两种填料的加入均降低材料的硬度差值。三种材料在常温条件下的硬度差别不大，但在高温条件下，基础材料的硬度下降程度较大，而加入片层填料的材料硬度下降程度较小。但是加入玻璃磷片的橡胶材料的挤出孔深较大，而蒙脱土可以改善材料的抗挤出性能。

表 6.15　两种片层填料对橡胶材料抗挤出性能的影响

胶料特征	基础	＋玻璃磷片	＋蒙脱土
邵 A 常温硬度	91	89	91
邵 A121℃硬度	84	84	86
邵 A 硬度变化	−7	−5	−5
挤出孔深/mm	6.1	8.7	5.18

3）补强碳纳米管种类

随着碳纳米管市场的不断扩展和生产制造工艺技术的提高，市售的碳纳米管具有各种不同的特性，如纯度、管直径、长度、具有一维取向排列结构等，其对基体的补强效果也不尽相同。试验中选取了两种不同类型的碳纳米管，其对基体抗挤出性能的影响如表 6.16 所示。

表 6.16　碳纳米管的种类选择

使用碳纳米管种类	邵 A 硬度		挤出孔深/mm
	常温	121℃	
1#长径比为 50/1	94.5	92	4.5
2#长径比为 150/1	91.5	87	4.5

可以看出，在保持挤出孔深不变的情况下，2#碳纳米管可以有效降低制品硬度。为实现制品在常温下的密封效果，选择了 2#碳纳米管。此外，还对碳纳米管的用量做了探索，确定了其在基体中的最佳添加比例。通过引入碳纳米管，构建碳材料的三维网络，大大提高了材料的机械性能与抗疲劳性能。

6.2.5　橡胶材料高温关键力学性能改善

通过引入"挤出孔深"作为材料的评价指标，本研究简化了试验过程，最重要的是能够更直观地反映材料的密封能力。在通过以"挤出孔深"为指标筛选胶料的过程中发现，相对常温力学性能，材料在 121℃时的硬度和拉伸强度与材料的密封能力更加密切相关，因此在材料的评价指标中增加材料的"高温硬度与强度"。

此外，在 RS-5#、RS-6#胶料的密封试验中，材料的硬度过高使得材料常温无法密封，需控制材料的常温硬度。而为了保证材料高温密封能力，材料还需具有较高的高温硬度，这就要求材料具有较小的"高低温硬度变化"，这也成为衡量性能的重要指标。

结合上述分析，对材料提出新的性能指标，如表 6.17 所示。

表 6.17　更改后的材料性能指标

邵 A 硬度			121℃拉伸强度/MPa	挤出孔深/mm
常温	121℃	邵 A 硬度差值		
≤91	≥86	≤5	≥13	≤5.0

通过摸索与试验确认了材料的最终性能指标，并以此为基础改进已有配方，继续开发耐高温的闸板胶芯橡胶材料。

1. 新型不饱和羧酸金属盐填充体系

1)不饱和羧酸金属盐的补强机理

不饱和羧酸盐是一种新型橡胶增强剂。其中，甲基丙烯酸和丙烯酸锌、镁、铝盐最具优势，它们与橡胶有很好的相容性，且具有较好的高温稳定性和耐极性溶剂特性。不饱和羧酸盐在自由基引发下，发生均聚并与橡胶网络发生接枝、交联反应形成的纳米粒子既可增加体系的化学交联又可增加物理交联，从而使硫化胶的力学性能得到显著提高。例如，使用甲基丙烯酸锌(ZDMA)等对 HNBR 接枝改性，通过过氧化物硫化，原位生成纳米离子聚合物，可以得到拉伸强度高达 50～60MPa 的硫化胶(如日本 Zeon 商业化产品 ZSC)。

本研究通过在 HNBR 基体中引入甲基丙烯酸盐，使得橡胶基体的拉伸强度、撕裂强度和断裂伸长率得到改善。这与甲基丙烯酸盐的补强机理相符：甲基丙烯酸盐发生均聚形成的微米-纳米粒子对橡胶具有补强作用；另外在硫化过程中其与橡胶形成离子交联键，在外力作用下离子交联键可发生交换，即一个离子键解离后，在附近又生成一个新的离子键，这样既保持交联点，又吸收部分能量，从而使局部应力消失，导致撕裂强度升高，而且在硬度增加的同时仍能保持较高的断裂伸长率。图 6.20 为不同种类甲基丙烯酸盐补强橡胶分子形成的离子交联剂示意图。

如图 6.20 所示，在过氧化物存在下，不饱和羧酸金属盐聚合接枝到橡胶分子链上，金属阳离子能形成离子交联键，因此橡胶/不饱和羧酸金属盐硫化胶中具有离子交联结构。Zn^{2+} 在两个 COO^- 之间作为离子键桥形成离子交联键，Al^{3+} 在理论上可以形成三叉型离子交联键，而 Na^+ 虽然为 +1 价的阳离子，但是两个离子键可以通过静电力的吸引作用形成对等结构，起到离子交联键的作用。离子交联具有类似于多硫键在应力作用下可沿烃链滑动松弛的特点，因此，不饱和羧酸金属盐补强橡胶兼具过氧化物交联体系和硫黄硫化体系的优良特性。

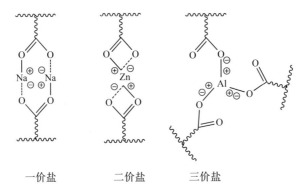

一价盐　　　　二价盐　　　　三价盐

图 6.20　不同种类甲基丙烯酸盐补强橡胶分子形成的离子交联剂示意图

2) 不饱和羧酸金属盐对材料力学性能的影响

试验中选取了甲基丙烯酸镁与甲基丙烯酸锌两种不饱和羧酸金属盐，表 6.18 展示不同量的两种金属盐对橡胶基体的补强效果。

表 6.18　不饱和羧酸金属盐对 HNBR 的补强效果

用量/g	拉伸强度/MPa		撕裂强度/(kN/m)		断裂伸长率/%		邵 A 硬度		
	常温	121℃	常温	121℃	常温	121℃	常温	121℃	变化
5ZnDMA	19.2	10.9	56.0	25.3	545	386	91	83	−8
5MgDMA	22.6	14.1	46.6	25.9	398	316	91.5	83	−8.5
10 ZnDMA	22.8	11.3	59.0	27.5	263	251	93	87	−6
10 MgDMA	25.3	15.6	54.6	25.8	224	325	93	87	−6

通过表 6.18 可以看出，甲基丙烯酸镁的加入使得材料具有更高的拉伸强度，尤其是材料高温拉伸强度的提高更明显。随着添加量的增大，材料拉伸强度和硬度进一步增大。此外，随着添加量的增大，材料高低温硬度差值逐步缩小。改善后的配方样品高低温硬度差值可控制在 3 以内，这就为提高体系的高温力学性能提供更多空间。

3) 不饱和羧酸金属盐对材料抗挤出性能的影响

经上述试验，选择使用甲基丙烯酸镁对 HNBR 进行补强。试验中还对甲基丙烯酸镁的添加量做了改变，并探讨了不同甲基丙烯酸镁添加量对材料抗挤出性能的影响。

由表 6.19 可以看出，随着甲基丙烯酸镁含量的增加，材料的高低温硬度差值越来越小，当超过 10phr 时，其对材料硬度的影响变小；"挤出孔深"也越来越小，说明材料的抗挤出能力越来越强。后续试验中甲基丙烯酸镁添加量以 15phr 为最佳。

表 6.19　不同 MgDMA 添加量对橡胶抗挤出性能的影响

项目		MgDMA 添加量			
		5phr	10phr	10phr	15phr
邵 A 硬度	常温	91	91.5	91	93
	121℃	84	87	89	90
	变化	−7	−4.5	−2	−3
挤出孔深/mm		6.1	4.5	>4.7	4.3

2. 反应性增塑剂改善降低胶料常温硬度

前期试验中，材料的强度基本满足使用要求，然而其硬度过高，若通过减少填料的方式降低材料硬度，不可避免地会影响材料的强度。本节内容试图通过引入反应性增塑剂，在不明显改变材料强度的基础上，降低材料硬度与模量。

反应性增塑剂指分子中含有可反应的活性基，可与基体以化学键结合在基体分子上，或者与聚合物分子相互交联形成团状结构，或者本身在一定条件下自行聚合，并与基体缠结在一起，最后形成一个统一的整体，从而使基体获得改性的一类增塑剂。试验中选取了邻苯二甲酸二烯丙酯（DAP）、反应性橡胶防老剂 N-(4-苯胺基苯基)甲基丙烯酰胺（NAPM）、端羟基液体丁腈橡胶作为 HNBR 的增塑剂。

由表 6.20 可以看出，使用反应性防老剂 NAPM 作为增塑剂的样品硬度下降较大，增塑效果最好，基本达到要求的效果。但是其挤出孔深较大，调节增塑剂在橡胶基体中的添加量，使得材料硬度和挤出孔深得到兼顾。反应性防老剂 NAPM 的分子结构式如图 6.21 所示。

表 6.20　反应性增塑剂的选择

反应性增塑剂	邵 A 硬度		挤出孔深/mm
	常温	121℃	
RS-6	93.5	92.5	3.6
RS-6 + DAP	93.5	93	4.7
RS-6 + NAPM	90.5	90	5.5
RS-6 + 液体丁腈	93	92.5	5.9

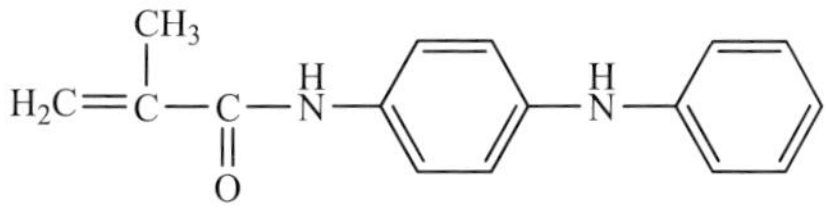

图 6.21　反应性防老剂 NAPM 的分子结构式

反应性防老剂 NAPM 的加入不仅降低样品硬度，起到增速效果，作为一种反应性防老剂，其更具有优异的防老化性能。据报道，含有防老剂 NAPM 的 NBR 抽提后，氧吸收数据是普通胶的 60 倍，它的连续老化数据也比普通 NBR 好得多，大大延长产品的储存期。

后续试验通过微调体系中的补强体系、反应性增塑剂含量、改变生胶种类等方式，使得样品的常温硬度降低到 90，并保持较好的抗挤出性能。特别需要指出的是，与 RS-6 相比，样品的断裂伸长率与撕裂强度得到很好的改善。

6.2.6　耐 121℃变径闸板密封试验

本研究通过引入"挤出孔深"的评价体系，并将材料"高温力学性能"与"高低温硬度变化"作为衡量材料性能的重要指标，确认了如表 6.17 所示的材料性能指标。经过上述补强与增塑手段，最终实现了"材料常温密封"与"高温抗挤出"之间的平衡。在这部分试验过程中，依次筛选出三种胶料 RS-8/9/12，其中

RS-9 胶料与 RS-12 胶料完成了 121℃、105MPa 的密封试验，两次密封试验使用钻杆尺寸不同。几种胶料的密封试验过程如下所述。

1. RS-8 胶料

表 6.21 展示所选 RS-8 胶料与之前 RS-6 胶料的对比。可以看出，材料的断裂伸长率有非常明显的增强，高温强度基本不变。但是材料的硬度下降过多，不满足指标要求，对比小样品与大样品可以看出，小样品的硬度满足要求，在样品放大过程中出现问题。

表 6.21　耐高温橡胶材料力学性能

胶料	拉伸强度/MPa		断裂伸长率/%		邵 A 硬度	
	常温	121℃	常温	121℃	常温	121℃
RS-6 胶料	29.7	14.0	260.0	198.0	94	93
RS-8 小样品	23.9	12.5	517.0	355.0	91	88
RS-8 胶料	25.6	14.1	608.0	470.0	87	81

使用 RS-8 胶料制备 2FZ48-105 变径前密封 3 1/2″～5 7/8″闸板胶芯。密封试验过程记录如下。

升温到 121℃，第一阶段稳压 60min，压差为 105.55～111.51MPa，第二阶段稳压 298min，压降为 86.50～105.10MPa（井压骤降之前的压力），试压后胶芯内弧密封带出现大面积的破坏，外观质量不合格，所以本试验应该存在进一步提升试验后外观质量的空间。试验后胶件照片如图 6.22 所示。

图 6.22　RS-8 胶料 121℃变径闸板密封试验后照片

　　分析打压试验过程记录，可以看出，本次胶料承压能力有了很大改善，总稳压时间接近 6h。这说明上面提出的关于橡胶"常温和高温硬度""高温力学性能"的指标可行：虽然材料常温拉伸强度低于指标，但高温强度 14MPa 保证材料可以在高温下实现密封；材料常温硬度 86.5 保证材料模量较低可实现常温密封。观察图 6.22 胶件试验后照片，虽然本次试验基本实现密封效果，但胶芯边缘损坏非常严重，大量胶料由骨架缝隙挤出，这说明材料高温拉伸强度与材料高温硬度仍有较大提升空间。由于添加了大量的纳米材料，在工程化应用中，纳米的分散未能达到理想状态，表现为大批量混炼胶比实验室混炼胶性能下降的状态。

2. RS-9 胶料

　　分析 RS-8 胶料小样品与大样品之间差异，在样品放大过程中，材料性能出现大幅降低。结合 RS-8 胶料密封试验结果，推测大样品材料若能重现小样品性能，主要是硬度可与小样品保持一致，且高温拉伸强度保持在 14.1MPa，则所得材料可满足密封效果且胶件外观得到改善。

　　通过分析大样品与小样品生产工艺，推断材料性能的降低主要是因为放大试验中纳米填充体系的分散性较差。本研究引入工业化超临界 CO_2 分散技术提高填料分散，并进一步优化填充体系与过氧化物硫化体系，获得胶料 RS-9，样品性能如表 6.22 所示。对比两者性能，可以看出，RS-9 样品性能全面优于 RS-8 样品，材料常温和高温硬度满足指标，常温和高温拉伸均有提高，断裂伸长率虽然下降但仍能保持较高数值。

表 6.22　耐高温橡胶材料力学性能

胶料	拉伸强度/MPa		断裂伸长率/%		邵 A 硬度		撕裂强度/(kN/m)	
	常温	121℃	常温	121℃	常温	121℃	常温	121℃
RS-8 胶料	25.6	14.1	608.0	470.0	87	81	69.9	27.2
RS-9 胶料	27.8	15.4	524.0	396.0	91	86	65.6	27.7

　　使用 RS-9 胶料制备 FZ48-105 变径前密封 3 1/2″～5 7/8″闸板胶芯，5 7/8″钻杆。密封试验过程记录如下：第一阶段稳压 1h，压差为 105.61～106.65MPa；第二阶段稳压 480min，压差为 103.58～106.01MPa。

　　RS-9 胶料 121℃变径闸板密封试验后胶件照片如图 6.23 所示。

　　由图 6.23 可以看出，密封试验后胶件外观有了非常大的改善。除图中红色标示部分有少量胶料溢出外，胶件基本能保持原有形态，破损较少。

图 6.23　RS-9 胶料 121℃变径闸板密封试验后照片

6.2.7　耐 149℃变径闸板密封试验

在完成 121℃、105MPa 变径闸板胶芯用橡胶材料研制的基础上，试验中还开展了 149℃变径闸板胶芯材料的研制工作。综合前期对变径闸板胶芯材料研制的经验，对 149℃变径闸板胶芯材料提出了以材料 149℃力学性能与材料常温和 149℃硬度为主要指标的衡量体系，各指标如表 6.23 所示。

表 6.23　149℃/70MPa 变径闸板胶芯材料性能指标

邵 A 硬度			149℃拉伸强度/MPa	挤出孔深/mm（149℃/70MPa）
常温	149℃	硬度差值		
88~90	≥84	≤6	≥13	≤5.0

结合 RS-9 胶料常温硬度 91 且常温密封困难，常温硬度指标稍降，由于温度进一步升高，高温硬度和力学性能指标也稍降。

已有胶料在 149℃时力学性能。149℃变径闸板胶芯材料是在已有性能较优的胶料 RS-9 基础上，通过优化补强填充体系，微调硫化体系获得的。因而，试验中首先测试了 RS-9 胶料在 149℃时的力学性能，并对其做 149℃/70MPa 挤出试验，结果如表 6.24 所示。

表 6.24　RS-9 胶料常温与 149℃时的力学性能

胶料	拉伸强度/MPa		撕裂强度/(kN/m)		断裂伸长率/%		邵 A 硬度		挤出孔深/mm（150℃/80MPa）
	常温	149℃	常温	149℃	常温	149℃	常温	149℃	
RS-9 小样	30.2	13.2	69.7	24.0	469.0	252.0	91	90	4.6

通过改变补强碳纳米管种类(使用对硬度影响较小碳纳米管种类)、微调填

充体系比例以及增加过氧化物交联体系的方式，在降低材料硬度满足指标的同时，基本维持材料力学性能不变。通过筛选确定材料为 RS-11 胶料，其力学性能如表 6.25 所示，其力学性能较 RS-9 胶料有较大提高，且能满足表 6.23 要求。

表 6.25　耐高温橡胶材料力学性能

胶料	拉伸强度/MPa		断裂伸长率/%		邵 A 硬度		撕裂强度/(kN/m)	
	常温	149℃	常温	149℃	常温	149℃	常温	149℃
RS-9 胶料	27.8	10.9	524.0	276.0	91	83	65.6	16.6
RS-11 胶料	28.4	13.2	602.0	355.0	89	85	72.9	22.9

使用 RS-11 胶料制备 2FZ48-70 变径闸板胶件，前密封，变径范围 3 1/2″～7 5/8″。并进行了两次密封试验。两次密封试验结果分别如下。

1）7 5/8″钻杆，149℃试验

试验过程记录如下：低压稳压 3min，压力变化范围为 1.56～3.64MPa；高压稳压 60min，压力变化范围为 70.02～72.51MPa；未发现可见渗漏。

RS-11 胶料 149℃变径闸板第一次密封试验后照片如图 6.24 所示。

密封试验中未发生泄漏，并且密封试验后胶料没有非常严重损坏，说明 RS-11 胶料可以满足本次密封试验的要求。

2）3 1/2″钻杆，149℃试验

试验过程记录如下：低压稳压 3min，压力变化范围为 1.56～5.09MPa；高压稳压 60min，压力变化范围为 70.31～78.58MPa；未发现可见渗漏。

RS-11 胶料 149℃变径闸板第二次密封试验后照片如图 6.25 所示。

图 6.24　RS-11 胶料 149℃变径闸板第一次密封试验后照片

图 6.25 RS-11 胶料 149℃变径闸板第二次密封试验后照片

本次打压试验中未发现明显泄漏，RS-11 胶料可以满足密封试验要求。胶件表面有少量胶料破损，但胶件主体未出现破坏，如图 6.26 所示。

图 6.26 RS-11 胶料试验照片

综合上述两次密封试验，RS-11 胶料可以满足 2FZ48-70 变径闸板在 149℃时的密封试验要求。

6.3　耐高温固定闸板密封材料开发

6.3.1　149℃固定闸板密封材料研制

1. 生胶种类的选择

固定闸板胶芯工作温度为 149℃，比变径闸板工作温度 121℃更高，对材料的耐油性、力学性能提出了更高的要求。选择 HNBR、FKM、四丙氟橡胶作为基体，分别选取一种性能较优异的配方制备样品。考虑到密封试验过程中，胶件的主要浸泡环境为 5 号导热油，因此主要测试几种材料的耐油性能。

三种橡胶材料在 149℃×24h 浸泡后性能如表 6.26 所示。

表 6.26　不同橡胶材料在 149℃时耐油性对比

生胶种类	质量变化率/%	体积变化率/%	拉伸强度/MPa			断裂伸长率/%			邵 A 硬度		
			前	后	变化率/%	前	后	变化率/%	前	后	变化
HNBR	1.63	2.05	29.7	30.9	4.0	260.0	217.0	−16.5	94	93	−1
四丙氟橡胶	1.45	2.34	16.7	18.0	7.8	139.0	129.0	−7.2	84	83	−1
FKM	0.55	0.37	11.6	9.2	−20.7	199.0	243.0	22.1	80	80	0

由表 6.26 数据可以看出，HNBR 的耐油性最好，接触高温油 24h 后仍能保持非常好的力学性能。高温油中浸泡后其强度保持率最高，仍然大于 29MPa，这与 FKM、四丙氟橡胶相比具有无法比拟的优势；其质量变化率小于 2%，体积变化小于 4%，虽然不是三种胶中最优异的，但完全可以满足使用要求。相对其他两种胶，其断裂伸长率也最高。因此，固定闸板胶芯选择仍然 HNBR 作为基体材料。

2. 149℃固定闸板密封材料优化

固定闸板胶芯工作时胶料胶件形变量较小，实现密封所需推动力也较低，因此在固定闸板配方的研发中对材料硬度和模量的要求略低，为保证材料具有较高的高温力学性能，材料的常温硬度和模量可以比变径闸板略高。与变径闸板胶芯材料研制一样，材料的常温和 149℃力学性能与材料 149℃挤出孔深是衡量材料性能的重要指标。初步对材料提出以下性能指标（表 6.27）。

表 6.27　149℃固定闸板胶芯材料性能指标

邵 A 硬度			149℃拉伸强度/MPa	挤出孔深/mm（149℃/70MPa）
常温	149℃	硬度差值		
~94	≥90	≤4	≥11	≤5.0

根据上述性能指标，在已有材料中筛选出性能较好的三种胶料。表 6.28 是三种材料已测得的性能指标。可以看出三种胶料中，RS-6 胶料的"挤出孔深"略小，常温和 121℃时硬度变化较小（−1）。

表 6.28　所选三种胶料在 121℃时性能

		RS-6#	10-4#	10-6#
MgDMA		20	10	10
硫化体系		双硫化体系	双硫化体系	过氧化物
硬度	常温	93.5	94.5	94.5
	121℃	92.5	92	93
挤出孔深/mm		3.6	4.5	4.4

测试三种胶料的在 149℃时力学性能，结果如表 6.29 所示。可以看出三种胶料拉伸强度差别不大，RS-6 胶料撕裂强度略高且高低温硬度变化较小。

表 6.29　149℃固定闸板胶力学性能

胶料	拉伸强度/MPa		撕裂强度/(kN/m)		断裂伸长率/%		邵 A 硬度	
	常温	149℃	常温	149℃	常温	149℃	常温	149℃
RS-6 小样品	29.7	—	56.0	—	260.0	—	94	—
RS-6 胶料	23.9	10.9	52.3	16.7	184.0	160.0	94	89
10-4	31.3	11.1	54.7	15.1	361.0	195.0	93	88
10-6	27.8	10.7	52.0	14.8	280.0	146.0	95	88

综合上述分析，选择 RS-6 胶料作为 149℃固定闸板胶芯材料。

3. 耐 149℃固定闸板密封试验

使用 RS-6 胶料制备 FZ35-105 前密封 5 1/2″in 固定闸板胶芯，进行 149℃、105MPa 密封试验。

胶件制备工艺如下：前密封硫化条件是 170℃×5h，未进行二次硫化；顶密封硫化条件是 170℃×3.5h，未进行二次硫化。

密封试验过程记录如下：第一次加热升温过程持续 20h，由于侧门圈损坏，停止试验；更换侧门圈和顶密封后进行第二次试验，升温过程持续 11h。第一阶段稳压 1h，压降为 102.14～105.55MPa，第二阶段稳压 45min 后漏油，停止试验。

图 6.27 为 RS-6 胶料制备固定闸板密封试验后照片。

密封试验中 RS-6 胶料实现约 2h 的密封效果，后期泄漏，密封失效。观察图 6.27 胶芯失效后形貌，可以看到胶芯破坏严重，胶芯表面胶料被挤出，依据之前经验，作者推断这是因为胶料在 149℃时的拉伸强度(10.9MPa)较低，并不能满足密封要求；此外，RS-6 胶料的断裂伸长率也低，只有 160%，这就导致胶件发生形变时胶料易断裂破坏。后续试验需针对这两点进行改进。由于试验进度安排，后续不再进行 149℃固定闸板胶芯试验，直接进行 177℃固定闸板胶芯的研制。

图 6.27 RS-6 胶料制备固定闸板密封试验后照片

6.3.2 177℃固定闸板密封材料研制

与之前变径闸板密封材料和 149℃固定闸板密封材料研制不同，在 177℃固定闸板密封材料开发过程中，材料的耐老化性成为限制材料应用的主要因素。在经过最初探索后，本研究将材料 177℃老化 8h 后的力学性能作为衡量材料优劣的重要指标。

1. 177℃固定闸板密封试验初试

在 149℃固定闸板密封试验中，RS-6 胶料破坏的重要原因是材料在高温时拉伸强度和断裂伸长率过低。试验针对这两点进行了改进：通过将生胶换为门尼黏度较低的 Therban 3467 胶提高材料的断裂伸长率和撕裂强度；通过提高碳纳米管的使用量到 20 份提高材料拉伸强度。改进后的材料记为 RS-7 胶料。表 6.30 为 RS-7 胶料在常温和 177℃时的力学性能对比。

表 6.30 RS-7 胶料在常温和 177℃时的力学性能对比

项目	拉伸强度/MPa		撕裂强度/(kN/m)		断裂伸长率/%		邵 A 硬度	
	常温	177℃	常温	177℃	常温	177℃	常温	177℃
试验值	35.6	11.0	87.6	15.3	300.0	136.0	95	90
大车胶 1	31.7	12.0	61.1	14.8	287.0	175.0	95	89
大车胶 2	32.1	13.3	62.9	17.1	294.0	185.0	96	89

相比 RS-6 胶料，RS-7 胶料的力学性能有明显提高，其拉伸强度在 177℃时仍能保持 12MPa 以上，这对材料性能是一个非常大的提高；断裂伸长率由 160%提高

到 300%，且胶料常温和 177℃差值也较小。由 RS-7 胶料制备 2FZ48-105 固定闸板胶芯，RS-7 胶料制备固定闸板密封试验后照片如图 6.28 所示，以前密封为例。

图 6.28   RS-7 胶料制备固定闸板密封试验后照片

从图 6.28 可以看出，胶件破坏较严重，胶件拆解过程表面有较多碎渣状胶料脱落，胶件表面胶料非常易剥落。密封试验后材料的断裂伸长率基本为 0，据此推断材料在试验中老化较严重，无法保持较好的材料性能。将 RS-7 胶料于 177℃下进行不同时间老化，测试其力学性能随老化时间的变化(表 6.31)。

表 6.31   RS-7 胶料在 177℃老化不同时间后力学性能

老化时间	拉伸强度/MPa	断裂伸长率/%	邵 A 硬度	撕裂强度/(kN/m)	100%定伸强度/MPa
原始	30.6	377.0	51	64.7	9.6
老化 8h	27.8	216.0	57	49.7	16.6
老化 10h	27.4	199.0	60	53.1	17.0
老化 12h	29.9	191.0	62	51.3	19.3
老化 14h	26.8	147.0	63	48.4	21.3
老化 16h	24.3	135.0	63	46.7	20.8

由表 6.32 可以看到，当老化时间达到 8h 后，材料的性能已下降非常明显，此时断裂伸长率保持率只有 57%，撕裂强度也下降 23%，材料的硬度与 100%定伸强度有明显的提高。而在密封试验过程中，材料在 177℃的环境中经受的时间远不止 8h，这也不难解释为何材料破坏如此严重。

2. 四丙氟橡胶优化

上述试验中，虽然筛选的橡胶材料力学性能非常优异(常温强度为 32MPa，177℃强度大于 12MPa)，但由于其耐老化性能较差，密封试验中材料老化迅速导致材料失效。鉴于所选材料需在 177℃工作时间较长，而 HNBR 的长期使用温度只有 160℃，重新确认生胶种类，对比胶料的力学性能与耐老化性能。

1) 三种橡胶力学性能对比

选择 HNBR、四丙氟橡胶、FKM 作为基体材料，优选配方并分别测试三种胶料的常温和 177℃下的力学性能。HNBR 选择 RS-7 胶料，三种胶料力学性能如表 6.32 所示。

表 6.32　三种橡胶材料的力学性能对比

生胶种类	拉伸强度/MPa		撕裂强度/(kN/m)		断裂伸长率/%		邵 A 硬度	
	常温	177℃	常温	177℃	常温	177℃	常温	177℃
HNBR	35.6	11.0	87.6	15.3	300.0	136.0	95	90
四丙氟橡胶	16.2	4.5	80.4	11.5	248.0	179.0	95	88
FKM	23.6	8.9	40.2	10.4	120.0	71.0	96	94

由表 6.32 可以看出，HNBR 具有非常明显的力学性能优势，其在 177℃时拉伸强度大于另外两种橡胶，这是材料高温实现密封的必备条件。

2) 三种橡胶的耐老化性能

对比以上三种胶料的其耐老化性能，老化条件为 177℃×48h，氛围分别为热空气与真空环境。老化试验结果如表 6.33 所示。

表 6.33　三种橡胶材料耐老化性能对比

生胶种类	拉伸强度/MPa			撕裂强度/(kN/m)			断裂伸长率/%			邵 A 硬度		
	原始	1#	2#	原始	1#	2#	原始	1#	2#	原始	1#	2#
HNBR	32.7	19.4	21.1	60.2	41.4	45.1	288.0	29.0	57.0	59	72	68
四丙氟橡胶	18.7	27.1	25.6	47.5	47.3	49.5	213.0	152.0	150.0	63	67	67
FKM	19.4	18.7	17.9	49.9	46.1	44.5	219.0	165.0	117.0	67	68	69

注：1#，热空气老化；2#，真空环境老化。

由表 6.33 可以看出，HNBR 的拉伸强度、撕裂强度比四丙氟橡胶与 FKM 明显高，然而老化后 HNBR 的性能保持率却远远低于后两者。老化后 HNBR 硬度上升较大，且断裂伸长率下降程度很大，老化后 HNBR 伸长率分别只有 29%和 57%，此时橡胶材料已无法使用。

虽然 HNBR 具有最高的常温和 177℃拉伸强度，然而其在 177℃时的耐老化性能远不如其他二者；FKM 虽然力学性能优于四丙氟橡胶，耐老化性能也满足要求，但是考虑到对材料抗硫性能的要求不得不舍弃(FKM 抗硫性较差)。因此 177℃

固定闸板密封材料试图采用四丙氟橡胶作为基体，然而其在高温时的低拉伸强度成为制约其应用的主要因素，后续试验对其进行了改善。

3) 四丙氟橡胶配方初选

观察表 6.33 四丙氟橡胶耐老化性能，可以看出老化后四丙氟橡胶强度提高较多，推断老化过程四丙氟橡胶因产生二次硫化而提高拉伸强度。因此对四丙氟橡胶进行二次硫化，硫化工艺条件为 200℃×24h，二次硫化后测试其性能如表 6.34 所示。

表 6.34　二次硫化对四丙氟橡胶的影响

处理	拉伸强度/MPa		撕裂强度/(kN/m)		断裂伸长率/%		邵 A 硬度	
	常温	177℃	常温	177℃	常温	177℃	常温	177℃
未二次硫化	16.2	4.5	80.4	11.5	248.0	179.0	95	88
二次硫化后	27.6	5.2	55.1	10.8	182.0	118.0	97	92

将四丙氟橡胶进行二次硫化后，其高温强度仍然很低，不能满足密封要求。对四丙氟橡胶配方进行调整，主要是增加碳纳米管与助交联剂添加量。配方如表 6.35 所示。

表 6.35　四丙氟橡胶配方调整

配方编号	GDZB2-1	GDZB2-2	GDZB2-3	GDZB2-4
生胶 AFLAS	100	—	—	—
NaSt	1.5	—	—	—
N220	30	—	—	—
CNT	1#CNT 10	2#CNT 20	2#CNT 20	1#CNT 20
DCP	2.5	—	—	—
TAIC	6	6	8	6

调整配方后四丙氟橡胶的力学性能如表 6.36 所示。

表 6.36　四丙氟橡胶力学性能

样品	拉伸强度/MPa		100%定伸强度/MPa		断裂伸长率/%		邵 A 硬度	
	常温	177℃	常温	177℃	常温	177℃	常温	177℃
GDZB2-1	23.5	3.4	14.5	2.6	232.0	178.0	96	83
GDZB2-2	20.2	4.0	11.8	2.5	237.0	216.0	96	79
GDZB2-3	20.4	4.1	13.4	2.9	216.0	186.0	96	82
GDZB2-4	22.0	4.5	19.0	4.4	205.0	112.0	96	90

从表 6.36 可以看出，调整后四丙氟橡胶的性能虽然有所改进，然而仍远未达到满足固定闸板胶芯使用要求的地步。

4）生胶种类的确立

虽然四丙氟橡胶具有良好的耐老化与抗硫性能，但由于其高温力学性能较差，固定闸板密封材料不得不选择 HNBR 作为基体。这就必须改进 HNBR 在 177℃ 下的耐老化性能。后续固定闸板密材料的研制基本是围绕这一个中心点进行的。

3. HNBR 耐老化性能的改善

1）HNBR 种类——饱和度影响

HNBR 热稳定性与 HNBR 的丙烯腈含量和氢化度（饱和度）有密切关系，通常丙烯腈含量和氢化度高能提高 HNBR 的热稳定性。试验中选择丙烯腈含量相同（均为 36%）、饱和度不同的三种生胶，使用 RS-7 配方，比较其耐老化性能。条件为 177℃×24h，结果如表 6.37 所示。

由表 6.37 可以看出，饱和度较高的 2000L 与 2010 胶料老化后拉伸强度、撕裂强度与断裂伸长率较高，饱和度较低的 2020 胶料的耐老化性能最差。这是因为 HNBR 的耐热性能主要取决于分子主链上剩余的双键含量。热氧老化破坏橡胶中的双键，因此双键含量较高的 2020 胶种耐老化性能较差。

表 6.37　饱和度对 HNBR 耐老化性能的影响

生胶	拉伸强度/MPa		撕裂强度/(kN/m)		断裂伸长率/%		硬度(邵 A/邵 D)	
	原始	老化	原始	老化	原始	老化	原始	老化
2000L	21.0	22.9	115.0	54.8	434.0	70.0	96/54	98/71
2010	23.8	22.3	89.6	51.7	451.0	82.0	96/56	98/69
2020	33.5	18.7	61.9	41.0	269.0	43.0	97/60	98/69

注：三种生胶饱和度依次为＞99%、96%、90%。

对比生胶 2000L 与 2010，生胶 2000L 老化后具有更高的拉伸/撕裂强度，但考虑到 2000L 胶老化后硬度提高较多，且其室温拉伸强度较低，试验中使用 2010 胶作为生胶。

2）去除硫黄硫化体系

上面试验中选定 2010 作为生胶，然而使用 2010 的体系老化后性能变化仍然较大，主要为断裂伸长率较低、硬度较高。在上述配方中使用过氧化物与硫黄并用的双硫化体系对橡胶进行硫化，以平衡样品的断裂伸长率和拉伸强度。采用过氧化物硫化的 HNBR 与采用含硫化合物硫化体系的 HNBR 相比，前者具有更好的耐热性。因此，本研究去除体系中的硫黄硫化体系，只保留过氧化物硫化体系，并测试其抗老化性能，如表 6.38 所示。

表 6.38   硫化体系对材料耐老化性能的影响

特点	拉伸强度/MPa		撕裂强度/(kN/m)		断裂伸长率/%		邵 D 硬度	
	原始	老化	原始	老化	原始	老化	原始	老化
基础	33.4	25.5	57.2	47.5	319.0	104.0	59	68
去除硫黄硫化	32.1	30.1	58.6	41.7	215.0	116.0	62	69

对比上述两种胶料,去除硫黄硫化体系后样品的拉伸强度与断裂伸长率均有下降,然而样品的拉伸强度保持率和断裂伸长率保持率却明显增高。这为材料在高温老化后保持其力学性能提供可能。

3)调节过氧化物硫化体系

由表 6.38 可知,去除硫黄硫化体系、改变生胶种类后,老化后材料的强度和断裂伸长率保持率虽然有明显提高,但其断裂伸长率数值并没有得到改善,仍然只有 100%左右。为提高体系断裂伸长率,试验中降低 DCP 用量,去除助交联剂 TAIC 并引入新的助硫化剂对苯醌二肟(GMF)。改进后样品的耐老化性能(177℃×20h)如表 6.39 所示。

表 6.39   改进 DCP 硫化体系后材料耐老化性能

硫化体系	拉伸强度/MPa		撕裂强度/(kN/m)		断裂伸长率/%		邵 D 硬度	
	原始	老化	原始	老化	原始	老化	原始	老化
4DCP/6TAIC	30.9	28.3	—	—	190.0	106.0	62	69
3DCP/6TAIC	27.9	32.7	60.7	50.8	290.0	138.0	63	66
3DCP/6TAIC	27.2	30.5	67.7	51.7	326.0	149.0	58	64
3DCP	26.7	33.0	67.0	53.3	368.0	213.0	56	63
3DCP/3GMF	27.6	34.6	65.0	54.4	378.0	222.0	56	62

对比前三个样品可以看出,减少体系中 DCP 含量,可以有效提高材料的断裂伸长率、降低样品硬度,此外还增加材料老化后的拉伸强度。去除助交联剂 TAIC 后样品的断裂伸长率提高更加明显,材料硬度进一步降低。助硫化剂 GMF 对体系拉伸强度和断裂伸长率均略有提高。

4)材料硬度与强度调节

通过上述调节硫化体系,样品的耐老化问题基本解决(主要表现为体系老化后伸长率≥200%)。但是上述样品的硬度仍然较高,根据以往经验,如此高硬度的样品无法实现常温密封。因此需在此基础上降低体系硬度。以表 6.39 中硫化体系为 3phr DCP 的胶料为基础,减少补强体系含量;考虑到 GMF 对体系伸长率和拉伸强度的改善,增加 GMF 含量;引入炭黑分散剂,试图改善炭黑在体系中分散。

此外，上述配方筛选均以材料的耐老化性能为指标，在材料耐老化性能得到改善之后，材料在 177℃时的力学性能也是考察材料的重要因素。调节后的胶料在 177℃拉伸强度较低，如表 6.40 所示。

表 6.40 调节硬度后的胶料力学性能测试

胶料特点	拉伸强度/MPa		撕裂强度/(kN/m)		断裂伸长率/%		邵 A 硬度	
	常温	177℃	常温	177℃	常温	177℃	常温	177℃
基础	26.7	8.3	67.0	17.1	368	213	96/56	85
炭黑	25.7	8.8	73.4	—	477	230	93/52	—
5GMF	25.2	8.1	73.5	16.8	517	233	91.5/50	83

为提高材料的高温力学性能，后续试验继续对材料的硫化体系与填料体系进行优化，调整 DCP、TAIC、GMF 三者用量，调节炭黑与其他补强体系之间的比例。需要注意的是，上述很多调整会改变材料的耐老化性能，因此在后续试验筛选中材料的耐老化性能与 177℃力学性能成为筛选材料的主要指标，在二者之间达到平衡。

4. 耐 177℃固定闸板密封试验

通过上述研究，在 RS-7 胶料的基础上获得了两种新的胶料，并分别用其进行了 70MPa 和 105MPa 密封试验，胶料编号分别为 RS-10 与 RS-13。两种胶料的密封试验如下所述。

1）2FZ48-70 前密封 5″固定闸板

在 RS-7 胶料基础上改善材料的耐老化性能并降低胶料硬度得到胶料 RS-10，两种胶料的力学性能分别如表 6.41 所示。

表 6.41 RS-10 胶料的力学性能

胶料	拉伸强度/MPa		撕裂强度/(kN/m)		断裂伸长率/%		邵 A 硬度	
	常温	177℃	常温	177℃	常温	177℃	常温	177℃
RS-7	31.7	12.0	61.1	14.8	287.0	175.0	95	89
RS-10	30.9	11.8	—	—	329.0	157.0	91	87

虽然为保证闸板常温实现密封，RS-10 胶料的硬度下降较多，但材料的力学性能并没有明显降低。利用 RS-10 胶料制备 2FZ48-70 固定闸板，进行密封试验。试验过程记录如下：低压稳压 3min，压力变化范围为 1.96～2.54MPa；高压稳压 60min，压力变化范围为 70.12～73.37MPa；试压过程中未发现可见渗漏。

2FZ48-70 密封试验后胶件照片如图 6.29 所示。

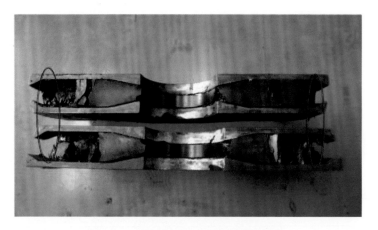

图 6.29　2FZ48-70 密封试验后胶件照片

　　本试验虽然密封无问题，试验过程中并未出现压力下降。但是试验后胶件的外观质量较差，胶件出现严重破损，特别是两端密封面部位，几乎所有能够形成密封的密封带均已脱落。结合密封试验后胶料表观形貌，推断仍是胶料的耐老化性能较差导致材料在试验过程中老化失效。

　　2) 2FZ48-105 前密封 5 7/8″in 固定闸板

　　在上述胶料基础上，通过优化硫化体系，即去除体系中的助交联剂 TAIC，降低 GMF 含量、增加防老剂 RD/MB 比例，材料的耐老化性能得到进一步提高，即得 RS-13 胶料。两种胶料的耐老化性能如表 6.42 所示。为更直观地表现材料在试验过程中的老化及受力情况，对材料先进行高温老化试验(177℃×8h)，后对老化后样品进行 177℃拉伸试验。

表 6.42　固定闸板胶料的耐老化性能

胶料	拉伸强度/MPa		撕裂强度/kN/m		断裂伸长率/%		邵 A 硬度	
	常温	条件 1*	常温	条件 1*	常温	条件 1*	常温	条件 1*
RS-10	28.5	11.6	53.2	—	339.0.	149.0	91	86
RS-13	30.4	12.6	49.8	14.3	390.0	224.0	92	87

　　* 先对材料进行 177℃老化，后在 177℃下测试其力学性能。

　　可以看出，材料的耐老化性能有较大幅度提高，材料老化后的伸长率明显增大，拉伸强度也略有提高。使用 RS-13 胶料制备 2FZ48-105 前密封 5 7/8″in 固定闸板胶件，进行密封试验，试验过程记录如下：升温所用时间是 2h，低压稳压 5min，压力变化范围为 1.61～1.67MPa；高压稳压 60min，压力变化范围为 105.32～105.61MPa。

　　2FZ48-105 固定闸板胶芯试验后照片如图 6.30 所示。

图 6.30　2FZ48-105 固定闸板胶芯试验后照片

　　本次密封试验，无压力下降，说明 RS-13 胶料可以满足 177℃、105MPa 密封试验要求。相对上次密封试验，本次试验后胶件整体外观较完整，局部出现损坏。这说明通过提高胶料耐老化性能有助于提高胶件密封试验后形貌。

　　由此可知，大型密封装备的开发需要优异的密封材料，建立材料与产品性能之间快速有效的评价策略是核心装备高效开发的核心思路。

参 考 文 献

[1]　格雷斯. 井喷与井控手册[M]. 北京: 石油工业出版社, 2006.

[2]　赵金洲, 张桂林. 钻井工程技术手册[M]. 北京: 中国石化出版社, 2011.

[3]　Guesnon J, Gaillard C, Richard F. Ultra Deep Water Drilling Riser Design and Relative Technology[J]. Oil & Gas Science & Technology, 2002, 57(1): 39-57.

[4]　Of S E, The U. National Commission on the BP Deepwater Horizon Spill and Offshore Drilling[J]. Cybercemetery, 2010.

[5]　杨进, 曹式敬. 深水石油钻井技术现状及发展趋势[J]. 石油钻采工艺, 2008, 30(2): 4.

[6]　许宏奇. 闸板防喷器关键密封件设计与研究[D]. 青岛: 中国石油大学, 2007.

[7]　陈国威, 董刚, 龚建明. 从地质演化特征探讨墨西哥湾地区油气富集的基本规律[J]. 海洋地质动态, 2010, 26(3): 6-13.

[8]　王锡洲, 付玉坤, 朱海燕, 等. 闸板防喷器胶芯密封及损坏机理分析[J]. 石油矿场机械, 2010(2): 3.

[9]　徐大萍, 伍开松, 吴霁薇. 球形防喷器胶芯失效分析[J]. 润滑与密封, 2012, 37(07): 71-74.

[10]　裴东林, 杨勇, 李天德. 环形防喷器胶芯失效的原因及提高胶芯使用寿命措施的分析[J]. 装备制造, 2009(11): 141.

[11]　Wrana C, Reinartz K, Winkelbach H R. Therban®–The High Performance Elastomer for the New Millennium[J]. Macromolecular Materials and Engineering, 2001, 286(11): 657-662.

[12]　禹权, 黄承亚, 叶素娟. 氢化丁腈橡胶的研究进展[J]. 特种橡胶制品, 2006, 27(2): 56-62.

关键词索引

全氟醚橡胶　14

S

深水防喷器　128
双键　60
酸性气田　8, 138

T

碳纳米管　190

Y

盐酸　28, 225
永久封隔器　130, 164
有限元分析　206

Z

增塑体系　190
闸板　215
粘合　195